美国著名奥数教练蒂图·安德雷斯库系列丛书(第二辑)

115个三角问题:

来自AwesomeMath夏季课程

115 Trigonometry Problems : From the AwesomeMath Summer Program

[美] 蒂图·安德雷斯库(Titu Andreescu)
[罗] 弗拉德·克里桑(Vlad Crişan) 著

李 鹏 译

哈尔滨工业大学出版社
HARBIN INSTITUTE OF TECHNOLOGY PRESS

黑版贸审字 08-2018-106 号

内容简介

本书是美国著名数学竞赛专家 Titu Andreescu 教授及其团队精心编写的试题集系列中的一本.

三角函数是构建 Fourier 分析、微分方程等诸多数学分支的基础的关键要素,在导航、天文学、建筑学、地图学和数字成像等领域起着至关重要的作用,并且频繁出现在各种数学竞赛、特别是数学奥林匹克竞赛的题目中. 本书给出了关于三角函数的全面综述,介绍了它的基本定义和基本性质,深入研究了三角函数作为实值函数的性质,并且精心挑选了 115 个三角学的入门问题和高级问题,不仅给出了这些问题的详细解答,还概述了这些问题背后的核心思想.

本书适合于热爱数学的广大教师和学生使用,也可供从事数学竞赛工作的相关人员参考.

图书在版编目(CIP)数据

115 个三角问题:来自 AwesomeMath 夏季课程/(美)蒂图·安德雷斯库,(罗)弗拉德·克里桑著;李鹏译. —哈尔滨:哈尔滨工业大学出版社,2019.9 (2023.11 重印)

书名原文:115 Trigonometry Problems:From the AwesomeMath Summer Program

ISBN 978-7-5603-8471-9

Ⅰ.①1… Ⅱ.①蒂… ②弗… ③李… Ⅲ.①三角-基本知识 Ⅳ.①O124

中国版本图书馆 CIP 数据核字(2019)第 183932 号

策划编辑	刘培杰 张永芹
责任编辑	杜莹雪
封面设计	孙茵艾
出版发行	哈尔滨工业大学出版社
社　　址	哈尔滨市南岗区复华四道街 10 号　邮编 150006
传　　真	0451-86414749
网　　址	http://hitpress.hit.edu.cn
印　　刷	哈尔滨午阳印刷有限公司
开　　本	787 mm×1 092 mm　1/16　印张 13　字数 265 千字
版　　次	2019 年 9 月第 1 版　2023 年 11 月第 3 次印刷
书　　号	ISBN 978-7-5603-8471-9
定　　价	58.00 元

(如因印装质量问题影响阅读,我社负责调换)

美国著名奥数教练蒂图·安德雷斯库

序言

三角学是涉及几何推理和研究三角形长度和角度之间的关系的数学分支. 这项研究是利用三角函数进行的, 三角函数也是构建 Fourier 分析、微分方程等其他数学分支的基础的关键要素. 在现实生活中, 三角函数在导航、天文学、建筑学、地图学和数字成像等领域起着至关重要的作用, 这里仅仅提及了很少的几个例子. 因此, 当我们论及数学竞赛时, 三角学成为一个非常受欢迎的主题也就不足为奇了. 本书旨在对这个领域进行丰富的分析, 并通过例题和提出的问题阐明在涉及三角学的数学奥林匹克题目中出现的重要主题. 本书在结构上分为以下三个主要部分:

第 1 章"理论与例题"给出了关于三角函数的全面综述. 我们从三角函数的基本定义和基本性质讲起, 接着深入研究了三角函数作为实值函数的性质. 我们以专门讨论几何和不等式的应用的两小节来结束本章, 此外还给出了一个附录, 它包含了更多将要用到的、涉及微积分的定理的细节. 本章的每一节都配有一系列的例题和指导性的练习, 旨在促进读者学习的进程, 并对在数学奥林匹克试题中出现的最有用的窍门和技巧做出概述.

在第 2 章和第 3 章, 我们精心挑选了 115 个三角学的入门问题和高级问题. 这些题目由来自世界知名数学奥林匹克竞赛和数学杂志的问题以及本书的作者与其合作者设计的问题组成. 在本书的最后部分, 我们给出了这些问题的解答, 并概述了这些问题背后的核心思想, 力图提高读者的解题技能.

我们希望本书选取的理论与问题将成为任何想要探究三角学之美的读者的优质资源和学习材料.

Titu Andreescu

Vlad Crişan

目　录

第 1 章 理论与例题

1 三角函数的定义

在本小节, 我们将讨论三角函数的定义和基本性质. 我们先来回顾一下函数的定义.

定义 1.1 对于两个集合 A 和 B, 一个从 A 到 B 的**函数** (也称为**映射**) f (记作 $f: A \to B$) 是一个将每个元素 $a \in A$ 与恰好一个元素 $b \in B$ 联系起来的对应 (记作 $f(a) = b$). 已知集合 A, B, C 和两个函数 $f: A \to B, g: B \to C$, 我们可以构造 g 和 f 的**复合函数** (记作 $g \circ f$), 对于任何 $a \in A$, 它是一个由规则 $g \circ f(a) = g(f(a))$ 定义的函数 $g \circ f: A \to C$:

$$A \longrightarrow B \longrightarrow C,$$

$$a \xrightarrow{f} b = f(a) \xrightarrow{g} c = g(b) = g(f(a)).$$

三角函数是角的度量函数, 它把三角形的角与它的边长联系起来, 并且有许多其他的应用.

对于一个在 $0°$ 和 $90°$ 之间的角 θ (希腊字母 "theta"), 我们如下定义三角函数来描述这个角的大小: 令射线 OA 和 OB 组成一个角 θ (参见下图). 在射线 OA 上选择一点 P 并且令 Q 为从 P 到射线 OB 的垂线的垂足. 对于两个点 X 和 Y, 我们记 $|XY|$ 为 X 和 Y 之间的线段的长度. 我们定义正弦 (sin)、余弦 (cos)、正切 (tan)、余切 (cot)、余割 (csc)、正割 (sec) 函数如下:

$$\sin\theta = \frac{|PQ|}{|OP|}, \quad \csc\theta = \frac{|OP|}{|PQ|},$$

$$\cos\theta = \frac{|OQ|}{|OP|}, \quad \sec\theta = \frac{|OP|}{|OQ|},$$

$$\tan\theta = \frac{|PQ|}{|OQ|}, \quad \cot\theta = \frac{|OQ|}{|PQ|}.$$

可以验证, 这些函数是有明确定义的, 即它们只依赖于 θ 的大小, 而与 P 的选择无关: 若 P_1 是射线 OA 上的另一个点且 Q_1 是从 P_1 到射线 OB 的垂线的垂足, 则直角三角形 OPQ 和 OP_1Q_1 相似, 因此各对儿对应的比值, 像 $\frac{|PQ|}{|OP|}$ 和 $\frac{|P_1Q_1|}{|OP_1|}$, 都是相等的.

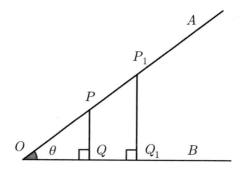

由上面的定义我们看出, $\sin\theta$, $\cos\theta$ 和 $\tan\theta$ 分别是 $\csc\theta$, $\sec\theta$ 和 $\cot\theta$ 的倒数. 此外, 我们看一下在三角形 OPQ 中 θ 的余角 $\angle OPQ$, 它的值为 $90° - \theta$. 若我们对这个角使用我们的三角函数定义, 则有

$$\sin(90° - \theta) = \frac{|OQ|}{|OP|} = \cos\theta$$

和

$$\tan(90° - \theta) = \frac{|OQ|}{|QP|} = \cot\theta,$$

因此 $\cos\theta$ 的值与 θ 的余角的正弦值相等. 类似地, $\cot\theta$ 就是 $\tan(90° - \theta)$. 这说明 "co" 三角函数 (即名字以 "co" 开头的那些) 就是余角的三角函数. [1]

例 1.2 证明: $\sin 30° = \frac{1}{2}$.

解 我们熟知, 在任何直角三角形中, $30°$ 角所对边的长度是斜边长度的一半. 因此, 由三角函数的定义, 我们得到

$$\sin 30° = \frac{1}{2}.$$

练习 1.3 利用直角三角形的性质推出下列三角函数的值:

θ	$30°$	$45°$	$60°$
$\sin\theta$	$\frac{1}{2}$	$\frac{\sqrt{2}}{2}$	$\frac{\sqrt{3}}{2}$
$\cos\theta$	$\frac{\sqrt{3}}{2}$	$\frac{\sqrt{2}}{2}$	$\frac{1}{2}$
$\tan\theta$	$\frac{\sqrt{3}}{3}$	1	$\sqrt{3}$

并且证明 $\sin 0° = 0$, $\cos 0° = 1$, 而 $\sin 90° = 1$, $\cos 90° = 0$ (注意到一些其他的三角函数在 $\theta = 0°$ 或 $\theta = 90°$ 时没有定义: 例如, 当 $\theta = 90°$ 时, 我们有 $|OQ| = 0$, 因此我们不能定义 $\tan 90°$, 这是由于 0 不能作为除数).

---

[1] 正弦、正切、正割、余弦、余切、余割的英文分别为 sine, tangent, secant, cosine, cotangent, cosecant.——译者注

上面的三角函数定义应用于我们处理在 0° 和 90° 之间的角 θ 的时候, 因为这时 θ 可以是一个直角三角形中的锐角. 为了使其可以有许多的应用, 包括那些在几何上的应用, 我们将计算出甚至是超过 0° 到 90° 这个范围的角度的三角函数值 (例如钝角). 允许我们扩展上面定义的关键是下述观察: 在前面的图中, 若直角三角形 OPQ 的斜边 OP 的长度等于 1, 我们将有 $\sin\theta = |PQ|$ 和 $\cos\theta = |OQ|$. 因此, 若我们看一下平面上的 Descartes 坐标系 xOy, 取平面上的一点 P 使其位于第一象限 (即其横坐标和纵坐标的值都是非负的) 并且令 $|OP| = 1$, 则 OP 和 Ox 轴之间的角 θ 的值将在 0° 和 90° 之间, 并且根据前面的观察, $\sin\theta$ 就是 P 的纵坐标值, $\cos\theta$ 就是 P 的横坐标值. 这提示我们可以将正弦和余弦的定义用下面的方式推广到大于 90° 的角: 考虑 0° 和 360° 之间的角 θ, 令 P 为平面上的一点并且 $|OP| = 1$ (即 P 在以原点为圆心的单位圆上), 射线 Ox 和 OP 之间的角 (从射线 Ox 到射线 OP 以逆时针量度) 具有值 θ. 那么我们定义 $\sin\theta$ 为 P 的纵坐标值, $\cos\theta$ 为 P 的横坐标值.

以下, 我们将上面描述的方法正规化以扩展三角函数的定义. 注意到一旦我们扩展了正弦和余弦的定义, 我们也就得到了所有其他三角函数的扩展定义, 这是因为我们可以只用正弦和余弦表示所有三角函数. 使用弧度度量角将会是很方便的, 这是因为弧度只是一个实数, 而对于研究输入值为实数的函数, 我们有一套发展得很成熟的理论 (实分析). 下面我们给出更精确的定义.

定义 1.4 考虑平面上的 Descartes 坐标系 xOy. xOy 平面上的**角**是由有序对 (l_1, v, l_2) 确定的构形, 其中 l_1 和 l_2 是 xOy 平面上的两条射线 (称为这个角的**边**), 它们从一个公共点 v 放射出来, 这个点称为角的**顶点**. 对于每个这样的构形, 我们将指定一个实数 (或更精确地, 一个实数集), 称其为角的**度数**, 来唯一地描述它.

考虑圆心位于点 v 的单位圆 C_v, 像通常一样, 记其周长为 2π (对于平面上的任何圆, 其周长与其直径的比值都是 π). 令 A_1 和 A_2 分别为 l_1 和 l_2 与圆 C_v 的交点. 我们想要以某种方式将角的构形 (l_1, v, l_2) 与 C_v 上从 A_1 到 A_2 的逆时针弧 $\overgroup{A_1 A_2}$ 联系起来. 似乎应该将角的构形 (l_1, v, l_2) 的角度定义为弧 $\overgroup{A_1 A_2}$ 的长度. 这样做的劣势是我们可以看到, 若角的构形的两条射线中的一条平滑地越过另一条, 则角度突然从 2π 掉到了 0. 克服这个困难的最自然的方法是让数字 2π 和 0 "相等". 更精确地, 我们令 $\theta \in [0, 2\pi)$ 是具有以下性质的唯一实数: 逆时针弧 $\overgroup{A_1 A_2}$ 的长度是 θ. 那么集合 $\{\theta + 2k\pi : k \in \mathbf{Z}\}$ 中的任何数都可以用于表示 (l_1, v, l_2) 的**角度**, 尽管在实际应用中我们使用 θ 作为角度的代表. 例如, 我们可以说角 (Ox, O, Oy) 的度数为 $\frac{5\pi}{2}$, 但更常见的是选择区间 $[0, 2\pi)$ 中的数作为角的度数, 即 $\frac{\pi}{2}$. 我们还要注意到, 两个互异实数 x 和 y 定义两个相等的角度当且仅当存在整数 k 使得 $x - y = 2\pi \cdot k$.

注 1.5 上面定义的角度也可以称作**弧度**. 特别地, 弧度是一个标量 (即实数). 对

于曾经使用角度制的读者, 我们可以很容易地由定义给出转换公式

$$x \quad 弧度 = \frac{180x}{\pi} \quad 角度,$$

其中 x 为实数且 $0 \le x < 2\pi$. 下表给出了最常使用的一些角的角度和弧度的转换.

角度	0°	1°	30°	45°	60°	90°	180°
弧度	0	$\frac{\pi}{180}$	$\frac{\pi}{6}$	$\frac{\pi}{4}$	$\frac{\pi}{3}$	$\frac{\pi}{2}$	π

我们对词语的使用稍加放宽, 从现在开始在不致混淆的情况下将使用"角"来表示"角的度数". 在几何中, 我们常使用记号 $\angle AOB$ 表示在角 (OA, O, OB) 和 (OB, O, OA) 中度数位于区间 $[0, \pi]$ 中的那个角. 依照惯例, 对于一个角若无特殊说明, 则我们以弧度制度量它的角度.

注 1.6 由于我们使用实数度量角的度数, 三角函数将会是实值函数. 此外, 由角的度数的定义, 三角函数在形如 $\{x + 2k\pi : k \in \mathbf{Z}\}$ 的集合上一定是常数, 因此它们将是周期为 2π 的周期函数.

在 7.3 节, 我们将简要阐述如何在整个复平面上定义三角函数.

定义 1.7 设 ω 是坐标系 xOy 下圆心位于原点 O 的单位圆. 我们定义两个函数 $\sin : \mathbf{R} \to [-1, 1]$ (称为**正弦函数**) 和 $\cos : \mathbf{R} \to [-1, 1]$ (称为**余弦函数**) 如下: 对于任意实数 θ, 我们令 A 为在 ω 上使得角 xOA 的度数是 θ 的唯一的点, 并且用 x_A 和 y_A 表示点 A 的标准 Descartes 坐标 (参见下图). 那么我们定义 $\sin\theta$ 和 $\cos\theta$ 为

$$\cos\theta = x_A \quad 和 \quad \sin\theta = y_A.$$

由于点 A 是由 θ 唯一确定的, 这两个函数都有明确定义.

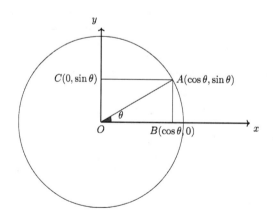

我们现在给出从正弦和余弦的定义直接得出的一系列性质. 为了使后面的叙述更简洁, 对于一个已知的角 θ, 我们把满足角 (Ox, O, OA) 等于 θ 这一性质的唯一的点 $A \in \omega$ 称作对应于 θ 的点.

(1) 由于对于任何 $k \in \mathbf{Z}$, 角 θ 和 $\theta + 2k\pi$ 定义了 ω 上的同一个点, 因此

$$\sin(\theta + 2k\pi) = \sin\theta, \quad \cos(\theta + 2k\pi) = \cos\theta.$$

特别地, 正弦函数和余弦函数都是周期为 2π 的周期函数.

(2) 对于任何 $\theta \in \mathbf{R}$, 在 ω 上对应于 θ 和 $\theta + \pi$ 的点关于原点对称. 因此

$$\sin(\theta + \pi) = -\sin\theta, \quad \cos(\theta + \pi) = -\cos\theta.$$

对于任何 $\theta \in \mathbf{R}$, 在 ω 上对应于 θ 和 $\pi - \theta$ 的点关于 y 轴对称. 因此

$$\sin(\pi - \theta) = \sin\theta, \quad \cos(\pi - \theta) = -\cos\theta.$$

类似地, 在 ω 上对应于 θ 和 $-\theta$ 的点关于 x 轴对称. 因此

$$\sin(-\theta) = -\sin\theta, \quad \cos(-\theta) = \cos\theta.$$

最后, 若 $A \in \omega$ 对应于 θ 并且 $B \in \omega$ 对应于 $\frac{\pi}{2} - \theta$, 则 $x_A = y_B$ 且 $y_A = x_B$. 因此

$$\sin\left(\frac{\pi}{2} - \theta\right) = \cos\theta, \quad \cos\left(\frac{\pi}{2} - \theta\right) = \sin\theta.$$

(3) 只要 x 和 y 是实数并且满足 $x^2 + y^2 = 1$, 就存在唯一的数 $0 \leq \alpha < 2\pi$ 使得 $x = \cos\alpha$ 且 $y = \sin\alpha$; 这是因为 (x, y) 确定了单位圆上的一个点, 它对应于角 $0 \leq \alpha < 2\pi$ (或者说, 我们可以将 α 看作一个任意实数, 它在相差 2π 的整数倍的意义下是唯一的). 反过来, 对于任何 $\theta \in \mathbf{R}$, 若 $A \in \omega$ 对应于 θ, 则 $x_A = \cos\theta$, $y_A = \sin\theta$. 由于 $|OA| = 1$, 根据 Pythagoras 定理, 我们总有 $x_A^2 + y_A^2 = 1$, 因此对于任何实数 θ,

$$\sin^2\theta + \cos^2\theta = 1.$$

注 1.8 设 $\theta \in [0, \frac{\pi}{2}]$ 是以弧度度量的角, 令 A 为 ω 上对应于 θ 的点, 记 B 为从 A 到 Ox 轴的垂线的垂足. 那么三角形 AOB 是直角三角形并且由上面的定义我们有 $\sin\theta = |AB|$ 和 $\cos\theta = |OB|$. 由于 $|OA| = 1$, 事实上我们可以写

$$\sin\theta = \frac{|AB|}{|OA|}, \quad \cos\theta = \frac{|OB|}{|OA|}. \tag{$*$}$$

若我们有另外一个直角三角形 MNP, 它具有性质 $\angle MNP = \frac{\pi}{2}$ 和 $\angle PMN = \theta$, 则三角形 MNP 和 OBA 相似, 从而

$$\frac{|MN|}{|OB|} = \frac{|NP|}{|AB|} = \frac{|MP|}{|OA|}.$$

那么

$$\frac{|AB|}{|OA|} = \frac{|NP|}{|MP|}, \quad \frac{|OB|}{|OA|} = \frac{|MN|}{|MP|}.$$

因此, 我们由 (∗) 得到

$$\sin\theta = \frac{|NP|}{|MP|}, \quad \cos\theta = \frac{|MN|}{|MP|}.$$

这表明, 在其中的一个锐角的角度为 θ 的任何直角三角形中, $\sin\theta$ 定义了 θ 的对边的长度与斜边长度的比值, 而 $\cos\theta$ 定义了另一个锐角的对边的长度与斜边长度的比值. 从而我们重新得到了前面给出的对于正弦和余弦的第一个定义.

练习 1.9 平面上的每个点 A 由原点到它的距离 $r = |OA|$ (有时称为**极径**) 和从 Ox 轴到 OA 的角 (Ox, O, OA) 的度数 θ (有时称为**极角**) 唯一确定. 这个坐标称为 A 的**极坐标**. 证明: 若点 A 的极坐标为 (r, θ), 则 A 的 Descartes 坐标为 $(r\cos\theta, r\sin\theta)$.

练习 1.10 利用直角三角形的适当性质以及上文列出的对称性质, 导出下列正弦值和余弦值:

θ	$-\frac{\pi}{6}$	0	$\frac{\pi}{6}$	$\frac{\pi}{4}$	$\frac{\pi}{3}$	$\frac{\pi}{2}$	$\frac{2\pi}{3}$
$\sin\theta$	$-\frac{1}{2}$	0	$\frac{1}{2}$	$\frac{\sqrt{2}}{2}$	$\frac{\sqrt{3}}{2}$	1	$\frac{\sqrt{3}}{2}$
$\cos\theta$	$\frac{\sqrt{3}}{2}$	1	$\frac{\sqrt{3}}{2}$	$\frac{\sqrt{2}}{2}$	$\frac{1}{2}$	0	$-\frac{1}{2}$

作为余弦函数的定义的一个直接推论, 我们有: 恰好当 $\theta = \frac{\pi}{2} + k\pi$, $k \in \mathbf{Z}$ 时, $\cos\theta = 0$. 这允许我们引入下面的定义:

定义 1.11 函数 $\tan: \mathbf{R} \setminus \{\frac{\pi}{2} + k\pi : k \in \mathbf{Z}\} \to \mathbf{R}$ (称为**正切函数**并记作 $\tan$, 有时记作 tg) 定义为

$$\tan\theta = \frac{\sin\theta}{\cos\theta}.$$

正切函数的一系列性质现在可以容易地由上文列出的正弦函数和余弦函数的相应性质导出. 我们在每个情形都假设 θ 是实数并且在此出现的所有函数都是有定义的.

(1) 由于 $\sin(\theta + \pi) = -\sin\theta$, $\cos(\theta + \pi) = -\cos\theta$, 我们有

$$\tan(\theta + \pi) = \tan\theta.$$

因此 $\tan$ 是周期为 π 的周期函数.

(2) 由 $\sin(-\theta) = -\sin\theta$ 和 $\cos(-\theta) = \cos\theta$, 我们得到

$$\tan(-\theta) = -\tan\theta.$$

由 $\sin(\pi - \theta) = \sin\theta$ 和 $\cos(\pi - \theta) = -\cos\theta$, 我们得到

$$\tan(\pi - \theta) = -\tan\theta.$$

(3) 由恒等式

$$\sin\left(\frac{\pi}{2} - \theta\right) = \cos\theta, \quad \cos\left(\frac{\pi}{2} - \theta\right) = \sin\theta,$$

我们得到

$$\tan\left(\frac{\pi}{2} - \theta\right) = \frac{1}{\tan\theta}.$$

注 1.12 若 $\theta \in [0, \frac{\pi}{2})$ 并且我们像前面一样考虑直角三角形 MNP, 其中 $\angle MNP = \frac{\pi}{2}$ 且 $\angle PMN = \theta$, 则由定义我们有

$$\tan\theta = \frac{|NP|}{|MN|}.$$

因此正切函数将一个直角三角形中的两条直角边的长度关联起来.

正切函数的特殊值现在可以由我们已经知道的正弦函数和余弦函数的相应值导出.

练习 1.13 使用在练习 1.10 中得出的三角函数值导出下列正切函数的特殊值:

θ	$-\frac{\pi}{6}$	0	$\frac{\pi}{6}$	$\frac{\pi}{4}$	$\frac{\pi}{3}$	$\frac{2\pi}{3}$
$\tan\theta$	$-\frac{\sqrt{3}}{3}$	0	$\frac{\sqrt{3}}{3}$	1	$\sqrt{3}$	$-\sqrt{3}$

例 1.14 求所有满足下面条件的正整数对 (n, k): 对于所有实数 x, 我们有

$$\sin^n x + \cos^k x = \sin^k x + \cos^n x.$$

解 首先取 $x = \frac{\pi}{3}$. 这给出

$$\left(\frac{\sqrt{3}}{2}\right)^n + \left(\frac{1}{2}\right)^k = \left(\frac{\sqrt{3}}{2}\right)^k + \left(\frac{1}{2}\right)^n.$$

这表明 n 和 k 必须有相同的奇偶性.

若 $k = 2m+1$ 且 $n = 2l+1$, 则上面的方程可以重写为

$$\frac{\sqrt{3}}{2}\left(\left(\frac{3}{4}\right)^m - \left(\frac{3}{4}\right)^l\right) = \frac{1}{2}\left(\frac{1}{4^m} - \frac{1}{4^l}\right).$$

这迫使 $m = l$, 从而 $n = k$.

若 $n = 2m$ 且 $k = 2l$, 则我们得到

$$\left(\frac{3}{4}\right)^m - \left(\frac{3}{4}\right)^l = \frac{1}{4^m} - \frac{1}{4^l}.$$

这给出

$$\frac{3^m - 1}{4^m} = \frac{3^l - 1}{4^l}.$$

若我们定义序列 $\{a_j\}_{j\geq 1}$, 其中 $a_j = \frac{3^j - 1}{4^j}$, 则对于 $j \geq 2$ 我们有

$$a_j - a_{j+1} = \frac{3^j - 3}{4^{j+1}} > 0,$$

因此该序列是递减序列. 这就只剩下了情形 $m = l$ 和 $\{l, m\} = \{1, 2\}$. 情形 $\{n, k\} = \{2, 4\}$ 满足初始条件, 那么题目的解为 $n = k$ 或 $\{n, k\} = \{2, 4\}$.

正弦函数、余弦函数和正切函数中的每一个都有明确定义的倒数函数. 它们分别称为余割函数 (csc)、正割函数 (sec) 和余切函数 (cot 或 ctg), 并且定义为

$$\csc\theta = \frac{1}{\sin\theta}, \quad \sec\theta = \frac{1}{\cos\theta}, \quad \cot\theta = \frac{1}{\tan\theta},$$

其中 θ 是使得相应的分式有意义的所有实数. 这些函数的性质是我们从正弦函数、余弦函数和正切函数导出的性质的直接推论.

2　三角恒等式

我们很自然地会问, 这些被引进的三角函数在角度的加法下是怎样运算的, 例如是否有一个 $\sin(\alpha + \beta)$ 的公式将它与 $\sin\alpha$ 和 $\sin\beta$ 联系起来. 不难看出, 我们**不能**有

$$\sin(\alpha + \beta) = \sin\alpha + \sin\beta,$$

若上式成立, 例如取 $\alpha = \beta = \frac{\pi}{6}$, 我们就会得出 $\frac{\sqrt{3}}{2} = 1$, 这是很荒谬的. 事实上, $\sin(\alpha+\beta)$ 的公式要比这个式子更复杂, 我们将用几何方式导出它. 另一种使用 2×2 矩阵和平面旋转的方法将在下文指导环节的练习 2.1 中给出.

我们首先处理当 α 和 β 满足 $\alpha, \beta, \alpha + \beta \in [0, \frac{\pi}{2}]$ 时的情形.

考虑一个直角三角形 DEF, 其中 $\angle DEF = \frac{\pi}{2}$, $\angle FDE = \beta$ 并且 $|DF| = 1$. 过点 D 作与三角形 DEF 的内部不相交的直线 l_1, 使得 l_1 与 DE 构成等于 α 的锐

角. 现在我们过点 D 作垂直于 l_1 的直线 l_2. 令 A 为从 E 到 l_1 的垂线的垂足, C 为从 F 到 l_2 的垂线的垂足, 并且 B 为直线 AE 和 CF 的交点. 我们这样就得到了矩形 $ABCD$, 而三角形 DEF 内接其中. 作出的图形如下图所示.

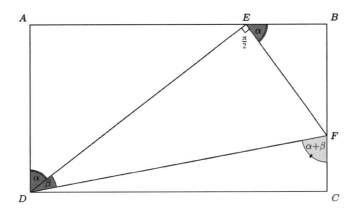

我们现在计算这个矩形内部各线段的长度. 在三角形 DEF 中, 我们有 $|DE| = |DF|\cos\beta = \cos\beta$ 和 $|EF| = |DF|\sin\beta = \sin\beta$.

在三角形 ADE 中, 我们有

$$|AD| = |DE|\cos\alpha = \cos\alpha\cos\beta \quad 和 \quad |AE| = |DE|\sin\alpha = \sin\alpha\cos\beta.$$

注意到由于 $\angle DEF = \frac{\pi}{2}$, 我们有

$$\angle AED + \angle BEF = \frac{\pi}{2} = \angle AED + \angle ADE,$$

因此 $\angle BEF = \angle ADE = \alpha$.

在三角形 BEF 中, 我们有 $|BE| = |EF|\cos\alpha = \cos\alpha\sin\beta$ 和 $|BF| = |EF|\sin\alpha = \sin\alpha\sin\beta$. 由于 $AD\|BC$, 我们一定有 $\angle DFC = \angle ADF = \alpha + \beta$.

最后, 在直角三角形 CDF 中, $|CD| = |DF|\sin(\alpha + \beta) = \sin(\alpha + \beta)$.

由

$$\sin(\alpha + \beta) = |CD| = |AB| = |AE| + |EB| = \sin\alpha\cos\beta + \cos\alpha\sin\beta,$$

我们得到

$$\sin(\alpha + \beta) = \sin\alpha\cos\beta + \cos\alpha\sin\beta.$$

类似地, 由

$$\cos\alpha\cos\beta = |AD| = |BC| = |BF| + |FC| = \sin\alpha\sin\beta + \cos(\alpha + \beta),$$

我们得到

$$\cos(\alpha + \beta) = \cos\alpha\cos\beta - \sin\alpha\sin\beta.$$

我们可以用这两个公式导出 $\sin(\alpha - \beta)$ 和 $\cos(\alpha - \beta)$ 的公式, 其中 $\alpha, \beta, \alpha - \beta \in [0, \frac{\pi}{2}]$, 过程如下:

记 $\sin\alpha = \sin((\alpha - \beta) + \beta)$ 且 $\cos\alpha = \cos((\alpha - \beta) + \beta)$. 由于 $\alpha - \beta, \beta \in [0, \frac{\pi}{2}]$, 由前面得到的公式, 我们有

$$\sin\alpha = \sin(\alpha - \beta)\cos\beta + \sin\beta\cos(\alpha - \beta)$$

和

$$\cos\alpha = \cos(\alpha - \beta)\cos\beta - \sin(\alpha - \beta)\sin\beta.$$

将第一式乘以 $\cos\beta$, 第二式乘以 $\sin\beta$, 然后把它们相减, 我们得到

$$\sin\alpha\cos\beta - \cos\alpha\sin\beta = \sin(\alpha - \beta)\cos^2\beta + \sin(\alpha - \beta)\sin^2\beta.$$

因为 $\sin^2\beta + \cos^2\beta = 1$, 我们得到

$$\sin(\alpha - \beta) = \sin\alpha\cos\beta - \cos\alpha\sin\beta.$$

用类似的方法可以得出

$$\cos(\alpha - \beta) = \cos\alpha\cos\beta + \sin\alpha\sin\beta.$$

我们将证明的细节作为练习留给读者.

现在很自然要做的事情就是试着将上述公式扩展到 α 和 β 是任意实数的情形. 我们利用前面得到的正弦函数和余弦函数的性质, 分几步来完成. 我们先来证明 $\sin(\alpha + \beta)$ 的公式, 然后再利用它导出其他公式.

第一步, 我们将公式扩展到 $\alpha, \beta, \alpha + \beta \in [-\frac{\pi}{2}, \frac{\pi}{2}]$ 的情形. 我们分析当 $\alpha < 0$ 且 $\beta < 0$ 时的情形, 其他情形可以用相同的方式处理. 这时我们有 $-\alpha, -\beta \in [0, \frac{\pi}{2}]$ 并且可以将 $\sin(\alpha + \beta)$ 写为 $\sin(-((-\alpha) + (-\beta)))$. 我们还知道 $\cos(-\alpha) = \cos\alpha$, $\cos(-\beta) = \cos\beta$, $\sin(-\alpha) = -\sin\alpha$, $\sin(-\beta) = -\sin\beta$. 因此

$$\begin{aligned}
\sin(\alpha + \beta) &= \sin(-((-\alpha) + (-\beta))) \\
&= -\sin((-\alpha) + (-\beta)) \\
&= -(\sin(-\alpha)\cos(-\beta) + \sin(-\beta)\cos(-\alpha)) \\
&= \sin\alpha\cos\beta + \sin\beta\cos\alpha,
\end{aligned}$$

这正是我们想要的.

第二步是去掉条件 $\alpha+\beta \in [-\frac{\pi}{2}, \frac{\pi}{2}]$. 注意到若 $\alpha, \beta \in [-\frac{\pi}{2}, \frac{\pi}{2}]$, 但 $\alpha+\beta \notin [-\frac{\pi}{2}, \frac{\pi}{2}]$, 则 α 和 β 一定具有相同的符号. 我们来看当 $\alpha, \beta > 0$ 时的情形, 其他情形可以用相同的方式处理. 令 $x = \alpha - \frac{\pi}{2}, y = \beta - \frac{\pi}{2}$. 则 $x, y, x+y \in [-\frac{\pi}{2}, \frac{\pi}{2}]$, 那么我们可以对 $\sin(x+y)$ 使用在上一步得到的公式. 此外, 由正弦函数和余弦函数的性质, 我们有 $\sin x = -\cos\alpha, \sin y = -\cos\beta, \cos x = \sin\alpha, \cos y = \sin\beta$ 和 $\sin(x+y+\pi) = -\sin(x+y)$. 因此

$$
\begin{aligned}
\sin(\alpha+\beta) &= \sin(x+y+\pi) \\
&= -\sin(x+y) \\
&= -(\sin x \cos y + \sin y \cos x) \\
&= -(-\cos\alpha\sin\beta + (-\cos\beta)\sin\alpha) \\
&= \sin\alpha\cos\beta + \sin\beta\cos\alpha.
\end{aligned}
$$

第三步即最后一步是对于 $\alpha, \beta \in \mathbf{R}$ 且没有任何更多限制的情形证明公式. 注意到对于任何 $\alpha, \beta \in \mathbf{R}$, 存在整数 $k_1, k_2 \in \mathbf{Z}$ 使得 $\alpha + k_1\pi \in [-\frac{\pi}{2}, \frac{\pi}{2}]$ 且 $\beta + k_2\pi \in [-\frac{\pi}{2}, \frac{\pi}{2}]$. 此外由性质 $\sin(\theta+\pi) = -\sin\theta$ 和 $\cos(\theta+\pi) = -\cos\theta$ (它们对于任何 $\theta \in \mathbf{R}$ 成立), 我们可以得出, 对于任何整数 k, $\sin(\theta+k\pi) = (-1)^k \sin\theta$, $\cos(\theta+k\pi) = (-1)^k \cos\theta$. 因此,

$$
\begin{aligned}
&\sin(\alpha+\beta) \\
={}&(-1)^{k_1+k_2}\sin((k_1+k_2)\pi + \alpha + \beta) \\
={}&(-1)^{k_1+k_2}\sin((\alpha+k_1\pi) + (\beta+k_2\pi)) \\
={}&(-1)^{k_1+k_2}\sin(\alpha+k_1\pi)\cos(\beta+k_2\pi) + (-1)^{k_1+k_2}\sin(k_2\pi+\beta)\cos(k_1\pi+\alpha) \\
={}&(-1)^{k_1+k_2}\cdot(-1)^{k_1}\sin\alpha\cdot(-1)^{k_2}\cos\beta + (-1)^{k_1+k_2}\cdot(-1)^{k_2}\sin\beta\cdot(-1)^{k_1}\cos\alpha \\
={}&\sin\alpha\cos\beta + \sin\beta\cos\alpha,
\end{aligned}
$$

这就完成了最后一步证明.

$\cos(\alpha\pm\beta)$ 的公式现在可以利用

$$
\cos\theta = \sin\left(\frac{\pi}{2} - \theta\right)
$$

导出.

综上所述, 我们证明了: 对于所有 $\alpha, \beta \in \mathbf{R}$, 下列公式成立:

$$
\begin{aligned}
\sin(\alpha+\beta) &= \sin\alpha\cos\beta + \sin\beta\cos\alpha, \\
\cos(\alpha+\beta) &= \cos\alpha\cos\beta - \sin\alpha\sin\beta, \\
\sin(\alpha-\beta) &= \sin\alpha\cos\beta - \sin\beta\cos\alpha, \\
\cos(\alpha-\beta) &= \cos\alpha\cos\beta + \sin\alpha\sin\beta.
\end{aligned}
$$

练习 2.1 考虑带 Descartes 坐标系 xOy 的平面. 对于这个平面上的每个点 M, 我们用 $\binom{a}{b}$ 来表示它通常的坐标. 令 $e_x = \binom{1}{0}$, $e_y = \binom{0}{1}$. 那么我们可以记

$$\binom{a}{b} = a \cdot e_x + b \cdot e_y.$$

角 θ 在逆时针方向上的旋转 R_θ 是一个平面的变换 $R_\theta : \mathbf{R}^2 \to \mathbf{R}^2$, 满足: 对于任何点 $\binom{a}{b}$, $R_\theta\binom{a}{b}$ 是将 $\binom{a}{b}$ 沿逆时针方向旋转 θ 而得到的点.

(a) 证明: 对于任何点 $\binom{a}{b}$ 和 $\binom{c}{d}$, 我们有

$$R_\theta\left(\binom{a}{b} + \binom{c}{d}\right) = R_\theta\binom{a}{b} + R_\theta\binom{c}{d}$$

并且对于任何 $\lambda \in \mathbf{R}$, 我们有

$$R_\theta\left(\lambda\binom{a}{b}\right) = \lambda R_\theta\binom{a}{b}.$$

这两个事实表明, 任何旋转 R_θ 都可以用一个实 2×2 矩阵表示. 更精确地说, 若

$$R_\theta\binom{1}{0} = \binom{x}{y}, \quad R_\theta\binom{0}{1} = \binom{z}{t},$$

则

$$R_\theta = \begin{pmatrix} x & z \\ y & t \end{pmatrix} \quad \text{且} \quad R_\theta\binom{a}{b} = a\binom{x}{y} + b\binom{z}{t}.$$

(b) 证明: $\frac{\pi}{2}$ 的逆时针旋转将 e_x 变为 e_y 并且将 e_y 变为 $-e_x$. 导出

$$R_{\frac{\pi}{2}} = \begin{pmatrix} 0 & -1 \\ 1 & 0 \end{pmatrix}.$$

(c) 证明: 角 θ 的逆时针旋转将 e_x 变为点 $\binom{\cos\theta}{\sin\theta}$ 并且将 e_y 变为点 $\binom{-\sin\theta}{\cos\theta}$. 导出

$$R_\theta = \begin{pmatrix} \cos\theta & -\sin\theta \\ \sin\theta & \cos\theta \end{pmatrix}.$$

(d) 使用将一个点逆时针旋转 θ_1 然后再旋转 θ_2 等同于将它旋转 $\theta_1 + \theta_2$ 这一事实, 证明:

$$R_{\theta_1} \cdot R_{\theta_2} = R_{\theta_1 + \theta_2}.$$

导出

$$\cos(\theta_1 + \theta_2) = \cos\theta_1 \cos\theta_2 - \sin\theta_1 \sin\theta_2$$

和

$$\sin(\theta_1 + \theta_2) = \sin\theta_1 \cos\theta_2 + \sin\theta_2 \cos\theta_1.$$

倍角和三倍角恒等式特别重要. 取 $\alpha = \beta = x$, 我们就得到倍角恒等式:

$$\sin(2x) = 2\sin x \cos x, \quad \cos(2x) = (\cos x)^2 - (\sin x)^2.$$

使用 Pythagoras 恒等式 $(\sin x)^2 + (\cos x)^2 = 1$, 我们得到关于 $\cos(2x)$ 的下列等价公式:

$$\cos(2x) = (\cos x)^2 - (\sin x)^2 = 2(\cos x)^2 - 1 = 1 - 2(\sin x)^2.$$

练习 2.2 使用前面得到的正弦函数和余弦函数的倍角恒等式, 证明: 对于任何实数 x, 我们有

$$\sin\left(\frac{1}{2}x\right) = (-1)^{\lfloor x/(2\pi)\rfloor}\sqrt{\frac{1-\cos x}{2}}$$

和

$$\cos\left(\frac{1}{2}x\right) = (-1)^{\lfloor (x+\pi)/(2\pi)\rfloor}\sqrt{\frac{1+\cos x}{2}},$$

其中 $\lfloor y \rfloor$ 表示小于或等于实数 y 的最大整数. 它们称为正弦函数和余弦函数的**半角公式**. 使用这些公式或其他公式, 导出下列正弦和余弦值:

$$\sin\frac{\pi}{12} = \frac{\sqrt{6}-\sqrt{2}}{4}, \quad \cos\frac{\pi}{12} = \frac{\sqrt{2}+\sqrt{6}}{4},$$

$$\sin\frac{\pi}{24} = \frac{\sqrt{8-2\sqrt{6}-2\sqrt{2}}}{4}.$$

从现在开始, 对于正整数 k, 我们将用 $\sin^k x$ 表示 $(\sin x)^k$, 对于其他三角函数也类似地来记. 我们将避免在 k 为负时使用这个记号, 这是因为 $\sin^{-1}$ 通常表示正弦函数的反函数, 我们将在后面定义.

记 $3x = 2x + x$ 并且使用前面得到的倍角公式, 我们有

$$\begin{aligned}
\sin(3x) &= \sin(2x + x) \\
&= \sin(2x)\cos x + \sin x \cos(2x) \\
&= 3\sin x - 4\sin^3 x
\end{aligned}$$

和

$$\begin{aligned}
\cos(3x) &= \cos(2x + x) \\
&= \cos(2x)\cos x - \sin(2x)\sin x \\
&= 4\cos^3 x - 3\cos x.
\end{aligned}$$

注 2.3 我们在上面证明了 $\cos(2x) = 2\cos^2 x - 1$, 这说明 $\cos(2x)$ 可以表示为关于 $\cos x$ 的二次多项式. 我们还看到

$$\cos(3x) = 4\cos^3 x - 3\cos x,$$

因此 $\cos(3x)$ 可以表示为关于 $\cos x$ 的三次多项式. 下面的结果对于 $\cos(nx)$ 扩展了这两个性质.

定理 2.4 (a) 对于每个正整数 n, 存在整系数多项式 $P_n(X)$, 使得对于任何实数 x,

$$\cos(nx) = P_n(\cos x).$$

(b) 上面定义的多项式 $P_n(X)$ 的所有的根都位于区间 $[-1, 1]$ 中.

证明 我们对 $n \geq 1$ 使用归纳法来证明 (a) 部分. 由前面的讨论, 对于 $n = 1$, 我们有 $P_1(X) = X$ 和 $P_2(X) = 2X^2 - 1$. 现在假设结论对于小于等于某个 n (≥ 2) 的所有整数成立, 我们要证明结论对 $n + 1$ 也成立. 为此注意到

$$\begin{aligned}
&\cos((n+1)x) + \cos((n-1)x) \\
&= \cos(nx + x) + \cos(nx - x) \\
&= \cos(nx)\cos x - \sin(nx)\sin x + \cos(nx)\cos x + \sin(nx)\sin x \\
&= 2\cos(nx)\cos x,
\end{aligned}$$

即我们有恒等式

$$\cos((n+1)x) = 2\cos(nx)\cos x - \cos((n-1)x). \tag{$*$}$$

由归纳假设, 存在次数分别为 $n-1$ 和 n 的整系数多项式 $P_{n-1}(X)$ 和 $P_n(X)$ 使得

$$\cos((n-1)x) = P_{n-1}(\cos x), \quad \cos(nx) = P_n(\cos x).$$

将它们和 $(*)$ 联合起来, 我们得到

$$\cos((n+1)x) = P_{n+1}(\cos x),$$

其中 $P_{n+1}(X) = 2XP_n(X) - P_{n-1}(X)$. 因为 P_{n-1} 和 P_n 都是整系数多项式并且 $\deg(P_{n-1}) = n-1, \deg(P_n) = n$, 所以 P_{n+1} 也是整系数多项式并且其次数为 $n+1$. 这就完成了证明.

下面证明 (b) 部分. 对于 $k = 1, 2, \cdots, n$, 我们定义 $x_k = \frac{2k-1}{2n}\pi$. 因为

$$\cos(nx) = P_n(\cos x),$$

所以对于每个 $k = 1, 2, \cdots, n$, $\cos x_k$ 是 P_n 的一个根. 为了完成我们的证明, 还需要证明:

$$\cos x_1, \cos x_2, \cdots, \cos x_n$$

都是不同的. 对于每个 $k = 1, 2, \cdots, n$ 我们有 $x_k \in (0, \pi)$, 从而

$$\sin x_k > 0, \quad \sin x_k = \sqrt{1 - \cos^2 x_k}.$$

因此若对于某个 $i \neq j$, $\cos x_i = \cos x_j$ 成立, 则 $\sin x_i = \sin x_j$, 那么 x_i 和 x_j 在单位圆上分别对应的点就是同一个点. 但是这个结论成立当且仅当 $x_i - x_j$ 是 2π 的倍数, 而这不可能发生.

从而 $P_n(X)$ 的 n 个根是 $\cos x_1, \cdots, \cos x_n$, 它们显然位于区间 $[-1, 1]$ 中.

注 2.5 使用简单的归纳论证, 我们也可以证明: 对于 $x > 1$, $P_{n+1}(x) > P_n(x) > 1$, 并且因此对于所有 n, 多项式 $P_n(X) - 1$ 的所有的根都位于 $[-1, 1]$ 中. 定理 2.4 中的多项式 $P_n(X)$, $n = 1, 2, \cdots$ 称为第一类 Chebyshev 多项式, 它们被应用于数学的诸多领域, 例如逼近论. 下面的例题表明, 它们还可以被用来证明三角函数的非平凡性质.

例 2.6 设 $a \in [0, 1]$ 是有理数. 证明: 我们不可能有 $\cos(2\pi \cdot a) = \frac{-1+\sqrt{17}}{4}$.

解 设 $a = \frac{m}{n}$, 其中 $m \leq n$ 为非负整数, n 为大于 0 的整数. 令 $P_n(X)$ 为整系数 n 次多项式并且 $\cos(nx) = P_n(\cos x)$.

注意到若我们有 $\cos\left(\frac{m}{n} \cdot 2\pi\right) = \frac{-1+\sqrt{17}}{4}$, 则取 $x = \frac{2\pi m}{n}$, 我们将得到

$$P_n\left(\frac{-1+\sqrt{17}}{4}\right) = \cos(2\pi m),$$

这推出 $P_n\left(\frac{-1+\sqrt{17}}{4}\right) = 1$. 我们现在使用如下性质: 若 $Q(X)$ 是整系数多项式并且 a, b, d 是有理数, 使得 $a - b\sqrt{d}$ 是 $Q(X)$ 的无理根, 则 $a + b\sqrt{d}$ 也是 $Q(X)$ 的根. 定义 $Q(X) = P_n(X) - 1$, 我们有

$$Q\left(\frac{-1+\sqrt{17}}{4}\right) = 0,$$

因此

$$Q\left(\frac{-1-\sqrt{17}}{4}\right) = 0,$$

这推出

$$P_n\left(\frac{-1-\sqrt{17}}{4}\right) = 1.$$

然而, 我们由前面的注得知: 方程 $P_n(x) = 1$ 的所有解都位于 $[-1, 1]$ 中, 但 $\frac{-1-\sqrt{17}}{4} < -1$. 这就给出了我们希望得到的矛盾.

同样的论证也可用于当 $\frac{-1+\sqrt{17}}{4}$ 被换成任何形如 $a + b\sqrt{d}$ 的实无理数 (其中 a, b, d 是有理数) 并且满足 $-1 < a + b\sqrt{d} < 1$ 和 $a - b\sqrt{d} \notin [-1, 1]$ 的时候.

正切函数的加法公式现在可以由那些我们已经证明的正弦函数和余弦函数的加法公式导出, 它们是下面练习的主题.

练习 2.7 使用我们前面得到的正弦函数和余弦函数的公式证明下面的恒等式:

$$\tan(\alpha + \beta) = \frac{\tan\alpha + \tan\beta}{1 - \tan\alpha\tan\beta}.$$

导出正切函数的倍角公式:

$$\tan(2x) = \frac{2\tan x}{1 - \tan^2 x}.$$

再来证明下面的正切函数的半角公式:

$$\tan\left(\frac{1}{2}x\right) = (-1)^{\lfloor x/\pi \rfloor}\sqrt{\frac{1 - \cos x}{1 + \cos x}} = \frac{(-1)^{\lfloor (x+\pi/2)/\pi \rfloor}\sqrt{1 + \tan^2 x} - 1}{\tan x}.$$

通过记 $3x = 2x + x$ 并使用上面的公式, 导出正切函数的三倍角公式:

$$\tan(3x) = \tan x \cdot \frac{3 - \tan^2 x}{1 - 3\tan^2 x}.$$

练习 2.8 记 $(x + y + z) = ((x + y) + z)$, 应用前面的公式或其他公式证明下面的恒等式:

$$\tan(x + y + z) = \frac{\tan x + \tan y + \tan z - \tan x \tan y \tan z}{1 - \tan x \tan y - \tan y \tan z - \tan z \tan x}.$$

导出以下结论: 若 α, β, γ 是一个三角形的三个角 (即它们是正的并且 $\alpha + \beta + \gamma = \pi$), 则

$$\tan\alpha + \tan\beta + \tan\gamma = \tan\alpha\tan\beta\tan\gamma.$$

上面这些恒等式将在练习中频繁出现, 将它们牢记于心是大有裨益的. 接下来, 让我们看一些它们的直接应用.

例 2.9 证明

$$16\sin^4\frac{\pi}{18} + 8\sin^3\frac{\pi}{18} - 12\sin^2\frac{\pi}{18} - 4\sin\frac{\pi}{18} + 1 = 0.$$

解　使用恒等式 $\sin 3x = 3\sin x - 4\sin^3 x$, 我们得到

$$\frac{1}{2} = \sin\frac{\pi}{6} = 3\sin\frac{\pi}{18} - 4\sin^3\frac{\pi}{18}.$$

从而

$$16\sin^4\frac{\pi}{18} + 8\sin^3\frac{\pi}{18} - 12\sin^2\frac{\pi}{18} - 4\sin\frac{\pi}{18} + 1$$

$$= -4\sin\frac{\pi}{18}\left(3\sin\frac{\pi}{18} - 4\sin^3\frac{\pi}{18}\right) - 2\left(3\sin\frac{\pi}{18} - 4\sin^3\frac{\pi}{18}\right) + 2\sin\frac{\pi}{18} + 1$$

$$= -2\sin\frac{\pi}{18} - 1 + 2\sin\frac{\pi}{18} + 1 = 0.$$

例 2.10　设 α, β 是两个锐角 (即 $\alpha, \beta \in (0, \frac{\pi}{2})$), 满足

$$\sin(\alpha + \beta) - 1 = \sin^2\alpha - \cos^2\beta.$$

证明: $\alpha + \beta = \frac{\pi}{2}$.

解　我们将题目所给的关系式重写为

$$\sin(\alpha + \beta) = \sin^2\alpha + 1 - \cos^2\beta = \sin^2\alpha + \sin^2\beta.$$

将 $\sin(\alpha + \beta)$ 展开, 我们得到

$$\sin\alpha(\sin\alpha - \cos\beta) = \sin\beta(\cos\alpha - \sin\beta).$$

注意到若 $\sin\alpha < \cos\beta$, 则上式的左边为负 (因为 α 和 β 都是锐角, 所以 $\sin\alpha > 0$). 那么右边一定也是负的, 这推出 $\cos\alpha < \sin\beta$, 即

$$\sqrt{1 - \sin^2\alpha} < \sqrt{1 - \cos^2\beta},$$

这与 $\sin\alpha < \cos\beta$ 矛盾. 由同样的论证, 我们也不能有 $\cos\beta < \sin\alpha$. 从而 $\sin\alpha = \cos\beta$, 并且由于 α 和 β 都属于 $(0, \frac{\pi}{2})$, 这推出 $\alpha + \beta = \frac{\pi}{2}$.

例 2.11　设 a 和 b 是实数.
　(a) 证明: 存在实数 x 使得 $\sin x + a\cos x = b$ 当且仅当 $a^2 - b^2 + 1 \geq 0$.
　(b) 若 $\sin x + a\cos x = b$, 将 $|a\sin x - \cos x|$ 用 a 和 b 来表示.

解　对于 (a) 部分, 我们证明一个更一般的结果: 设 m, n, l 为实数并且 $m^2 + n^2 \neq 0$. 那么存在实数 x 使得

$$m\sin x + n\cos x = l$$

当且仅当 $m^2 + n^2 \geq l^2$.

事实上, 我们可以把 $m \sin x + n \cos x = l$ 重写为以下等价的形式:

$$\frac{m}{\sqrt{m^2+n^2}} \sin x + \frac{n}{\sqrt{m^2+n^2}} \cos x = \frac{l}{\sqrt{m^2+n^2}}.$$

注意到点 $\left(\frac{m}{\sqrt{m^2+n^2}}, \frac{n}{\sqrt{m^2+n^2}}\right)$ 位于单位圆上. 因此, 存在唯一实数 $0 \leq \alpha < 2\pi$ 使得

$$\cos \alpha = \frac{m}{\sqrt{m^2+n^2}}, \quad \sin \alpha = \frac{n}{\sqrt{m^2+n^2}}.$$

那么我们有

$$\frac{m}{\sqrt{m^2+n^2}} \sin x + \frac{n}{\sqrt{m^2+n^2}} \cos x = \cos \alpha \sin x + \sin \alpha \cos x$$
$$= \sin(x + \alpha),$$

从而 $\sin(x + \alpha) = \frac{l}{\sqrt{m^2+n^2}}$.

上式作为关于 x 的方程可解当且仅当 $-1 \leq \frac{l}{\sqrt{m^2+n^2}} \leq 1$, 它等价于 $l^2 \leq m^2 + n^2$, 这正是我们想要的. 令 $m = a$, $n = 1$, $l = c$ 就给出了 (a) 部分的结果.

对于 (b) 部分, 我们有

$$\begin{aligned}
a^2 + 1 &= (\sin^2 x + \cos^2 x)(a^2 + 1) \\
&= (\sin^2 x + 2a \sin x \cos x + a^2 \cos^2 x) \\
&\quad + (a^2 \sin^2 x - 2a \sin x \cos x + \cos^2 x) \\
&= (\sin x + a \cos x)^2 + (a \sin x - \cos x)^2,
\end{aligned}$$

这推出

$$|a \sin x - \cos x| = \sqrt{a^2 - b^2 + 1}.$$

例 2.12 证明: 不存在三角形 ABC 满足

$$\tan A + \tan B + \tan C = \cot A + \cot B + \cot C.$$

解 我们首先回顾, 在每个三角形中, 以下恒等式成立:

$$\tan A + \tan B + \tan C = \tan A \tan B \tan C.$$

使用反证法, 假设存在三角形 ABC 满足

$$\tan A + \tan B + \tan C = \cot A + \cot B + \cot C.$$

那么令 $a = \tan A$, $b = \tan B$, $c = \tan C$, 我们得到

$$abc = \frac{1}{a} + \frac{1}{b} + \frac{1}{c},$$

因此

$$(abc)^2 = ab + bc + ac.$$

另一方面, 我们有 $ab + bc + ca = \frac{1}{2}\left((a+b+c)^2 - a^2 - b^2 - c^2\right)$. 将上面两式合在一起并应用恒等式 $a+b+c = abc$, 我们得到

$$ab + ac + bc = \frac{(a+b+c)^2 - a^2 - b^2 - c^2}{2} = \frac{(abc)^2 - a^2 - b^2 - c^2}{2} = (abc)^2,$$

从而

$$(abc)^2 = -a^2 - b^2 - c^2,$$

上式显然不成立, 我们得到了矛盾.

设 $\alpha, \beta \in \mathbf{R}$ 是两个实数. 我们有

$$\sin(\alpha + \beta) + \sin(\alpha - \beta)$$
$$= \sin\alpha\cos\beta + \sin\beta\cos\alpha + \sin\alpha\cos\beta - \sin\alpha\cos\beta$$
$$= 2\sin\alpha\cos\beta.$$

因此

$$\sin\alpha\cos\beta = \frac{1}{2}\left(\sin(\alpha + \beta) + \sin(\alpha - \beta)\right).$$

上式是所谓的**积化和差**公式中的一个. 其他几个公式是下面练习的主题.

练习 2.13 使用正弦函数、余弦函数的加法和减法公式证明: 下列**积化和差**公式对于任何 $\alpha, \beta \in \mathbf{R}$ 都成立:

$$\sin\alpha\sin\beta = \frac{1}{2}\left(\cos(\alpha - \beta) - \cos(\alpha + \beta)\right),$$
$$\cos\alpha\cos\beta = \frac{1}{2}\left(\cos(\alpha + \beta) + \cos(\alpha - \beta)\right),$$
$$\cos\alpha\sin\beta = \frac{1}{2}\left(\sin(\alpha + \beta) - \sin(\alpha - \beta)\right).$$

使用对于 n 的归纳法或其他方法, 导出: 对于每个 $n \geq 2$ 和实数 $\alpha_1, \alpha_2, \cdots, \alpha_n$, 恒等式

$$\prod_{k=1}^{n} \cos\alpha_k = \frac{1}{2^n} \sum \cos(\pm\alpha_1 \pm \alpha_2 \pm \cdots \pm \alpha_n)$$

成立, 其中右边的和式包含 2^n 项, 涵盖了 "+" 和 "−" 的所有可能的组合.

设 α 和 β 是两个实数. 对 $\frac{\alpha+\beta}{2}$ 和 $\frac{\alpha-\beta}{2}$ 应用积化和差公式, 我们得到

$$2\sin\frac{\alpha+\beta}{2}\cos\frac{\alpha-\beta}{2} = \sin\left(\frac{\alpha+\beta}{2} + \frac{\alpha-\beta}{2}\right) + \sin\left(\frac{\alpha+\beta}{2} - \frac{\alpha-\beta}{2}\right)$$
$$= \sin\alpha + \sin\beta.$$

使用类似的方法, 我们得到

$$\cos\alpha + \cos\beta = 2\cos\frac{\alpha+\beta}{2}\cos\frac{\alpha-\beta}{2}.$$

这两个公式称为正弦函数和余弦函数的**和化积**公式. 我们用同样的方式还可以得到下面的**差化积**公式: [2]

$$\sin\alpha - \sin\beta = 2\sin\frac{\alpha-\beta}{2}\cos\frac{\alpha+\beta}{2},$$

$$\cos\alpha - \cos\beta = -2\sin\frac{\alpha+\beta}{2}\sin\frac{\alpha-\beta}{2}.$$

例 2.14 *解方程*

$$\sin^3 x + \sin^3 2x + \sin^3 3x = (\sin x + \sin 2x + \sin 3x)^3.$$

解 使用恒等式

$$(a+b+c)^3 - a^3 - b^3 - c^3 = 3(a+b)(b+c)(c+a),$$

我们得到

$$3(\sin x + \sin 2x)(\sin x + \sin 3x)(\sin 3x + \sin 2x) = 0.$$

再对上式中三个括号里的式子应用和化积公式, 我们得出

$$24\sin\frac{3x}{2}\sin\frac{5x}{2}\sin 2x\cos^2\frac{x}{2}\cos x = 0.$$

因此方程的解为 $x \in \{\frac{2k\pi}{3}, \frac{2k\pi}{5}, \frac{k\pi}{2} : k \in \mathbf{Z}\}$.

例 2.15 *求方程*

$$\sin(\pi x^2) + \sin(2\pi x) = \sin(\pi(x^2 + 2x))$$

的最小正根.

解 注意到

$$\begin{aligned}
&\sin(\pi x^2) + \sin(2\pi x) - \sin(\pi(x^2 + 2x))\\
&= 2\sin\frac{\pi(x^2+2x)}{2}\cos\frac{\pi(x^2-2x)}{2} - 2\sin\frac{\pi(x^2+2x)}{2}\cos\frac{\pi(x^2+2x)}{2}\\
&= 2\sin\frac{\pi(x^2+2x)}{2}\left(\cos\frac{\pi(x^2-2x)}{2} - \cos\frac{\pi(x^2+2x)}{2}\right)\\
&= 4\sin\frac{\pi(x^2+2x)}{2}\sin\frac{\pi x^2}{2}\sin(\pi x).
\end{aligned}$$

---

[2] 一般地, 和化积公式、差化积公式统称为和差化积公式.——译者注

若 $\sin\frac{\pi(x^2+2x)}{2}=0$, 则 $x^2+2x=2k$, 其中 k 为某个整数. 从而 $x=-1\pm\sqrt{1+2k}$ 并且 k 是非负整数. 因此在这个情形的最小正根是 $x=\sqrt{3}-1$.

若 $\sin\frac{\pi x^2}{2}=0$, 则 $x^2=2k$ 且最小正根是 $x=\sqrt{2}$.

最后, 若 $\sin(\pi x)=0$, 则最小正根是 $x=1$.

综上所述, 方程的最小正根是 $\sqrt{3}-1$.

例 2.16 (俄罗斯) 设 $k>10$ 是正整数并且设 $f:\mathbf{R}\to\mathbf{R}$ 是如下定义的函数:

$$f(x)=\cos x\cdot\cos(2x)\cdot\cos(3x)\cdot\cdots\cdot\cos(2^k x).$$

证明: 我们可以将 f 的定义里的诸余弦中的一个替换为正弦, 使得所得函数 $g(x)$ 满足不等式

$$|g(x)|\le\frac{3}{2^{k+1}}, \quad \text{对所有 } x\in\mathbf{R}.$$

解 解题的关键是下面的不等式:

$$|\sin(3x)|=|3\sin x-4\sin^3 x|=|\sin x||3-4\sin^2 x|\le 3|\sin x|.$$

现在考虑将 $f(x)$ 定义中的 $\cos(3x)$ 替换为 $\sin(3x)$ 所得的函数 $g(x)$. 那么由上面的不等式,

$$|g(x)|\le 3|\sin x||\cos x||\cos(2x)||\cos(4x)||\cos(5x)|\cdots|\cos(2^k x)|.$$

此外, 由于对于任何实数 θ, $|\cos\theta|\le 1$, 我们容易看出

$$|\cos x||\cos(2x)||\cos(4x)||\cos(5x)|\cdots|\cos(2^k x)|\le\prod_{j=0}^{k}|\cos(2^j x)|.$$

反复使用倍角公式 $\sin(2\theta)=2\sin\theta\cos\theta$, 我们得到

$$|\sin x|\prod_{j=0}^{k}|\cos(2^j x)|=\frac{|\sin(2^{k+1}x)|}{2^{k+1}}.$$

因此,

$$|g(x)|\le 3\frac{|\sin(2^{k+1}x)|}{2^{k+1}}\le\frac{3}{2^{k+1}},$$

这正是我们想要的.

将特定的三角函数用其他三角函数表示常常很有用处. 下面列出了一些最常用的代换. 作为例子, 我们证明其中一个, 而将其他的留给读者作为练习.

(a) 对于任何实数 θ, 我们有

$$\cos^2 \theta = \frac{1}{1 + \tan^2 \theta}.$$

等价地, 回想起 $\sec \theta := \frac{1}{\cos \theta}$ $(\theta \neq \frac{\pi}{2} + k\pi)$, 于是我们有

$$\sec^2 \theta = 1 + \tan^2 \theta.$$

(b) 对于任何实数 $\theta \neq (2k+1)\pi$, 我们有

$$\sin \theta = \frac{2 \tan \dfrac{\theta}{2}}{1 + \tan^2 \dfrac{\theta}{2}}$$

和

$$\cos \theta = \frac{1 - \tan^2 \dfrac{\theta}{2}}{1 + \tan^2 \dfrac{\theta}{2}}.$$

我们来证明

$$\sin \theta = \frac{2 \tan \dfrac{\theta}{2}}{1 + \tan^2 \dfrac{\theta}{2}}.$$

为此, 回想正弦函数的倍角公式

$$\sin \theta = 2 \sin \frac{\theta}{2} \cos \frac{\theta}{2}$$
$$= 2 \tan \frac{\theta}{2} \cos^2 \frac{\theta}{2}.$$

由上面 (a) 给出的恒等式, 我们有

$$\cos^2 \frac{\theta}{2} = \frac{1}{1 + \tan^2 \dfrac{\theta}{2}},$$

因此

$$\sin \theta = \frac{2 \tan \dfrac{\theta}{2}}{1 + \tan^2 \dfrac{\theta}{2}}.$$

注 2.17 这项技术主要应用于微积分, 特别是计算积分. 下面的例题阐释了它们如何在奥林匹克试题中成为有用的工具.

例 2.18　设 $\alpha \neq \beta$ 是两个锐角并且

$$(\cos^2 \alpha + \cos^2 \beta)(1 + \tan \alpha \tan \beta) = 2.$$

证明: $\alpha + \beta = \frac{\pi}{2}$.

解　我们使用代换 $\cos^2 \alpha = \frac{1}{1 + \tan^2 \alpha}$ 和 $\cos^2 \beta = \frac{1}{1 + \tan^2 \beta}$. 令 $x = \tan \alpha, y = \tan \beta$. 那么

$$(\cos^2 \alpha + \cos^2 \beta)(1 + \tan \alpha \tan \beta) = 2$$

变为

$$\left(\frac{1}{1 + x^2} + \frac{1}{1 + y^2} \right)(1 + xy) = 2.$$

在上式两边同时乘以 $(1 + x^2)(1 + y^2)$, 我们得到

$$(2 + x^2 + y^2)(1 + xy) = 2(1 + x^2 + y^2 + (xy)^2).$$

将上式所有项置于等号的一边, 我们整理得到

$$x^2 + y^2 - 2xy - xy(x^2 + y^2 - 2xy) = 0,$$

它可以化为

$$(x - y)^2(1 - xy) = 0.$$

因此

$$(\tan \alpha - \tan \beta)^2(1 - \tan \alpha \tan \beta) = 0.$$

由于 α 和 β 是互异的锐角, 我们不能有 $\tan \alpha = \tan \beta$, 所以 $\tan \alpha \tan \beta = 1$. 这推出 $\sin \alpha \sin \beta = \cos \alpha \cos \beta$, 由此得到

$$\cos(\alpha + \beta) = 0.$$

因此 $\alpha + \beta = \frac{\pi}{2}$.

3　更多性质、代换和反函数

　　本小节的主要目的是导出更多的三角函数性质, 它们将应用于解不等式以及那些用三角函数值代替实数来求解的问题. 我们还将给出正弦函数、余弦函数和正切函数的图像. 我们首先需要一些实函数的术语.

定义 3.1　(1) 我们称函数 $f : \mathbf{R} \to \mathbf{R}$ 是**奇函数**, 若

$$f(-x) = -f(x), \quad \text{对于所有 } x \in \mathbf{R}.$$

我们称函数 $f : \mathbf{R} \to \mathbf{R}$ 是**偶函数**, 若

$$f(-x) = f(x), \quad \text{对于所有 } x \in \mathbf{R}.$$

(2) 设 $I \subset \mathbf{R}$ 和 $J \subset \mathbf{R}$ 是两个区间. 我们称 $f : I \to J$ 是**增函数**, 若对于所有 $x, y \in I$, $x < y$, 我们有

$$f(x) < f(y).$$

相反地, 我们称 f 是**减函数**, 若对于所有 $x, y \in I$, $x < y$, 我们有

$$f(x) > f(y).$$

当 $x < y$ 推出较弱的结论 $f(x) \le f(y)$ (相应地, $f(x) \ge f(y)$) 时, 我们称 f 是**非减函数** (相应地, **非增函数**). 我们称 f 是**单调函数**, 若 f 是非减函数或非增函数.

(3) 对于两个任意集合 A 和 B, 函数 $f : A \to B$ 称为**单射**, 若当 x 和 y 是 A 的不同元素时 $f(x) \ne f(y)$. 函数 $f : A \to B$ 称为**满射**, 若对于每个元素 $b \in B$ 存在元素 $a \in A$ 使得 $f(a) = b$. 若 f 既是单射又是满射, 则 f 称为**一一映射**. 一一映射 $f : A \to B$ 的一个重要的性质就是存在函数 $g : B \to A$ (称为 f 的**反函数**) 使得对于任何 $a \in A$ 有 $g(f(a)) = a$ 并且对于任何 $b \in B$ 有 $f(g(b)) = b$. 事实上, 我们可以证明一个函数是一一映射当且仅当它有反函数.

我们将证明下列性质:

定理 3.2 (a) 函数 $\sin : \mathbf{R} \to \mathbf{R}$ 是奇函数并且函数 $\sin : \left[-\frac{\pi}{2}, \frac{\pi}{2}\right] \to [-1, 1]$ 是一一映射的增函数.

(b) 函数 $\cos : \mathbf{R} \to \mathbf{R}$ 是偶函数并且函数 $\cos : [0, \pi] \to [-1, 1]$ 是一一映射的减函数.

(c) 函数 $\tan : \mathbf{R} \setminus \{\frac{\pi}{2} + k\pi, k \in \mathbf{Z}\} \to \mathbf{R}$ 是奇函数并且函数 $\tan : \left(-\frac{\pi}{2}, \frac{\pi}{2}\right) \to \mathbf{R}$ 是一一映射的增函数.

证明 (a) 我们在第 1 节作为正弦定义的一个直接推论给出了 $\sin(-x) = -\sin x$. 为了证明 $\sin : \left[-\frac{\pi}{2}, \frac{\pi}{2}\right] \to [-1, 1]$ 是增函数, 我们使用在第 2 节中证明了的差化积公式

$$\sin x - \sin y = 2 \sin \frac{x-y}{2} \cos \frac{x+y}{2}.$$

设 $x, y \in \left[-\frac{\pi}{2}, \frac{\pi}{2}\right]$ 是两个实数并且 $x > y$. 那么我们一定有 $\frac{x+y}{2} \in (-\frac{\pi}{2}, \frac{\pi}{2})$ 和 $\frac{x-y}{2} \in (0, \frac{\pi}{2}]$. 由于正弦函数在区间 $(0, \frac{\pi}{2}]$ 上取正值, 余弦函数在区间 $(-\frac{\pi}{2}, \frac{\pi}{2})$ 上取正值, 我们有

$$\sin x - \sin y = 2 \sin \frac{x-y}{2} \cos \frac{x+y}{2} > 0.$$

我们将以下结论的证明留给读者作为练习: 任何函数如果是增函数的话, 那么它也是单射. 为了证明 $\sin : \left[-\frac{\pi}{2}, \frac{\pi}{2}\right] \to [-1, 1]$ 是满射, 我们回想在第 1 节证明了的结论: 当 x 和 y 是实数并且

$$x^2 + y^2 = 1$$

时, 存在唯一实数 θ $(0 \le \theta < 2\pi)$ 使得

$$\cos \theta = x \quad \text{且} \quad \sin \theta = y.$$

现在设 $y \in [-1, 1]$ 是任意实数. 我们置 $x = \sqrt{1 - y^2}$. 由前面的观察, 存在 $0 \le \theta < 2\pi$ 使得 $\cos \theta = x$ 且 $\sin \theta = y$. 由于 $x \ge 0$, 我们一定有 $\cos \theta \ge 0$, 因此 $\theta \in \left[-\frac{\pi}{2}, \frac{\pi}{2}\right]$. 由于 y 是任意的, 这就证明了 $\sin : \left[-\frac{\pi}{2}, \frac{\pi}{2}\right] \to [-1, 1]$ 是满射.

(b) 对于所有实数 x, $\cos(-x) = \cos x$ 这一事实是余弦定义的一个直接推论, 这已在第 1 节阐述了. 为了证明 $\cos : [0, \pi] \to [-1, 1]$ 是减函数和一一映射, 我们使用公式

$$\cos \theta = \sin \left(\frac{\pi}{2} - \theta\right).$$

若 $x, y \in [0, \pi]$ 并且 $x < y$, 则 $\frac{\pi}{2} - x, \frac{\pi}{2} - y \in \left[-\frac{\pi}{2}, \frac{\pi}{2}\right]$ 并且 $\frac{\pi}{2} - x > \frac{\pi}{2} - y$. 因此, 由 $\sin : [-\frac{\pi}{2}, \frac{\pi}{2}] \to [-1, 1]$ 是增函数和一一映射便可证明结论.

(c) 由于 $\tan x = \frac{\sin x}{\cos x}$, 我们可以立即验证 $\tan(-x) = -\tan x$. 因此, 为了证明 $\tan : \left(-\frac{\pi}{2}, \frac{\pi}{2}\right) \to \mathbf{R}$ 是增函数, 只需证明 $\tan : [0, \frac{\pi}{2}) \to \mathbf{R}$ 是增函数 (因为 $x < y$ 推出 $-x > -y$ 并且 $\tan(-x) = -\tan x$). 而这可以立即由 $\sin : [0, \frac{\pi}{2}) \to \mathbf{R}$ 是增函数且 $\cos : [0, \frac{\pi}{2}) \to \mathbf{R}$ 是减函数得出, 它们已经在上文证明了.

最后, 注意到为了证明 $\tan : \left(-\frac{\pi}{2}, \frac{\pi}{2}\right) \to \mathbf{R}$ 是满射, 只需证明 $\tan : \left(0, \frac{\pi}{2}\right) \to \mathbf{R}_{>0}$ 是满射. 任取 $x \in \mathbf{R}_{>0}$. 那么 $\tan \theta = x$ 等价于

$$\sin \theta = x \cos \theta,$$

将上式两边平方并使用 $\sin^2 \theta = 1 - \cos^2 \theta$, 我们得到

$$\cos^2 \theta = \frac{1}{1 + x^2}.$$

因为 $0 < \frac{1}{1+x^2} < 1$, 由余弦函数的一一映射性质, 存在唯一的 $\theta \in \left(0, \frac{\pi}{2}\right)$ 使得 $\cos \theta = \sqrt{\frac{1}{1+x^2}}$. 这个解也满足 $\tan \theta = x$, 这正是我们想要的.

我们也可以用几何方式证明正切函数是一一映射: 注意到过原点和点 $(1, t)$ 的直线与半圆 $\{(x, y) : x^2 + y^2 = 1, x > 0\}$ 交于唯一一点 $(\cos \theta, \sin \theta)$, 其中 $\theta \in \left(-\frac{\pi}{2}, \frac{\pi}{2}\right)$. 因此这是在此区间内满足 $\tan \theta = t$ 的唯一 θ.

练习 3.3 证明: 若 $x \in [0, \frac{\pi}{4}]$, 则 $\cos x \ge \sin x$. 指出何时等号成立.

练习 3.4 证明: $\cot: \mathbf{R} \setminus \{k\pi, k \in \mathbf{Z}\} \to \mathbf{R}$ 是奇函数并且 $\cot: (0, \pi) \to \mathbf{R}$ 是减函数和一一映射.

我们前面证明的性质 (a), (b), (c) 有着广泛的应用, 并且是许多奥林匹克试题的主题. 我们给出一些在竞赛中常见的题型的例子. 先来看下面的问题, 它的解答依赖于正弦函数和余弦函数在 $[0, \frac{\pi}{2}]$ 上的单调性.

例 3.5 (圣彼得堡 2001) 是否存在三个互异实数 $x, y, z \in [0, \frac{\pi}{2}]$, 使得 $\sin x, \sin y$, $\sin z, \cos x, \cos y, \cos z$ 这六个值可以分成三对, 并且每一对的元素之和都相等?

解 我们断言不存在这样的三个互异实数. 使用反证法, 假设存在三个互异实数 $x, y, z \in [0, \frac{\pi}{2}]$ 满足题目中的条件. 那么必然地, 六个数中的最大数一定和它们中的最小数配成一对. 类似地, 第二小的数一定和第二大的数配成一对, 第三小的数一定和第三大的数配成一对.

由对称性质, 我们可以不失一般性地假设 $\sin x$ 是最大数或最小数. 由于 $x \in [0, \frac{\pi}{2}]$, 我们有 $\sin x \geq 0$ 和 $\cos x \geq 0$, 因此 $\sin x = \sqrt{1 - \cos^2 x}$. 那么若 $\sin x$ 是最大数, 则 $\cos x$ 是最小数, 反之亦然. 所以 $\sin x$ 一定和 $\cos x$ 配对. 类似地, $\sin y$ 和 $\cos y$ 配对, $\sin z$ 和 $\cos z$ 配对. 从而

$$\sin x + \cos x = \sin y + \cos y = \sin z + \cos z.$$

将上面的恒等式平方, 我们得到

$$1 + \sin 2x = 1 + \sin 2y = 1 + \sin 2z,$$

则

$$\sin 2x = \sin 2y = \sin 2z.$$

由于 $2x, 2y, 2z \in [0, \pi]$, 根据正弦函数在 $[0, \frac{\pi}{2}]$ 上的单射性质和恒等式 $\sin(\pi - \alpha) = \sin \alpha$, 我们推出, 当 α 取遍 $[0, \pi]$ 时, $\sin \alpha$ 取 $[0, 1]$ 上的每个值最多两次. 因此我们不可能有三个互异的数 $x \, y, z$ 满足 $\sin 2x = \sin 2y = \sin 2z$, 从而得出矛盾.

若我们给定一个实数 $x \in [-1, 1]$, 则由余弦函数的一一映射性质, 存在唯一的 $\theta \in [0, \pi]$ 使得 $\cos \theta = x$. 我们可以立即推出: 若 $x \in [-2, 2]$, 则存在唯一的 $\theta \in [0, \pi]$ 使得 $x = 2\cos\theta$. 具有这个性质的变量以及其他三角函数的等价的变量频繁地出现在涉及序列和多项式的根的问题中. 辨识出解这些问题所应该使用的正确代换的一个好方式是: 充分利用所涉及的变量的限制, 并且认出与之相关的熟知的三角函数恒等式. 下面是两个例子.

例 3.6 (奥地利) 设 $x_1 < x_2 < x_3$ 是方程 $x^3 - 3x - 1 = 0$ 的三个实根. 证明: $x_3^2 - x_2^2 = x_3 - x_1$.

解　首先注意到 $x^3 - 3x - 1 = 0$ 的所有根一定都位于区间 $(-2,2)$ 内: 事实上, 对于 $r \le -2$ 我们有

$$r^3 - 3r - 1 = r(r^2 - 3) - 1 \le r - 1 < 0,$$

而对于 $r \ge 2$ 我们有

$$r(r^2 - 3) - 1 > r - 1 > 0.$$

回想恒等式 $4\cos^3\alpha - 3\cos\alpha = \cos(3\alpha)$. 令 x 是题目中方程的根. 我们刚刚提及的事实促使我们使用代换 $x = 2\cos\alpha,\, \alpha \in [0, \pi)$. 于是我们得到

$$4\cos^3\alpha - 3\cos\alpha = \frac{1}{2},$$

从而 $\cos(3\alpha) = \frac{1}{2}$.

我们推出 $\alpha \in \left\{\frac{\pi}{9}, \frac{5\pi}{9}, \frac{7\pi}{9}\right\}$, 从而 $x \in \left\{2\cos\frac{\pi}{9}, 2\cos\frac{5\pi}{9}, 2\cos\frac{7\pi}{9}\right\}$. 由余弦函数的单调性, 容易看出

$$2\cos\frac{\pi}{9} > 2\cos\frac{5\pi}{9} > 2\cos\frac{7\pi}{9}.$$

因此我们只需验证

$$4\cos^2\frac{\pi}{9} - 4\cos^2\frac{5\pi}{9} = 2\cos\frac{\pi}{9} - 2\cos\frac{7\pi}{9}.$$

而

$$\begin{aligned}
4\cos^2\frac{\pi}{9} - 4\cos^2\frac{5\pi}{9} &= \left(2\cos\frac{2\pi}{9} + 2\right) - \left(2\cos\frac{10\pi}{9} + 2\right) \\
&= 2\cos\left(\pi - \frac{7\pi}{9}\right) - 2\cos\left(\pi + \frac{\pi}{9}\right) \\
&= 2\cos\frac{\pi}{9} - 2\cos\frac{7\pi}{9},
\end{aligned}$$

这就完成了证明.

例 3.7　设 a 是异于 ± 1 的任意实数. 对于所有正整数 n, 我们定义实数序列 $\{x_n\}_{n \ge 1}$ 为

$$x_1 = a, \quad x_{n+1} = \frac{1}{1 - x_n} - \frac{1}{1 + x_n}.$$

求满足 $x_8 = \pm 1$ 的 a 的可能的值的个数.

解　观察到

$$x_{n+1} = \frac{2x_n}{1 - x_n^2}.$$

令 $\alpha \in \left(-\frac{\pi}{2}, \frac{\pi}{2}\right)$ 满足 $a = \tan\alpha$. 使用公式

$$\tan(2\theta) = \frac{2\tan\theta}{1 - \tan^2\theta},$$

我们通过对 n 归纳得到 $x_n = \tan\left(2^{n-1}\alpha\right)$.

若 $x_8 = \tan(128\alpha) = \pm 1$, 则 128α 是 $\frac{\pi}{4}$ 的奇数倍, 并且我们可以写

$$\alpha = \frac{(2k+1)\pi}{512}, \quad k \in \mathbf{Z}.$$

特别地, 注意到这意味着 $\alpha, 2\alpha, \cdots, 64\alpha$ 都不是 $\frac{\pi}{4}$ 的奇数倍, 因此 $x_1, x_2, \cdots, x_7$ 都不等于 ± 1. 所以对于上面的例子, 我们定义了直至 $n = 8$ 的序列 $\{x_n\}$. 由于 $\alpha \in \left(\frac{\pi}{2}, \frac{\pi}{2}\right)$, 我们得出 $-128 \le k \le 127$. 剩下的工作就是检查是否出现重复的情况, 即是否存在两个互异的整数 $k, m \in [-128, 127]$ 使得

$$\tan\frac{(2k+1)\pi}{512} = \tan\left(\pm\frac{(2m+1)\pi}{512}\right),$$

而由正切函数在 $\left(-\frac{\pi}{2}, \frac{\pi}{2}\right)$ 上的单射性质, 我们可以从上式推出 $k = m$. 因此, 对于 α (从而对于 a), 存在满足 $x_8 = \pm 1$ 的 256 种不同的选择.

由于 $\sin : \left[\frac{\pi}{2}, \frac{\pi}{2}\right] \to [-1, 1]$ 是一一映射, 根据定义 3.1 的 (3), 它是可逆的. 这就引导出下面的定义.

定义 3.8 **反正弦**函数 (记作 arcsin) 是正弦函数的反函数, 定义为 $\arcsin : [-1, 1] \to \left[-\frac{\pi}{2}, \frac{\pi}{2}\right]$ 并且满足

$$\arcsin(\sin\theta) = \theta, \quad \text{对于所有 } \theta \in \left[-\frac{\pi}{2}, \frac{\pi}{2}\right]$$

和

$$\sin(\arcsin x) = x, \quad \text{对于所有 } x \in [-1, 1].$$

$\cos : [0, \pi] \to [-1, 1]$, $\tan : \left(-\frac{\pi}{2}, \frac{\pi}{2}\right) \to \mathbf{R}$ 和 $\cot : (0, \pi) \to \mathbf{R}$ 的反函数分别记作 arccos, arctan 和 arccot, 并且它们满足类似的性质.

注 3.9 上面的讨论表明, 对于某个给定的 $x \in [-1, 1]$, 方程 $\sin\theta = x$ 在区间 $\left[-\frac{\pi}{2}, \frac{\pi}{2}\right]$ 中有唯一解 $\theta = \arcsin x$ (有时记作 $\theta = \sin^{-1} x$). 对于 x 的一些特定值, θ 的值可以容易地被确定, 就像练习 1.10 中所展示的那些. 若我们想要对于一般的 x 求 $\sin x$, 我们将不得不反复使用加法公式和半角公式以及潜在的限制. 正如练习 2.2 所表明的, 这个过程很快就会变得难以处理, 因为我们必须将一切都用迭代平方根表示. 这就是为什么对于一般的 x, 更好的办法是使用三角函数的幂级数定义. 我们将在下一小节阐述这些内容 (还可参见 7.2 节中的严格证明).

练习 3.10　使用反三角函数 arccos, arctan 和 arccot 的定义以及 Pythagoras 恒等式

$$\sin^2\theta + \cos^2\theta = 1$$

推出: 对于任何 $x \in [-1, 1]$ 以及对于任何 $x \in (-1, 1)$, 恒等式

$$\cos(\arcsin x) = \sqrt{1 - x^2}, \quad \tan(\arcsin x) = \frac{x}{\sqrt{1 - x^2}}$$

分别成立, 并且对于任何 $y \in \mathbf{R}$ 以及对于任何 $y \in \mathbf{R} \setminus \{0\}$, 恒等式

$$\sin(\text{arccot}\, y) = \frac{1}{\sqrt{1 + y^2}}, \quad \tan(\text{arccot}\, y) = \frac{1}{y}$$

分别成立.

我们在画三角函数的图像之前, 需要掌握的最后一个知识就是它们的"曲率". 更精确地, 我们引入下面的定义.

定义 3.11　设 $I \subset \mathbf{R}$ 是一个区间且 $f : I \to \mathbf{R}$ 是一个实值函数. 我们称 f 是在 I 上的**凸函数**, 若对于任何 $x, y \in I$ 我们有

$$f(tx + (1-t)y) \leq tf(x) + (1-t)f(y), \quad 对于任何 \ t \in [0, 1];$$

并且我们称 f 是在 I 上的**凹函数**, 若对于任何 $x, y \in I$ 我们有

$$f(tx + (1-t)y) \geq tf(x) + (1-t)f(y), \quad 对于任何 \ t \in [0, 1].[3]$$

注 3.12　凸函数的几何解释为, 对于任何两个点 $x, y \in I$, 连接点 $(x, f(x))$ 和 $(y, f(y))$ 的直线位于 f 的在点 $(x, f(x))$ 和 $(y, f(y))$ 之间的图像片段之上. 对于凹函数则为, 连接点 $(x, f(x))$ 和 $(y, f(y))$ 的直线位于 f 的在点 $(x, f(x))$ 和 $(y, f(y))$ 之间的图像片段之下.

下面是一些重要的结果, 我们将在第 7 节讨论它们的证明:

定理 3.13　(a) 函数 $\sin : [-\pi, 0] \to [-1, 0]$ 是凸函数且 $\sin : [0, \pi] \to [0, 1]$ 是凹函数.
(b) 函数 $\cos : [-\frac{\pi}{2}, \frac{\pi}{2}] \to [0, 1]$ 是凹函数且 $\cos : [\frac{\pi}{2}, \frac{3\pi}{2}] \to [-1, 0]$ 是凸函数.
(c) 函数 $\tan : [0, \frac{\pi}{2}) \to \mathbf{R}_{\geq 0}$ 是凸函数且 $\tan : (-\frac{\pi}{2}, 0] \to \mathbf{R}_{\leq 0}$ 是凹函数.

注 3.14　定理 3.13 在三角不等式中有一系列的应用, 我们将在第 5 节中讨论.

利用三角函数的周期性以及定理 3.2 和定理 3.13, 我们可以画出我们研究过的三角函数的图像. 正弦函数、余弦函数和正切函数的图像如下图所示.

---

[3] 在国内的一些数学教材中, 凸函数和凹函数的定义与本书中的定义正好相反.——译者注

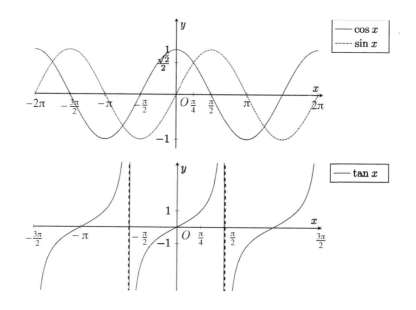

练习 3.15 使用画正弦函数和余弦函数图像的类似方法, 分别画出函数 arcsin, arccos, arctan 和 arccot 的图像.

4 重要极限、幂级数和复数

在本小节, 我们将证明一个微积分中涉及三角函数的基础性结果 (定理 4.4), 并且在这个过程中我们还将确立一个重要的涉及三角函数的不等式, 它比较了正实数值 x 以及 $\sin x$ 和 $\tan x$ 的大小. 然后我们将给出一些三角函数的幂级数表达式并解释它们怎样使得我们可以对于任何实自变量 x 计算任意精度的 $\sin x$ 和 $\cos x$ 值 (就像在注 3.9 中所允诺的). 正弦函数和余弦函数的幂级数表达式也将给出三角函数和复数之间的重要联系.

为了达成上面提到的目标, 我们需要讨论函数和序列的极限的概念. 我们非正式地介绍数学中极限的概念, 用以试着理解函数在一个特定点 p 的 "非常小的邻域" 中的性态.

定义 4.1 设 (a,b) 是 **R** 中的开区间并且设 p 是 (a,b) 中的点. 令 f 是实值函数, 它定义在整个区间 (a,b) 上, 除了在点 p 自身可能没有定义; 令 L 是实数. 我们称**当 x 趋于 p 时, f 的极限是 L**, 记作

$$\lim_{x \to p} f(x) = L,$$

若对于每个实数 $\varepsilon > 0$, 存在实数 $\delta > 0$ 使得对于所有满足 $0 < |x - p| < \delta$ 的实数 $x \in (a,b)$ 我们有 $|f(x) - L| < \varepsilon$.

我们还可以将这个定义扩展到当极限点 p 是 $-\infty$ 或 $+\infty$ 时的情形. 例如, 我们称当 x 趋于 ∞ 时, f 的极限是 L, 记作

$$\lim_{x \to \infty} f(x) = L,$$

若对于每个实数 $\varepsilon > 0$, 存在实数 $M > 0$ 使得对于所有 $x > M$ 我们有 $|f(x)-L| < \varepsilon$.

极限 L 自身也允许是 ∞ 或 $-\infty$: 例如, 我们称

$$\lim_{x \to p} f(x) = \infty,$$

若对于每个实数 E, 存在实数 δ 使得对于 $|x - p| < \delta$ 我们有 $f(x) > E$ (当 $L = -\infty$ 时我们将 "$f(x) > E$" 替换成 "$f(x) < E$").

我们也可以定义序列 $\{a_n\}_{n \geq 0}$ 的极限的概念, 我们稍后也会需要它.

定义 4.2 对于固定的实数 L, 我们称数列 $\{a_n\}_{n \geq 0}$ **具有极限** L 并记作

$$\lim_{n \to \infty} a_n = L,$$

若对于任何 $\varepsilon > 0$, 存在正整数 n_0 (它依赖于 ε) 使得对于所有 $n \geq n_0$, 我们有

$$|a_n - L| < \varepsilon.$$

与函数的情形类似, 我们也可以允许 $L = \pm\infty$: 我们有

$$\lim_{n \to \infty} a_n = \infty,$$

若对于任何实数 E, 存在正整数 M 使得对于所有 $n > M$, 我们有 $a_n > E$.

注 4.3 并不是每个函数和每个序列都有极限. 例如, 由 $a_n = (-1)^n$ 定义的序列 $\{a_n\}_{n \geq 0}$ 就没有极限, 因为对于任何 $L \in \mathbf{R}$, 若我们设 $\varepsilon = \frac{1}{3}$, 则存在无限多个 n 使得 $|a_n - L| > \varepsilon$ (例如, 若我们取 $L = 1$, 当 n 是奇数时我们有 $|a_n - L| > \frac{1}{3}$, 因此 $L = 1$ 不能是 a_n 的极限). 类似地, 由 $f(x) = \frac{1}{x}$ 给出的函数 $f : (-1, 1) \setminus \{0\} \to \mathbf{R}$ 当 x 趋于 0 时没有极限 (请验证!).

让我们来看函数 $\frac{\sin x}{x}$. 我们已经计算出当 x 比较接近 0 时 $\sin x$ 的几个值 (见练习 2.2):

$$\sin \frac{\pi}{6} = \frac{1}{2}, \quad \sin \frac{\pi}{12} = \frac{\sqrt{6} - \sqrt{2}}{4}, \quad \sin \frac{\pi}{24} = \frac{\sqrt{8 - 2\sqrt{6} - 2\sqrt{2}}}{4}.$$

对于这些值, 我们有

$$\frac{\sin \frac{\pi}{6}}{\frac{\pi}{6}} = 0.954 \cdots, \quad \frac{\sin \frac{\pi}{12}}{\frac{\pi}{12}} = 0.988 \cdots, \quad \frac{\sin \frac{\pi}{24}}{\frac{\pi}{24}} = 0.997 \cdots.$$

这提示我们当 x 越来越接近 0 时, $\frac{\sin x}{x}$ 的值越来越接近 1. 因此我们自然会猜测将有

$$\lim_{x \to 0} \frac{\sin x}{x} = 1.$$

这就是我们将要证明的以下重要结果.

定理 4.4 我们有

$$\lim_{x \to 0} \frac{\sin x}{x} = 1.$$

为了证明定理 4.4, 我们需要以下来自实分析的辅助结果, 在此我们略去证明.

定理 4.5 (夹逼定理) 设 $(a, b) \subset \mathbf{R}$ 是开区间并且设 p 是 (a, b) 中的点. 令 f, g 和 h 是实值函数, 它们定义在整个区间 (a, b) 上, 除了在点 p 可能没有定义. 此外, 假设存在实数 $\delta > 0$, 使得对于所有满足 $0 < |x - p| < \delta$ 的 $x \in (a, b)$, 我们有

$$g(x) \le f(x) \le h(x).$$

若

$$\lim_{x \to p} g(x) = \lim_{x \to p} h(x) = L,$$

则

$$\lim_{x \to p} f(x) = L.$$

定理 4.4 的证明 首先来证明对于任何 $\theta \in \left(-\frac{\pi}{2}, \frac{\pi}{2}\right) \setminus \{0\}$, 我们有

$$\cos \theta \le \frac{\sin \theta}{\theta} \le 1.$$

由于 $\frac{\sin(-\theta)}{-\theta} = \frac{\sin \theta}{\theta}$ 且 $\cos(-\theta) = \cos \theta$, 我们只需证明上面的不等式当 $\theta \in \left(0, \frac{\pi}{2}\right)$ 时成立. 注意到经过交叉相乘和整理后, 上式等价于

$$\sin \theta \le \theta \le \tan \theta. \tag{1.1}$$

我们给出 (1.1) 的几何证明. 考虑以原点为圆心的单位圆, 点 A 位于其上且满足 $\angle xOA = \theta$. 令 D 为从 A 到 Ox 轴的垂线的垂足, B 为单位圆与 Ox 轴的交点, $C \in OA$ 使得 CB 垂直于 Ox 轴 (参见下图).

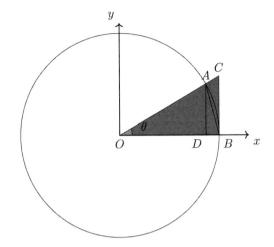

我们有 $|AD| = \sin\theta$ 和 $|OD| = \cos\theta$. 由三角形 OAD 和 OCB 的相似性, $|BC| = \tan\theta$. 那么三角形 OAB 的面积为

$$\frac{|OB| \cdot |AD|}{2} = \frac{\sin\theta}{2}$$

并且三角形 OBC 的面积为

$$\frac{|OB| \cdot |BC|}{2} = \frac{\tan\theta}{2}.$$

我们回忆起半径为 R、圆心角的弧度值为 x 的扇形的面积计算公式是 $\frac{R^2 x}{2}$. 由前面的定义, 弧 $\overset{\frown}{AB}$ 所对的圆心角的弧度值为 θ 并且半径 $R = |OA| = 1$, 那么扇形 OAB 的面积为 $\frac{\theta}{2}$.

由于三角形 OAB 包含于扇形 OAB 中, 而扇形 OAB 又包含于直角三角形 OBC 中, 我们有

$$\frac{\sin\theta}{2} \leq \frac{\theta}{2} \leq \frac{\tan\theta}{2},$$

这就证明了 (1.1). 因此对于所有 $\theta \in \left(-\frac{\pi}{2}, \frac{\pi}{2}\right) \setminus \{0\}$, 我们有

$$\cos\theta \leq \frac{\sin\theta}{\theta} \leq 1.$$

现在只需证明

$$\lim_{x \to 0} \cos x = 1,$$

因为

$$\cos x \leq \frac{\sin x}{x} \leq 1,$$

再联合定理 4.5 就得到了结果.

任取 $\varepsilon > 0$. 我们选择 $\delta = \sqrt{2\varepsilon}$. 那么对于任何 $|x| < \delta$ 我们有 $\left|\frac{x^2}{2}\right| < \varepsilon$. 此外, 注意到 $\cos x - 1 = -2\sin^2\frac{x}{2}$ 以及对于任何实数 x, $|\sin x| \le |x|$, 于是我们有

$$|\cos x - 1| = \left|2\sin^2\frac{x}{2}\right|$$
$$\le \left|\frac{x^2}{2}\right|$$
$$< \varepsilon.$$

由于 ε 是任取的, 这推出

$$\lim_{x \to 0} \cos x = 1,$$

于是我们完成了证明.

注 4.6 不等式 $\sin x \le x \le \tan x$ $(x \in \left[0, \frac{\pi}{2}\right))$ 经常出现在奥林匹克试题 (特别是不等式题目) 中. 我们将在第 5 节讨论一些这样的例子. 下面的例题阐释了定理 4.4 如何在更多高级应用中成为有用的工具.

例 4.7 设 $a \ne 1$ 是任意实数. 假设序列 $\{a_n\}_{n \ge 1}$ 定义为 $a_1 = a$,

$$a_{n+1} = \frac{na_n + 1}{n - a_n}, \quad \text{对于所有 } n \ge 1.$$

证明: 序列 $\{a_n\}_{n \ge 1}$ 包含无穷多个正项, 也包含无穷多个负项.

解 我们定义序列 $\{b_n\}_{n \ge 1}$ 为 $b_1 = \arctan a_1 \in \left(-\frac{\pi}{2}, \frac{\pi}{2}\right)$,

$$b_{n+1} = b_n + \arctan\frac{1}{n}, \quad \text{对于所有 } n \ge 1.$$

我们通过对 n 归纳证明 $a_n = \tan b_n$.

由序列的构造, 上面的结果对于 $n = 1$ 成立. 现在假设这个结果对于所有小于等于某个 $n \ge 1$ 的正整数成立. 那么

$$a_{n+1} = \frac{na_n + 1}{n - a_n}$$
$$= \frac{a_n + \dfrac{1}{n}}{1 - a_n\dfrac{1}{n}}$$
$$= \tan\left(b_n + \arctan\frac{1}{n}\right)$$
$$= \tan b_{n+1},$$

因此结果对于 $n + 1$ 的情形也成立, 从而由归纳原理, 它对于所有正整数成立.

证明所需要的最后一个重要材料是: 和式

$$b_1 + \sum_{k=1}^{n} \arctan \frac{1}{k}$$

当 $n \to \infty$ 时是无界的. 这可以证明如下:

由定理 4.4, 我们看出 $\lim\limits_{x \to 0} \frac{\tan x}{x} = 1$ 并且因此 $\lim\limits_{x \to 0} \frac{x}{\arctan x} = 1$. 这推出: 存在 N_0 使得对于所有 $n \ge N_0$, 我们有

$$\arctan \frac{1}{n} > \frac{1}{2n}.$$

从而

$$\sum_{k=1}^{n} \arctan \frac{1}{k} \ge \frac{1}{2} \sum_{k=N_0}^{n} \frac{1}{k}.$$

由于定义为

$$S_n = \sum_{k=1}^{n} \frac{1}{k}$$

的序列 $\{S_n\}_{n \ge 1}$ 有无穷极限, 我们得出

$$b_1 + \sum_{k=1}^{n} \arctan \frac{1}{k}$$

当 $n \to \infty$ 时是无界的.

因此, 存在无穷多个整数 n 使得 b_n 位于形式为 $(2k\pi, 2k\pi + \frac{\pi}{2})$ 的区间中, 同样存在无穷多个整数 n 使得 b_n 位于形式为 $(2k\pi + \frac{\pi}{2}, (2k+1)\pi)$ 的区间中. 由于 $a_n = \tan b_n$, 这推出了我们想要的对于序列 $\{a_n\}_{n \ge 1}$ 的结果.

定义 4.8 **一元实幂级数**是形如

$$\sum_{n=0}^{\infty} a_n(x-c)^n = a_0 + a_1(x-c)^1 + a_2(x-c)^2 + \cdots$$

的无限和, 其中 a_n $(n \ge 0)$ 称为第 n 项的**系数**, c 是常数, 我们通常将其取为 0.

已知 $x \in \mathbf{R}$, 我们称幂级数

$$\sum_{n=0}^{\infty} a_n(x-c)^n$$

收敛, 若存在实数 L 使得

$$\lim_{N \to \infty} \sum_{n=0}^{N} a_n(x-c)^n = L.$$

我们曾经用到的许多函数 (包括正弦函数和余弦函数) 都可以写成幂级数的形式 (参见第 7 节中的证明以及其他函数的幂级数). 下面是主要结果:

定理 4.9 *对于每个实数 x, 我们有*

$$\sin x = \sum_{n=0}^{\infty} \frac{(-1)^n x^{2n+1}}{(2n+1)!},$$

$$\cos x = \sum_{n=0}^{\infty} \frac{(-1)^n x^{2n}}{(2n)!}.$$

下面的导引性练习展示了幂级数展开如何被应用于显式地计算对于 $x \in \mathbf{R}$, 任意十进制精度的 $\sin x$ 值.

练习 4.10 (a) 已知 $\frac{10^{11} \cdot 2^{19}}{19!} < 1$ 成立, 使用归纳法或其他方法证明: 对于任何整数 $k \geq 0$, 不等式 $\frac{10^{11+k} \cdot 2^{19+k}}{(19+k)!} < 1$ 成立. 导出: 对于任何 $x \in [0, \frac{\pi}{2}]$, $\frac{10^{11+k} \cdot x^{19+k}}{(19+k)!} < 1$.

(b) 解释如何使用正弦函数的性质, 将对于实数 x 计算 $\sin x$ 简化为对于只依赖 x 的 $y \in [0, \frac{\pi}{2}]$ 计算 $\sin y$.

(c) 使用 (a), (b) 和正弦函数的幂级数定义, 证明: 对于任何实数 x 和任何正整数 $N \geq 5$, 和式

$$\sum_{n=0}^{2N+9} \frac{(-1)^n x^{2n+1}}{(2n+1)!}$$

给出了误差不超过 10^{-2N-1} 的 $\sin x$ 值.

(d) 设计一个类似的方法来计算任意十进制精度的 $\cos x$ 值.

除了可以让我们计算任意精度的正弦和余弦值, 幂级数还可以用于证明三角函数在复数研究中的以下重要应用 (细节参见第 7 节):

我们回忆起: 每个复数 z 可以被唯一地写成 $z = a + bi$ 的形式, 其中 a 和 b 为实数 (分别称作 z 的**实部**和**虚部**), i 定义为方程 $x^2 + 1 = 0$ 的根. 此外, 指数函数 $\exp: \mathbf{R} \to \mathbf{R}$ 定义为

$$\exp(x) = e^x,$$

其中 $e = 2.718281 \cdots$ 是 Euler 常数. 这个函数对于每个实数 z 也有级数展开:

$$\exp(z) = \sum_{n=0}^{\infty} \frac{z^n}{n!}.$$

上面的定义甚至可以扩展到 z 是复数的情形. 特别地, 当 $z = ix$ 时, 我们得到

$$e^{ix} = \sum_{n=0}^{\infty} \frac{(ix)^n}{n!}.$$

使用 i 的幂的周期性, 我们看出

$$e^{ix} = 1 + ix - \frac{x^2}{2} - \frac{ix^3}{3!} + \frac{x^4}{4!} + \cdots$$
$$= \sum_{n=0}^{\infty} \frac{(-1)^n x^{2n}}{(2n)!} + i \cdot \sum_{n=0}^{\infty} \frac{(-1)^n x^{2n+1}}{(2n+1)!}.$$

若我们将上面的表达式与定理 4.9 给出的正弦函数和余弦函数的幂级数相比较, 我们就得到了下面的重要恒等式.

定理 4.11 对于任何实数 x, 我们有

$$e^{ix} = \cos x + i \sin x.$$

这个恒等式就是著名的 **Euler 公式**.

使用以下事实: 对于正整数 n 和复数 z, 我们有

$$\exp(nz) = (\exp(z))^n$$

(其证明参见 7.3 节), 我们由 Euler 公式得出, 一方面

$$\exp(inx) = \cos(nx) + i \sin(nx),$$

另一方面

$$\exp(inx) = (\exp(ix))^n = (\cos x + i \sin x)^n.$$

比较这两个表达式, 我们得到下面的定理.

定理 4.12 (de Moivre 恒等式) 对于每个实数 x 和任何正整数 n, 我们有

$$(\cos x + i \sin x)^n = \cos(nx) + i \sin(nx).$$

注 4.13 我们也可以使用对 n 的归纳法直接证明 de Moivre 恒等式, 利用: 对任何实数 x 和 y, 我们有

$$(\cos x + i \sin x)(\cos y + i \sin y)$$
$$= (\cos x \cos y - \sin x \sin y) + i(\sin x \cos y + \sin y \cos x)$$
$$= \cos(x + y) + i \sin(x + y).$$

下面的例子阐释了 Euler 公式和 de Moivre 恒等式如何在实践中发挥作用.

例 4.14 求和式

$$\sin \theta + \sin 2\theta + \cdots + \sin 2017\theta,$$

其中 $\theta \in [0, 2\pi]$.

解 回忆 $e^{i\theta} = \cos\theta + i\sin\theta$, 因此

$$\sin\theta = \text{Im}(e^{i\theta}),$$

其中 $\text{Im}(z)$ 表示复数 z 的虚部.

使用上式以及等比数列的求和公式, 我们得到

$$\begin{aligned}
\sin\theta + \sin 2\theta + \cdots + \sin 2017\theta &= \text{Im}\left(e^{i\theta} + e^{2i\theta} + \cdots + e^{2017i\theta}\right) \\
&= \text{Im}\left(\frac{e^{2018i\theta} - e^{i\theta}}{e^{i\theta} - 1}\right) \\
&= \text{Im}\left(\frac{(e^{2018i\theta} - e^{i\theta})(e^{-i\theta} - 1)}{(e^{i\theta} - 1)(e^{-i\theta} - 1)}\right) \\
&= \frac{\sin 2017\theta - \sin 2018\theta + \sin\theta}{\sin^2\theta + (\cos\theta - 1)^2}.
\end{aligned}$$

例 4.15 (MR S130) 证明: 对于所有正整数 n 以及所有实数 x 和 y,

$$\sum_{k=0}^{n}\binom{n}{k}\cos[(n-k)x + ky] = \left(2\cos\frac{x-y}{2}\right)^n\cos n\cdot\frac{x+y}{2}.$$

解 实数

$$\sum_{k=0}^{n}\binom{n}{k}\cos[(n-k)x + ky]$$

是复数

$$Z = \sum_{k=0}^{n}\binom{n}{k}e^{i((n-k)x+ky)} = \sum_{k=0}^{n}\binom{n}{k}(e^{ix})^{n-k}(e^{iy})^k$$

的实部. 由二项式定理, $Z = (e^{ix} + e^{iy})^n$, 它可以写成

$$Z = \left(e^{i\frac{x+y}{2}}\left(e^{i\frac{x-y}{2}} + e^{-i\frac{x-y}{2}}\right)\right)^n = \left(2\cos\frac{x-y}{2}\right)^n e^{ni\frac{x+y}{2}}.$$

因此, Z 的实部还可以写成

$$\left(2\cos\frac{x-y}{2}\right)^n\cos n\cdot\frac{x+y}{2},$$

这就完成了证明.

练习 4.16 (a) 使用 de Moivre 恒等式以及二项式定理证明: 对于任何实数 x, 我

们有

$$\cos(nx) + \mathrm{i}\sin(nx) = \sum_{k=0}^{n} \binom{n}{k} \cos^{n-k} x \cdot \mathrm{i}^k \sin^k x$$

$$= \sum_{k=0}^{\lfloor n/2 \rfloor} \binom{n}{2k} \cos^{n-2k} x \cdot \mathrm{i}^{2k} \sin^{2k} x$$

$$+ \sum_{k=0}^{\lfloor (n-1)/2 \rfloor} \binom{n}{2k+1} \cos^{n-2k-1} x \cdot \mathrm{i}^{2k+1} \sin^{2k+1} x.$$

(b) 取上面连等式中的第一个和最后一个式子的实部并使用 $\sin^2 x = 1 - \cos^2 x$, 导出

$$\cos(nx) = \sum_{k=0}^{\lfloor n/2 \rfloor} \binom{n}{2k} \cos^{n-2k} x \cdot (-1)^k (1 - \cos^2 x)^k.$$

导出: $\cos(nx)$ 可以写成 $\cos x$ 的 n 次实系数多项式. 这些多项式正是在定理 2.4 中出现的 Chebyshev 多项式.

5 不等式

不等式在数学奥林匹克中一直发挥着重要的作用, 那么它们也出现在三角函数的研究中就不足为奇了. 在本小节中, 我们将阐述在前面几节中发展的理论如何用于证明涉及三角函数的各种不等式. 我们还将看到如何使用这些工具来解决奥林匹克问题. 贯穿本小节, 我们都假设读者熟悉一些经典不等式的内容, 例如算术平均–几何平均不等式、Cauchy–Schwarz 不等式和重排不等式.

回顾一下我们在第 3 节和第 4 节证明过的以下事实:

(a) 函数 $\sin : \left[-\frac{\pi}{2}, \frac{\pi}{2}\right] \to [-1, 1]$ 是增函数和双射.

(b) 函数 $\cos : [0, \pi] \to [-1, 1]$ 是减函数和双射.

(c) 对于所有 $x \in [0, \frac{\pi}{4}]$, 我们有 $\sin x \leq \cos x$.

(d) 函数 $\tan : \left(-\frac{\pi}{2}, \frac{\pi}{2}\right) \to \mathbf{R}$ 是增函数和双射.

(e) 对于任何 $x \in [0, \frac{\pi}{2}]$, 我们有

$$\sin x \leq x \leq \tan x.$$

(f) 函数 $\sin : [0, \pi] \to [0, 1]$ 和 $\cos : [-\frac{\pi}{2}, \frac{\pi}{2}] \to [0, 1]$ 都是凹函数, $\sin : [-\pi, 0] \to [-1, 0]$ 和 $\cos[\frac{\pi}{2}, \frac{3\pi}{2}] \to [-1, 0]$ 都是凸函数.

让我们先来看一些涉及性质 (a)–(e) 的应用.

例 5.1 证明: 对于所有实数 α, β, γ, 下面的不等式成立:

$$\sin\alpha \sin\beta \sin\gamma + \cos\alpha \cos\beta \cos\gamma \leq 1.$$

解　注意到只需证明当 α, β, γ 都位于区间 $\left(0, \frac{\pi}{2}\right)$ 内时不等式成立即可, 这是因为对于所给的 $x \in \mathbf{R}$, 总是存在 $\theta \in \left(0, \frac{\pi}{2}\right)$, 使得 $\sin\theta = |\sin x|$ 且 $\cos\theta = |\cos x|$, 并且将三角函数替换成它们的绝对值只会使不等式的左边增大. 我们通过观察得到

$$\sin\alpha \sin\beta \sin\gamma + \cos\alpha \cos\beta \cos\gamma \leq \max\{\sin\gamma, \cos\gamma\}(\sin\alpha \sin\beta + \cos\alpha \cos\beta)$$
$$= \max\{\sin\gamma, \cos\gamma\} \cos(\alpha - \beta)$$
$$\leq 1.$$

例 5.2　证明

$$\sin 26° \sin 58° \sin 74° \sin 82° \sin 86° \sin 88° \sin 89° \geq \frac{45\sqrt{2}}{64\pi}.$$

解　令

$$P = \sin 26° \sin 58° \sin 74° \sin 82° \sin 86° \sin 88° \sin 89°.$$

使用恒等式 $\sin(90° - \alpha) = \cos\alpha$ 和 $\sin(2\alpha) = 2\sin\alpha \cos\alpha$, 我们得到

$$P = \cos 64° \cos 32° \cos 16° \cos 8° \cos 4° \cos 2° \cos 1°$$
$$= \frac{\cos 64° \cos 32° \cos 16° \cos 8° \cos 4° \cos 2° \cos 1° \sin 1°}{\sin 1°}$$
$$= \frac{\cos 64° \cos 32° \cos 16° \cos 8° \cos 4° \cos 2° \sin 2°}{2\sin 1°}$$
$$= \frac{\cos 64° \cos 32° \cos 16° \cos 8° \cos 4° \sin 4°}{4\sin 1°}$$
$$\cdots$$
$$= \frac{\sin 128°}{128\sin 1°}.$$

我们现在只剩下要证明

$$\frac{\sin 128°}{128\sin 1°} \geq \frac{45\sqrt{2}}{64\pi},$$

它可以重写为

$$\frac{\sin 128°}{\sin 1°} \geq \frac{90\sqrt{2}}{\pi}.$$

我们知道 $\sin 128° > \sin 135° = \frac{\sqrt{2}}{2}$. 最后, 使用不等式 $\sin x < x$, 它对于 $x > 0$ 成立, 我们得出

$$\sin 1° = \sin \frac{\pi}{180} < \frac{\pi}{180}.$$

因此

$$\frac{\sin 128°}{\sin 1°} > \frac{90\sqrt{2}}{\pi},$$

这就完成了证明.

例 5.3　(俄罗斯) 设 a, b, c 是正实数并且

$$a + b + c = \frac{\pi}{2}.$$

证明

$$\cos a + \cos b + \cos c > \sin a + \sin b + \sin c.$$

解　由于 $a + b < \frac{\pi}{2}$ 且 $\cos : (0, \frac{\pi}{2}) \to (0, 1)$ 是减函数, 我们有

$$\cos a > \cos\left(\frac{\pi}{2} - b\right) = \sin b.$$

我们用同样的方法得到 $\cos b > \sin c$ 和 $\cos c > \sin a$, 这就得到了要证的不等式.

例 5.4　(Kvant M2042) 设 $x \in \left(0, \frac{\pi}{2}\right)$ 是实数. 证明

$$(\tan x)^{\sin x} + (\cot x)^{\cos x} \geq 2.$$

解　我们做以下重要观察: 若 $a \in \left(0, \frac{\pi}{4}\right]$, $b \in \left[\frac{\pi}{4}, \frac{\pi}{2}\right)$ 并且 $a + b = \frac{\pi}{2}$, 则

$$(\tan b)^{\sin b} = (\cot a)^{\cos a},$$

$$(\cot b)^{\cos b} = (\tan a)^{\sin a}.$$

这使得我们可以将原问题简化为证明 $x \in \left(0, \frac{\pi}{4}\right]$ 的情形. 这时我们有 $\cot x \geq 1$, 即 $\cos x \geq \sin x$. 那么

$$\begin{aligned}
(\tan x)^{\sin x} + (\cot x)^{\cos x} &\geq (\tan x)^{\sin x} + (\cot x)^{\sin x} \\
&= (\tan x)^{\sin x} + \frac{1}{(\tan x)^{\sin x}} \geq 2,
\end{aligned}$$

最后一个不等式由算术平均–几何平均不等式得出.

练习 5.5　使用 Cauchy–Schwarz 不等式或其他方法证明: 对于任何实数 x, 我们有

$$\sin x + \cos x \leq \sqrt{2}.$$

　　下面是与凸/凹函数相关的两个重要结果, 我们也将在三角函数的研究中使用它们.

定理 5.6　(Jensen 不等式) 设 $I \subset \mathbf{R}$ 是区间, $n \geq 2$ 是正整数, 并且设 $f : I \to \mathbf{R}$ 是函数. 若 f 是 I 上的凸函数, 则对于任何 $x_1, \cdots, x_n \in I$ 和任何满足 $\lambda_1 + \cdots + \lambda_n = 1$ 的实数 $\lambda_1, \cdots, \lambda_n \in [0, 1]$, 我们有

$$f(\lambda_1 x_1 + \cdots + \lambda_n x_n) \leq \lambda_1 f(x_1) + \cdots + \lambda_n f(x_n),$$

若 f 是 I 上的凹函数, 则我们有

$$f(\lambda_1 x_1 + \cdots + \lambda_n x_n) \geq \lambda_1 f(x_1) + \cdots + \lambda_n f(x_n).$$

在上面两种情形中, 等号成立当且仅当函数 f 在某个包含 $x_1, \cdots, x_n$ 的区间上是线性的 (即形式为 $f(x) = ax + b$) 或 $x_1 = \cdots = x_n$.

定理 5.6 的证明是凸性定义和对 n 的归纳法的简单应用, 可由写

$$\lambda_1 x_1 + \cdots + \lambda_n x_n = \lambda_1 x_1 + (1 - \lambda_1) \sum_{k=2}^{n} \frac{\lambda_k}{1 - \lambda_1} x_k$$

来进行. 我们将证明的细节作为练习留给读者.

定理 5.7 (Popoviciu 不等式) 设 f 是从区间 $I \subseteq \mathbf{R}$ 到 $\mathbf{R}$ 的函数. 若 f 是凸函数, 则对于任何三个点 $x, y, z \in I$, 我们有

$$\frac{f(x) + f(y) + f(z)}{3} + f\left(\frac{x+y+z}{3}\right)$$
$$\geq \frac{2}{3}\left[f\left(\frac{x+y}{2}\right) + f\left(\frac{y+z}{2}\right) + f\left(\frac{z+x}{2}\right)\right].$$

当 f 是凹函数时, 上面不等式中的符号 "$\geq$" 要被替换为 "$\leq$".

例 5.8 设 A, B, C 是一个三角形的三个角, 以弧度度量. 证明

$$\sin A + \sin B + \sin C \leq \frac{3\sqrt{3}}{2}.$$

若这个三角形还是锐角三角形, 则我们有

$$\cos A + \cos B + \cos C \leq \frac{3}{2}.$$

解 由题目假设, 我们知道 $A, B, C \in [0, \pi]$ 且 $A + B + C = \pi$. 由于 $\sin : [0, \pi] \to \mathbf{R}$ 是凹函数, 我们应用 Jensen 不等式, 其中 $n = 3$, $\lambda_1 = \lambda_2 = \lambda_3 = \frac{1}{3}$, 得到

$$\sin \frac{A+B+C}{3} \geq \frac{1}{3}(\sin A + \sin B + \sin C),$$

即

$$\sin A + \sin B + \sin C \leq \frac{3\sqrt{3}}{2}.$$

此外, 若这个三角形还是锐角三角形, 则我们有 $A, B, C \in [0, \frac{\pi}{2}]$, 并且因为 $\cos :$ $[0, \frac{\pi}{2}] \to \mathbf{R}$ 是凹函数, 由 Jensen 不等式,

$$\cos A + \cos B + \cos C \leq \frac{3}{2}.$$

在这两个不等式中, 等号成立当且仅当 $A = B = C = \frac{\pi}{3}$.

例 5.9 (MR U199) 证明: 在任何三角形 ABC 中,

$$3\sqrt{3} \leq \cot\frac{A+B}{4} + \cot\frac{B+C}{4} + \cot\frac{C+A}{4} \leq \frac{3\sqrt{3}}{2} + \frac{s}{2r},$$

其中 s 和 r 分别为三角形 ABC 的半周长和内切圆半径.

解 由于函数 $f(t) = \cot t$ 在 $\left(0, \frac{\pi}{2}\right)$ 是凸函数, 由 Jensen 不等式,

$$\cot\frac{A+B}{4} + \cot\frac{B+C}{4} + \cot\frac{C+A}{4} \geq 3\cot\frac{(A+B)+(B+C)+(C+A)}{12}$$
$$= 3\cot\frac{\pi}{6} = 3\sqrt{3}.$$

这就证明了左边的不等式.

对于右边的不等式, 在 Popoviciu 不等式中取 $f(t) = \cot t$, $x = \frac{A}{2}$, $y = \frac{B}{2}$, $z = \frac{C}{2}$, 我们得到

$$\frac{2}{3}\left(\cot\frac{A+B}{4} + \cot\frac{B+C}{4} + \cot\frac{C+A}{4}\right)$$
$$\leq \frac{1}{3}\left(\cot\frac{A}{2} + \cot\frac{B}{2} + \cot\frac{C}{2}\right) + \cot\frac{A+B+C}{6}$$
$$= \frac{1}{3}\left(\cot\frac{A}{2} + \cot\frac{B}{2} + \cot\frac{C}{2}\right) + \cot\frac{\pi}{6}$$
$$= \frac{1}{3}\left(\cot\frac{A}{2} + \cot\frac{B}{2} + \cot\frac{C}{2}\right) + \sqrt{3}.$$

从而

$$\cot\frac{A+B}{4} + \cot\frac{B+C}{4} + \cot\frac{C+A}{4} \leq \frac{1}{2}\left(\cot\frac{A}{2} + \cot\frac{B}{2} + \cot\frac{C}{2}\right) + \frac{3\sqrt{3}}{2},$$

再由著名的结果 (也可参见第 6 节的练习 6.19)

$$\cot\frac{A}{2} + \cot\frac{B}{2} + \cot\frac{C}{2} = \frac{s}{r}$$

我们就得到了要证的不等式.

我们给出的下面例题的解答体现了 Jensen 不等式和三角函数的双射性质的强大威力.

例 5.10 (APMO 2004) 设 a, b, c 是正实数. 证明

$$(a^2 + 2)(b^2 + 2)(c^2 + 2) \geq 9(ab + ac + bc).$$

解 回忆起函数 $\tan : \left(0, \frac{\pi}{2}\right) \to \mathbf{R}_{>0}$ 是双射. 我们做以下代换:

$$a = \sqrt{2}\tan A, \quad b = \sqrt{2}\tan B, \quad c = \sqrt{2}\tan C,$$

其中 $A, B, C \in (0, \frac{\pi}{2})$. 这样做的动机是: 现在我们要证的不等式变成了

$$\frac{4}{9} \geq \cos A \cos B \cos C (\sin A \sin B \cos C + \sin B \sin C \cos A + \sin A \sin C \cos B),$$

再联合恒等式

$$\sin A \sin B \cos C + \sin B \sin C \cos A + \sin A \sin C \cos B$$
$$= \cos A \cos B \cos C - \cos(A + B + C),$$

我们只剩下要证明

$$\frac{4}{9} \geq \cos A \cos B \cos C (\cos A \cos B \cos C - \cos(A + B + C)).$$

令 $\theta = \frac{A+B+C}{3} < \frac{\pi}{2}$. 那么由算术平均–几何平均不等式和 Jensen 不等式, 我们有

$$\sqrt[3]{\cos A \cos B \cos C} \leq \frac{\cos A + \cos B + \cos C}{3} \leq \cos\theta.$$

因此, 现在只需证明

$$\frac{4}{9} \geq \cos^3\theta(\cos^3\theta - \cos(3\theta)),$$

由余弦函数的三倍角公式, 它可以重写为

$$\cos^4\theta(1 - \cos^2\theta) \leq \frac{4}{27}.$$

上式可以用算术平均–几何平均不等式证明:

$$1 = \left(\frac{\cos^2\theta}{2} + \frac{\cos^2\theta}{2} + 1 - \cos^2\theta\right)^3 \geq \frac{27}{4}\cos^4\theta(1 - \cos^2\theta).$$

6 几何和三角

在本小节中, 我们将阐述三角函数在几何中的应用. 这些应用的核心是三角形中的正弦定理和余弦定理的公式, 我们将在下面证明它们.

6.1 面积和正弦定理

我们用 $[ABC]$ 表示三角形 ABC 的面积并且记

$a = |BC|$, $b = |AC|$, $c = |AB|$, $\angle A = \angle BAC$, $\angle B = \angle ABC$, $\angle C = \angle ACB$.

在三角形 ABC 中, 令 $D \in BC$ 为从 A 到直线 BC 的垂线的垂足 (见下图).

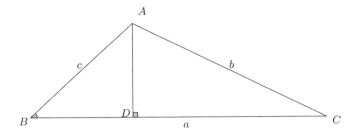

那么三角形 ABC 的面积由著名的公式

$$[ABC] = \frac{|BC| \cdot |AD|}{2}$$

给出. 在三角形 ABD 中, 我们有 $\angle ABD = \angle B$ 或 $\angle ABD = \pi - \angle B$, 这取决于 $\angle B < \frac{\pi}{2}$ 还是 $\angle B \geq \frac{\pi}{2}$. 无论是在哪种情形, 由于对于任何 $\theta \in \mathbf{R}$, $\sin\theta = \sin(\pi - \theta)$, 我们都有

$$|AD| = c \cdot \sin B.$$

将其代入三角形 ABC 的面积公式, 我们得到

$$[ABC] = \frac{c \cdot a \cdot \sin B}{2}.$$

考虑三角形 ABC 的另外两条高线, 我们用同样的方法得到

$$[ABC] = \frac{c \cdot b \cdot \sin A}{2}$$

和

$$[ABC] = \frac{b \cdot a \cdot \sin C}{2}.$$

因此, 我们有

$$\frac{bc\sin A}{2} = \frac{ac\sin B}{2} = \frac{ab\sin C}{2}.$$

将这个连等式除以 $\frac{abc}{2}$, 我们就得到了下面的恒等式, 它称为**正弦定理**:

$$\frac{\sin A}{a} = \frac{\sin B}{b} = \frac{\sin C}{c},$$

或等价地

$$\frac{a}{\sin A} = \frac{b}{\sin B} = \frac{c}{\sin C}.$$

练习 6.1 证明: 若在三角形 ABC 中, $D \in BC$ 为从 A 到直线 BC 的垂线的垂足, P 为直线 BC 上的一点, 则我们有 $|AD| = |AP|\sin\angle APB$. 导出

$$[ABC] = \frac{|AP| \cdot |BC| \cdot \sin\angle APB}{2}.$$

例 6.2 (MR J352) 设 ABC 为三角形, D 为边 AC 上的一点, 满足 $\frac{1}{3}\angle BCA = \frac{1}{4}\angle ABD = \angle DBC$, 并且 $AC = BD$. 求三角形 ABC 各角的度数.

解 记 $\alpha = \angle DBC$, 则 $\angle BCA = 3\alpha$ 且 $\angle ABD = 4\alpha$, 从而 $\angle ABC = 5\alpha$ 且 $\angle CAB = 180° - 8\alpha$. 对三角形 ABC 和 BCD 使用正弦定理, 我们有

$$\frac{BC}{AC} = \frac{\sin(8\alpha)}{\sin(5\alpha)}, \quad \frac{BC}{BD} = \frac{\sin(4\alpha)}{\sin(3\alpha)}.$$

由于 $AC = BD$, 我们得到

$$\sin(5\alpha) = \frac{\sin(3\alpha)\sin(8\alpha)}{\sin(4\alpha)} = 2\sin(3\alpha)\cos(4\alpha) = \sin(7\alpha) - \sin\alpha.$$

因此,

$$\sin\alpha = \sin(7\alpha) - \sin(5\alpha) = 2\cos(6\alpha)\sin\alpha,$$

并且由于 $\sin\alpha \neq 0$ (否则三角形 ABC 将是退化的), 我们一定有

$$\cos(6\alpha) = \frac{1}{2}, \quad 6\alpha = 60°, \quad \alpha = 10°,$$

这里我们用到: 由于 $\angle CAB = 180° - 8\alpha$, 我们一定有 $\alpha < 30°$. 因此

$$\angle A = 100°, \quad \angle B = 50°, \quad \angle C = 30°.$$

比值 $\frac{a}{\sin A}$ 也有具体的几何解释: 若我们取 O 为三角形 ABC 的外接圆圆心, R 为这个圆的半径, 则在三角形 BOC 中, 我们有

$$|OB| = |OC| = R, \quad \angle BOC = 2\angle A.$$

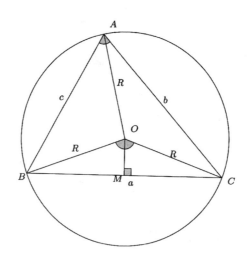

令 M 为 BC 的中点. 由于三角形 BOC 是等腰三角形且 $\angle BOC = 2\angle A$, 我们有 $OM \perp BC$ 且 $\angle BOM = \angle A$. 因此

$$|MB| = |OB| \sin A,$$

即

$$\frac{1}{2}a = R \sin A.$$

从而

$$\frac{a}{\sin A} = 2R.$$

我们这就证明了下面的连等式, 它称为**扩展的正弦定理**:

$$\frac{a}{\sin A} = \frac{b}{\sin B} = \frac{c}{\sin C} = 2R.$$

练习 6.3 证明下面的三角形 ABC 的面积公式:

$$[ABC] = \frac{abc}{4R}.$$

让我们看几个定理以及一些奥林匹克试题, 它们的证明依赖于三角形的面积公式和我们在上面得到的正弦定理.

例 6.4 (Ptolemy 定理) 在凸的圆内接四边形 $ABCD$ 中, 我们有

$$|AC| \cdot |BD| = |AB| \cdot |CD| + |AD| \cdot |BC|.$$

解 令 P 为对角线 AC 和 BD 的交点. 那么

$$[ABC] = \frac{|AC| \cdot |BP| \cdot \sin \angle APB}{2},$$

$$[ADC] = \frac{|AC| \cdot |DP| \cdot \sin \angle DPC}{2}.$$

由于 $\angle APB = \angle DPC$ 且 $[ABCD] = [ABC] + [ADC]$, 我们得出

$$[ABCD] = \frac{|AC| \cdot |BD| \cdot \sin \angle APB}{2}.$$

令 d 为对角线 AC 的垂直平分线, B_1 为 B 关于 d 的镜射点. 那么 ABB_1C 是等腰梯形, 其中 $BB_1 \parallel AC$, $|AB| = |B_1C|$, $|AB_1| = |BC|$. 此外, 容易看出 B_1 位于四边形 $ABCD$ 的外接圆上. 由 $|AB| = |B_1C|$, 我们得到

$$\overset{\frown}{AB} = \overset{\frown}{B_1C},$$

因此
$$\angle B_1AD = \frac{\widehat{B_1D}}{2} = \frac{\widehat{B_1C}+\widehat{CD}}{2} = \frac{\widehat{AB}+\widehat{CD}}{2} = \angle APB.$$

由于 AB_1CD 是圆内接四边形, 我们还有

$$\angle B_1AD + \angle B_1CD = \pi.$$

因此

$$\sin\angle B_1AD = \sin\angle B_1CD = \sin\angle APB.$$

由对称性,

$$
\begin{aligned}
[ABCD] &= [ABC] + [ACD] = [AB_1C] + [ACD] \\
&= [AB_1CD] = [AB_1D] + [CB_1D] \\
&= \frac{1}{2}|AB_1|\cdot|AD|\sin\angle B_1AD + \frac{1}{2}\cdot|B_1C|\cdot|CD|\cdot\sin\angle B_1CD \\
&= \frac{1}{2}\sin\angle APB\left(|BC|\cdot|AD| + |AB|\cdot|CD|\right).
\end{aligned}
$$

而我们已经证明了

$$[ABCD] = \frac{|AC|\cdot|BD|\cdot\sin\angle APB}{2}.$$

所以

$$\frac{1}{2}\cdot|AC|\cdot|BD|\cdot\sin\angle APB = \frac{1}{2}\cdot\sin\angle APB\left(|BC|\cdot|AD| + |AB|\cdot|CD|\right),$$

这给出

$$|AC|\cdot|BD| = |AB|\cdot|CD| + |AD|\cdot|BC|.$$

例 6.5 (Ceva 定理) 设 ABC 为三角形, D, E 和 F 分别为位于 BC, AC 和 AB 上的点. 那么下面的三个叙述等价:

(1) AD, BE, CF 三线共点 (即它们过同一个公共点).

(2) 我们有

$$\frac{\sin\angle ABE}{\sin\angle DAB}\cdot\frac{\sin\angle BCF}{\sin\angle EBC}\cdot\frac{\sin\angle CAD}{\sin\angle FCA} = 1.$$

(3) 我们有

$$\frac{|AF|}{|FB|}\cdot\frac{|BD|}{|DC|}\cdot\frac{|CE|}{|EA|} = 1.$$

解 我们将证明: (1) 可推出 (2), (2) 可推出 (3), (3) 可推出 (1).

首先假设 (1) 成立, 并且令 P 为 AD, BE 和 CF 的公共点. 在三角形 APB 中使用正弦定理, 我们得到

$$\frac{\sin\angle ABE}{\sin\angle DAB} = \frac{\sin\angle ABP}{\sin\angle PAB} = \frac{|AP|}{|BP|}.$$

类似地, 在三角形 BCP 和 CAP 中使用正弦定理, 我们得到

$$\frac{\sin\angle BCF}{\sin\angle EBC} = \frac{|BP|}{|CP|} \quad \text{和} \quad \frac{\sin\angle CAD}{\sin\angle FCA} = \frac{|CP|}{|AP|}.$$

因此

$$\frac{\sin\angle ABE}{\sin\angle DAB} \cdot \frac{\sin\angle BCF}{\sin\angle EBC} \cdot \frac{\sin\angle CAD}{\sin\angle FCA}$$
$$= \frac{|AP|}{|BP|} \cdot \frac{|BP|}{|CP|} \cdot \frac{|CP|}{|AP|} = 1.$$

现在假设 (2) 成立. 在三角形 ABD 和 ACD 中使用正弦定理, 我们得到

$$\frac{|AB|}{|BD|} = \frac{\sin\angle ADB}{\sin\angle DAB} \quad \text{和} \quad \frac{|CD|}{|AC|} = \frac{\sin\angle CAD}{\sin\angle ADC}.$$

此外, 由于 $\angle ADC + \angle ADB = \pi$, 我们有 $\sin\angle ADB = \sin\angle ADC$. 因此, 将上面两个恒等式相乘, 我们得到

$$\frac{|DC|}{|BD|} \cdot \frac{|AB|}{|AC|} = \frac{\sin\angle CAD}{\sin\angle DAB}.$$

我们用同样的方法得到

$$\frac{|AE|}{|EC|} \cdot \frac{|BC|}{|AB|} = \frac{\sin\angle ABE}{\sin\angle EBC} \quad \text{和} \quad \frac{|BF|}{|FA|} \cdot \frac{|CA|}{|BC|} = \frac{\sin\angle BCF}{\sin\angle FCA}.$$

将最后三个恒等式相乘便证明了 (3).

最后假设 (3) 成立. 令 P 为 BE 和 CF 的交点, D_1 为 AD 和 BC 的交点. 那么只需证明 $D = D_1$. 直线 AD_1, BE 和 CF 共点于 P. 由前面所证明的结论, 我们有

$$\frac{|AF|}{|FB|} \cdot \frac{|BD_1|}{|D_1C|} \cdot \frac{|CE|}{|EA|} = 1 = \frac{|AF|}{|FB|} \cdot \frac{|BD|}{|DC|} \cdot \frac{|CE|}{|EA|}.$$

所以

$$\frac{|BD_1|}{|D_1C|} = \frac{|BD|}{|DC|}.$$

因为 D 和 D_1 都位于线段 BC 上, 我们得出 $D = D_1$, 从而推出了 (1). 这就完成了证明.

注 6.6　连接三角形的顶点和其对边上的点的线段通常称为 **Ceva 线**. Ceva 定理可以推广到定理中的三条线共点于三角形外的一点的情形. Ceva 定理及其推广形式可用于证明三角形中的一系列著名的线 (例如中线、高线、角平分线、两个外分角线和一个内分角线) 是共点的. 我们强烈建议读者试着来证明这些共点. 另一个

直接的应用是来自国际数学奥林匹克 2001 年预选题 (IMO 2001 Shortlist) 的以下问题.

例 6.7 (国际数学奥林匹克 2001 年预选题) 在锐角三角形 ABC 中, 设以 A_1 为中心的三角形内接正方形的两个顶点位于边 BC 上, 另外两个顶点分别位于边 AB 和 AC 上. 类似地定义以 B_1 和 C_1 为中心的内接正方形, 它们的两个顶点分别位于边 AC 和 AB 上. 证明: 直线 AA_1, BB_1 和 CC_1 共点.

解 令 $DETS$ 是三角形 ABC 的以 A_1 为中心的内接正方形, 其中 $D, E \in BC$, $T \in AC$, $S \in AB$. 令直线 AA_1 和线段 BC 的交点为 A_2. 我们用同样的方法定义点 B_2 和 C_2. 由 Ceva 定理, 现在只需证明

$$\frac{\sin\angle BAA_2}{\sin\angle A_2AC} \cdot \frac{\sin\angle CBB_2}{\sin\angle B_2BA} \cdot \frac{\sin\angle ACC_2}{\sin\angle C_2CB} = 1.$$

在三角形 ASA_1 和 ATA_1 中使用正弦定理, 我们得到

$$\frac{|AA_1|}{|SA_1|} = \frac{\sin\angle ASA_1}{\sin\angle SAA_1} = \frac{\sin\angle ASA_1}{\sin\angle BAA_2}$$

和

$$\frac{|TA_1|}{|AA_1|} = \frac{\sin\angle A_1AT}{\sin\angle ATA_1} = \frac{\sin\angle A_2AC}{\sin\angle ATA_1}.$$

由于 $|A_1S| = |A_1T|$, $\angle ASA_1 = B + \frac{\pi}{4}$ 且 $\angle ATA_1 = C + \frac{\pi}{4}$, 我们将上面的恒等式相乘得到

$$1 = \frac{|AA_1|}{|SA_1|} \cdot \frac{|TA_1|}{|AA_1|} = \frac{\sin\angle ASA_1}{\sin\angle BAA_2} \cdot \frac{\sin\angle A_2AC}{\sin\angle ATA_1},$$

这推出

$$\frac{\sin\angle BAA_2}{\sin\angle A_2AC} = \frac{\sin\angle ASA_1}{\sin\angle ATA_1} = \frac{\sin\left(B + \dfrac{\pi}{4}\right)}{\sin\left(C + \dfrac{\pi}{4}\right)}.$$

类似地,

$$\frac{\sin\angle CBB_2}{\sin\angle B_2BA} = \frac{\sin\left(C + \dfrac{\pi}{4}\right)}{\sin\left(A + \dfrac{\pi}{4}\right)}, \quad \frac{\sin\angle ACC_2}{\sin\angle C_2CB} = \frac{\sin\left(A + \dfrac{\pi}{4}\right)}{\sin\left(B + \dfrac{\pi}{4}\right)}.$$

例 6.8 (Menelaus 定理) 设 ABC 为三角形, F, G, H 分别是直线 BC, AC, AB 上的点. 那么点 F, G 和 H 共线当且仅当

$$\frac{AH}{HB} \cdot \frac{BF}{FC} \cdot \frac{CG}{GA} = -1.$$

这里长度的比值必须被解释为带符号的, 从而例如若 AH 和 HB 有相同的方向 (或等价地, 点 H 在 A 和 B 之间), 则 $\frac{AH}{HB}$ 为正, 反之为负.

解 首先假设点 F, G, H 共线. 不难看出, 等式左边的符号将是负的, 这是因为, 或者三个比值都是负的 (当直线 FH 与三角形不相交时), 或者一个是负的而其他两个是正的 (当直线 FH 与三角形的两条边相交时). 所以我们只需再验证左边数值的大小.

在三角形 AGH, BFH 和 CFG 中使用正弦定理, 我们得到

$$\frac{|AH|}{|GA|} = \frac{\sin \angle AGH}{\sin \angle GHA}, \quad \frac{|BF|}{|HB|} = \frac{\sin \angle BHF}{\sin \angle HFB}, \quad \frac{|CG|}{|FC|} = \frac{\sin \angle GFC}{\sin \angle CGF}.$$

此外, 注意到 $\sin \angle AGH = \sin \angle CGF$, $\sin \angle BHF = \sin \angle GHA$ 且 $\sin \angle GFC = \sin \angle HFB$. 因此, 将上面的三个恒等式相乘, 我们恰好得到

$$\frac{|AH|}{|HB|} \cdot \frac{|BF|}{|FC|} \cdot \frac{|CG|}{|GA|} = 1.$$

反过来, 假设点 F, G, H 分别位于直线 BC, AC, AB 上, 使得等式

$$\frac{AH}{HB} \cdot \frac{BF}{FC} \cdot \frac{CG}{GA} = -1$$

成立. 令 H' 为 FG 与 AB 的交点. 那么由证明的前半部分, 上式对于 F, G 和 H' 也成立. 对比这两个式子, 我们得到

$$\frac{AH}{HB} = \frac{AH'}{H'B}.$$

由于对于一个给定的比值, 至多只有一个点能将一个线段以该比例分成两段, 我们有 $H = H'$. 这就完成了证明.

例 6.9 (MR J378) 设 P 是三角形 ABC 内部的一点, 满足 $\angle BAP = 105°$, D, E, F 分别为 BP, CP, DE 与直线 AC, AB, BC 的交点. 假设点 B 位于 C 和 F 之间并且 $\angle BAF = \angle CAP$. 求 $\angle BAC$.

解 设 AP 与 BC 交于点 Q. 由 Ceva 定理和 Menelaus 定理,

$$\frac{AE}{EB} \cdot \frac{BQ}{QC} \cdot \frac{CD}{DA} = 1 = \frac{AE}{EB} \cdot \frac{FB}{FC} \cdot \frac{CD}{DA}.$$

因此

$$FB \cdot QC = BQ \cdot FC = FQ \cdot FC - FB(FQ + QC) = FQ \cdot BC - FB \cdot QC,$$

所以

$$2FB \cdot QC = FQ \cdot BC.$$

令 $x = \angle BAF$. 那么由正弦定理,

$$\frac{FB}{\sin x} = \frac{AB}{\sin F}, \quad \frac{QC}{\sin x} = \frac{AQ}{\sin C},$$

$$\frac{FQ}{\sin(x + 105°)} = \frac{AQ}{\sin F}, \quad \frac{BC}{\sin(x + 105°)} = \frac{AB}{\sin C}.$$

从而

$$\sqrt{2}\sin x = \sin(x + 105°) = \frac{\sqrt{2} - \sqrt{6}}{4}\sin x + \frac{\sqrt{6} + \sqrt{2}}{4}\cos x,$$

即

$$\tan x = \frac{\sqrt{6} + \sqrt{2}}{3\sqrt{2} + \sqrt{6}} = \frac{1}{\sqrt{3}} \quad \Rightarrow \quad x = 30°.$$

因此 $\angle BAC = x + 105° = 135°$.

6.2 余弦定理

再次考虑三角形 ABC 并且令 D 为从 A 到直线 BC 的垂线的垂足. 在三角形 ABD 中, 根据 $B \leq \frac{\pi}{2}$ 或 $B > \frac{\pi}{2}$, 我们有 (使用公式 $\cos(\pi - \theta) = -\cos\theta$) $|BD| = c\cos B$ 或 $|BD| = -c\cos B$. 但是无论是在哪种情形, 我们都得到

$$|CD| = |a - c\cos B|.$$

此外, 我们有 $|AD| = c\sin B$. 在三角形 ADC 中应用 Pythagoras 定理, 我们有

$$\begin{aligned}
b^2 &= |AD|^2 + |CD|^2 \\
&= c^2\sin^2 B + (a - c\cos B)^2 \\
&= c^2(\sin^2 B + \cos^2 B) + a^2 - 2ac\cos B \\
&= a^2 + c^2 - 2ac\cos B.
\end{aligned}$$

因此, 我们有

$$b^2 = a^2 + c^2 - 2ac\cos B,$$

它称为对于三角形 ABC 的**余弦定理**. 类似地, 我们得到

$$a^2 = b^2 + c^2 - 2bc\cos A$$

和

$$c^2 = a^2 + b^2 - 2ab\cos C.$$

练习 6.10 证明: 在任何三角形 ABC 中, 我们有恒等式

$$\cos^2 A + \cos^2 B + \cos^2 C + 2\cos A\cos B\cos C = 1.$$

例 6.11 (Stewart 定理) 设 ABC 为三角形, D 为线段 BC 上的一点. 那么我们有

$$|BC|\left(|AD|^2 + |BD| \cdot |CD|\right) = |AB|^2 \cdot |CD| + |AC|^2 \cdot |BD|.$$

解 在三角形 ABD 和 ACD 中使用余弦定理, 我们得到

$$\cos\angle ADB = \frac{|AD|^2 + |BD|^2 - |AB|^2}{2|AD| \cdot |BD|}$$

和

$$\cos\angle ADC = \frac{|AD|^2 + |CD|^2 - |AC|^2}{2|AD| \cdot |CD|}.$$

由于 $\angle ADB + \angle ADC = \pi$, 我们有 $\cos\angle ADB + \cos\angle ADC = 0$. 那么

$$\frac{|AD|^2 + |BD|^2 - |AB|^2}{2|AD| \cdot |BD|} + \frac{|AD|^2 + |CD|^2 - |AC|^2}{2|AD| \cdot |CD|} = 0.$$

在上式的两边同时乘以 $2|AD| \cdot |BD| \cdot |CD|$, 我们得到

$$|CD|\left(|AD|^2 + |BD|^2 - |AB|^2\right) + |BD|\left(|AD|^2 + |CD|^2 - |AC|^2\right) = 0,$$

经过整理,

$$\begin{aligned}
&|AB|^2 \cdot |CD| + |AC|^2 \cdot |BD| \\
&= |CD|\left(|AD|^2 + |BD|^2\right) + |BD|\left(|AD|^2 + |CD|^2\right) \\
&= (|BD| + |CD|)\,|AD|^2 + |BD| \cdot |CD|\,(|BD| + |CD|) \\
&= |BC|\left(|AD|^2 + |BD| \cdot |CD|\right).
\end{aligned}$$

练习 6.12 使用 Stewart 定理导出: 在三角形 ABC 中, 若 M 是 BC 的中点, 则中线 AM 的长度由下式给出:

$$|AM|^2 = \frac{2b^2 + 2c^2 - a^2}{4}.$$

使用 Stewart 定理和角平分线定理证明: 若 ABC 是三角形, AD 是 $\angle BAC$ 的平分线并且 $D \in BC$, 则

$$|AD|^2 = \frac{bc}{(b+c)^2}\left((b+c)^2 - a^2\right), \quad |AD| = \frac{2bc}{b+c}\cos\frac{A}{2}.$$

例 6.13 (Brahmagupta 公式) 设 $ABCD$ 是凸的圆内接四边形, $|AB| = a$, $|BC| = b$, $|CD| = c$, $|DA| = d$, $s = \frac{a+b+c+d}{2}$. 那么我们有

$$[ABCD] = \sqrt{(s-a)(s-b)(s-c)(s-d)}.$$

解 令 $\angle B = \angle ABC$, $\angle D = \angle ADC$. 在三角形 ABC 和 DBC 中使用余弦定理, 我们得到

$$a^2 + b^2 - 2ab\cos B = |AC|^2 = c^2 + d^2 - 2cd\cos D.$$

由于 $ABCD$ 是圆内接四边形, 我们有 $\angle B + \angle D = \pi$, 因此 $\cos B = -\cos D$. 那么

$$\cos B = \frac{a^2 + b^2 - c^2 - d^2}{2(ab + cd)}.$$

从而

$$\sin^2 B = 1 - \cos^2 B = (1 + \cos B)(1 - \cos B)$$
$$= \frac{a^2 + b^2 + 2ab - (c^2 + d^2 - 2cd)}{2(ab + cd)} \cdot \frac{c^2 + d^2 + 2cd - (a^2 + b^2 - 2ab)}{2(ab + cd)}$$
$$= \frac{[(a+b)^2 - (c-d)^2][(c+d)^2 - (a-b)^2]}{4(ab + cd)^2}.$$

容易看出

$$(a+b)^2 - (c-d)^2 = 4(s-d)(s-c)$$

且

$$(c+d)^2 - (a-b)^2 = 4(s-a)(s-b).$$

此外, 因为 $\angle B < \pi$, 我们由上面的公式得到

$$\sin B = \sin D = \frac{2\sqrt{(s-a)(s-b)(s-c)(s-d)}}{ab + cd}.$$

最后, 注意到

$$[ABC] = \frac{1}{2}ab\sin B,$$
$$[DBC] = \frac{1}{2}cd\sin B,$$

所以

$$[ABCD] = [ABC] + [DBC] = \frac{1}{2}(ab + cd)\sin B$$
$$= \sqrt{(s-a)(s-b)(s-c)(s-d)}.$$

注 6.14 请注意, 在整个证明中, 我们从未明确使用过 C 和 D 是两个不同的点这一事实. 特别地, 若考虑退化情形 $C = D$, 则我们得到了三角形面积的以下公式, 它也称作 **Heron 公式**:

$$[ABC] = \sqrt{s(s-a)(s-b)(s-c)}.$$

练习 6.15 设 ABC 为三角形, R 和 r 分别为其外接圆圆心和内切圆圆心. 由

$$\cos A = \frac{b^2 + c^2 - a^2}{2bc}$$

和对于 $\cos B$ 与 $\cos C$ 的相应恒等式, 证明

$$\cos A + \cos B + \cos C - 1 = \frac{(a+b-c)(b+c-a)(c+a-b)}{2abc}.$$

使用三角形 ABC 的下面三个面积公式

$$[ABC] = \sqrt{s(s-a)(s-b)(s-c)} = \frac{abc}{4R} = sr$$

导出

$$\cos A + \cos B + \cos C = 1 + \frac{r}{R}.$$

例 6.16 (MR S242) 设 ABC 为三角形, K, L, M 分别表示其外接圆上的弧 $\overset{\frown}{BC}$, $\overset{\frown}{CA}$, $\overset{\frown}{AB}$ 的中点 (这些弧不包含三角形的顶点). 证明: 六边形 $AMBKCL$ 的周长大于等于 $4(R+r)$.

解 令 O 为三角形 ABC 的外接圆圆心. 我们有

$$\angle AOB = 2\angle C \quad 和 \quad \angle AOM = \angle BOM = \angle C.$$

若我们在三角形 AOM 中使用正弦定理, 则

$$\frac{AM}{\sin C} = \frac{R}{\cos \dfrac{C}{2}},$$

因此 $AM = MB = 2R \sin \frac{C}{2}$. 类似地,

$$BK = KC = 2R\sin\frac{A}{2}, \quad CL = LA = 2R\sin\frac{B}{2}.$$

从而六边形 $AMBKCL$ 的周长为

$$P(AMBKCL) = 4R\left(\sin\frac{A}{2} + \sin\frac{B}{2} + \sin\frac{C}{2}\right).$$

我们需要证明

$$\sin\frac{A}{2} + \sin\frac{B}{2} + \sin\frac{C}{2} \geq 1 + \frac{r}{R} = \cos A + \cos B + \cos C.$$

然而

$$\cos A + \cos B = 2\sin\frac{C}{2}\cos\frac{A-B}{2} \leq 2\sin\frac{C}{2},$$

$$\cos B + \cos C = 2 \sin \frac{A}{2} \cos \frac{B-C}{2} \leq 2 \sin \frac{A}{2},$$

$$\cos C + \cos A = 2 \sin \frac{B}{2} \cos \frac{C-A}{2} \leq 2 \sin \frac{B}{2},$$

将上面三个不等式相加, 我们便完成了证明.

等号成立当且仅当三角形 ABC 是等边三角形.

例 6.17 (MR S35) 在三角形 ABC 中, $\angle A$ 为最大的角. 考虑直线 AB 上的点 D, 它满足: A 位于 B 和 D 之间且 $AD = \frac{AB^3}{AC^2}$. 证明

$$CD \leq \sqrt{3} \cdot \frac{BC^3}{AC^2}.$$

解 令 $AB = c$, $AC = b$, $BC = a$. 因为 $\angle A \geq \max\{\angle B, \angle C\}$, 我们得到 $a \geq \max\{b, c\}$. 由余弦定理, 我们有

$$\begin{aligned}
CD^2 &= AC^2 + AD^2 - 2AC \cdot AD \cos \angle CAD \\
&= b^2 + \frac{c^6}{b^4} + 2b \cdot \frac{c^3}{b^2} \left(\frac{b^2 + c^2 - a^2}{2bc} \right) \\
&= \frac{b^6 + c^6 + b^2 c^2 (b^2 + c^2 - a^2)}{b^4}.
\end{aligned}$$

那么现在只需证明

$$\frac{b^6 + c^6 + b^2 c^2 (b^2 + c^2 - a^2)}{b^4} \leq \frac{3a^6}{b^4},$$

即

$$b^6 + c^6 + b^2 c^2 (b^2 + c^2) \leq 3a^6 + a^2 b^2 c^2.$$

注意到若 $a \geq \max\{b, c\}$, 则

$$b^6 + c^6 + b^2 c^2 (b^2 + c^2) \leq b^6 + c^6 + 2a^2 b^2 c^2 \leq 3a^6 + a^2 b^2 c^2,$$

证毕.

例 6.18 (MR J119) 设 α, β, γ 为一个三角形的三个角. 证明

$$\cos^3 \frac{\alpha}{2} \sin \frac{\beta - \gamma}{2} + \cos^3 \frac{\beta}{2} \sin \frac{\gamma - \alpha}{2} + \cos^3 \frac{\gamma}{2} \sin \frac{\alpha - \beta}{2} = 0.$$

解 令 a, b, c 分别为 α, β, γ 的对边. 那么由正弦定理,

$$\frac{a-b}{c} = \frac{\sin \alpha - \sin \beta}{\sin \gamma} = \frac{2 \sin \frac{\alpha - \beta}{2} \cos \frac{\alpha + \beta}{2}}{2 \sin \frac{\gamma}{2} \cos \frac{\gamma}{2}} = \frac{\sin \frac{\alpha - \beta}{2}}{\cos \frac{\gamma}{2}}$$

(由于 $\frac{\alpha+\beta}{2} = \frac{\pi}{2} - \frac{\gamma}{2}$). 此外, 使用余弦定理并且令 $s = \frac{a+b+c}{2}$, 我们有

$$2\cos^2\frac{\gamma}{2} = 1 + \cos\gamma = 1 + \frac{a^2+b^2-c^2}{2ab} = \frac{(a+b)^2-c^2}{2ab} = \frac{2s(s-c)}{ab}.$$

从而

$$\sin\frac{\alpha-\beta}{2}\cos^3\frac{\gamma}{2} = \frac{a-b}{c}\cos^4\frac{\gamma}{2} = \frac{s^2}{abc}\left[(s-c)^2\left(\frac{1}{b} - \frac{1}{a}\right)\right].$$

那么我们要证明的等式成立当且仅当

$$(s-c)^2\left(\frac{1}{b} - \frac{1}{a}\right) + (s-b)^2\left(\frac{1}{a} - \frac{1}{c}\right) + (s-a)^2\left(\frac{1}{c} - \frac{1}{b}\right) = 0.$$

上式的左边可以写成

$$\frac{(s-b)^2-(s-c)^2}{a} + \frac{(s-c)^2-(s-a)^2}{b} + \frac{(s-a)^2-(s-b)^2}{c}$$
$$= \frac{a(c-b)}{a} + \frac{b(a-c)}{b} + \frac{c(b-a)}{c},$$

它显然等于 0. 这就完成了证明.

练习 6.19 (a) 证明: 在任何三角形 ABC 中, 以下恒等式 (也称为**正切定理**) 成立:

$$\frac{\tan\dfrac{A-B}{2}}{\tan\dfrac{A+B}{2}} = \frac{a-b}{a+b}.$$

(b) 证明: 在任何三角形 ABC 中, 以下连等式 (也称为**余切定理**) 成立:

$$\frac{\cot\dfrac{A}{2}}{s-a} = \frac{\cot\dfrac{B}{2}}{s-b} = \frac{\cot\dfrac{C}{2}}{s-c} = \frac{1}{r},$$

和往常一样, 这里的 s 为三角形 ABC 的半周长, r 为其内切圆半径.

7 附录: 实分析和复分析的补充内容

在本附录中, 我们将讨论如何使用实分析和复分析中的各种工具来研究三角函数. 其中的一个主要目标是, 如前文所承诺的, 给出定理 3.13 的证明并严格证明级数展开公式以及它们与复数的联系. 我们将要介绍的内容比本书的其他内容更为复杂, 并且在很大程度上依赖于微积分. 不过, 我们将正式介绍所有需要用到的知识.

7.1 正弦函数的凸性

我们将介绍实分析中的一些工具, 这些工具将有助于我们证明第 3 节的定理 3.13. 为此, 我们首先需要理解连续函数的概念.

定义 7.1 设 $I \subset \mathbf{R}$ 是一个区间. 我们称函数 $f : \mathbf{R} \to \mathbf{R}$ 在 $x \in I$ 处**连续**, 若对于任何实数 $\varepsilon > 0$, 存在某个实数 $\delta > 0$, 使得当 $y \in I$ 满足 $|x - y| < \delta$ 时,

$$|f(x) - f(y)| < \varepsilon.$$

若 f 在每个 $x \in I$ 处都连续, 我们就称 f 在 I 上连续.

证明定理 3.13 所需的最后一个材料是建立一些三角函数的连续性质.

定理 7.2 函数 $\sin : \mathbf{R} \to \mathbf{R}$ 是连续函数.

证明 设 $x \in \mathbf{R}$ 是任意实数. 我们将证明正弦函数在 x 处连续. 由定义, 我们令 $\varepsilon > 0$ 为任意实数. 我们需要找到一个合适的 $\delta > 0$ 使得对于所有满足 $|y - x| < \delta$ 的 $y \in \mathbf{R}$, 我们有

$$|\sin x - \sin y| < \varepsilon.$$

回忆和差化积公式

$$\sin x - \sin y = 2 \sin \frac{x - y}{2} \cos \frac{x + y}{2}.$$

现在, 由于对于任何实数 θ 有 $|\sin \theta| \le |\theta|$, 对于任何实数 α 有 $|\cos \alpha| \le 1$, 令 $\delta = \varepsilon$, 我们得到

$$
\begin{aligned}
|\sin x - \sin y| &= 2 \left| \sin \frac{x - y}{2} \cos \frac{x + y}{2} \right| \\
&= 2 \left| \sin \frac{x - y}{2} \right| \cdot \left| \cos \frac{x + y}{2} \right| \\
&\le 2 \left| \frac{x - y}{2} \right| \\
&< 2 \left| \frac{\varepsilon}{2} \right| = \varepsilon.
\end{aligned}
$$

由于 x 是任意的, 这就证明了 $\sin : \mathbf{R} \to \mathbf{R}$ 是连续函数.

下列性质可以用连续函数的定义证明:

- 若 I 和 J 是区间, $f : I \to J$ 在 $x_0 \in I$ 处连续, $g : J \to \mathbf{R}$ 在 $y_0 = f(x_0) \in J$ 处连续, 则复合函数 $g \circ f : I \to \mathbf{R}$ 在 x_0 处连续.

- 连续函数的和、差、积是连续函数.

- 若 $I \subset \mathbf{R}$ 是一个区间, $f : I \to \mathbf{R}, g : I \to \mathbf{R}$ 是 I 上的两个连续函数, 满足: 对于所有 $x \in I, g(x) \neq 0$, 则比值 $\frac{f(x)}{g(x)}$ 是连续函数.

- 若 $f : \mathbf{R} \to \mathbf{R}$ 是 $\mathbf{R}$ 上的连续函数, 则对于任何实数 $x \in \mathbf{R}$, 我们有

$$\lim_{y \to x} f(y) = f(x).$$

此外, 若 $\{x_n\}_{n \geq 0}$ 是实数序列并且 $\lim\limits_{n \to \infty} x_n = x$, 则

$$\lim_{n \to \infty} f(x_n) = f(x).$$

由 $\cos x = \sin(\frac{\pi}{2} - x)$, 我们得出 $\cos : \mathbf{R} \to \mathbf{R}$ 也是连续函数 (或者, 我们可以按照定理 7.2 的证明思路进行证明). 此外, 由于余弦函数在 $\left(-\frac{\pi}{2}, \frac{\pi}{2}\right)$ 不等于零, 我们得出函数 $\tan : \left(-\frac{\pi}{2}, \frac{\pi}{2}\right) \to \mathbf{R}$ 也是连续函数.

我们现在可以给出定理 3.13 的证明. 我们通过一系列步骤来完成这项工作.

引理 7.3 函数 $\sin : [0, \pi] \to [0, 1]$ 是**中点凹函数**, 即它满足: 对于任何 $x, y \in [0, \pi]$,

$$\sin \frac{x+y}{2} \geq \frac{\sin x + \sin y}{2}.$$

证明 回忆

$$\sin x + \sin y = 2 \sin \frac{x+y}{2} \cos \frac{x-y}{2}.$$

由于 $\frac{x-y}{2} \in \left[-\frac{\pi}{2}, \frac{\pi}{2}\right]$, 我们有

$$0 \leq \cos \frac{x-y}{2} \leq 1,$$

从而得出了引理中的结果.

引理 7.4 函数 $\sin : [0, \pi] \to [0, 1]$ 满足: 对于任何 $x, y \in [0, \pi]$ 和任何有理数 $0 \leq t \leq 1$,

$$\sin((1-t)x + ty) \geq (1-t)\sin x + t \sin y.$$

证明 我们首先来证明: 对于任何正整数 k 和 $x_1, x_2, \cdots, x_k \in [0, \pi]$, 我们有

$$\sin \frac{x_1 + x_2 + \cdots + x_k}{k} \geq \frac{\sin x_1 + \sin x_2 + \cdots + \sin x_k}{k}.$$

$k = 2^n$ (其中 n 为非负整数) 的情形可以使用引理 7.3 直接归纳得出, 我们将其作为练习留给读者.

当 $k \geq 2$ 是正整数时, 我们选择非负整数 n 使得 $2^{n-1} < k \leq 2^n$ 并且令

$$\overline{x} = \frac{x_1 + \cdots + x_k}{k}.$$

现在由

$$\sin \overline{x} = \sin \frac{x_1 + \cdots + x_k + \overline{x} + \cdots + \overline{x}}{2^n}$$
$$\geq \frac{\sin x_1 + \cdots + \sin x_k + (2^n - k) \sin \overline{x}}{2^n},$$

这里 $\overline{x} + \cdots + \overline{x}$ 表示 $2^n - k$ 个 $\overline{x}$ 相加, 我们经过简单的代数运算得到

$$k \sin \overline{x} \geq \sin x_1 + \cdots + \sin x_k.$$

令 $t = \frac{m}{n}$ 为有理数, 其中 $0 \leq t \leq 1$, m, n 是互素的正整数. 那么 $m \leq n$ 并且由上面的结论,

$$\sin(tx + (1-t)y) = \sin \left(\frac{m}{n} x + \left(1 - \frac{m}{n} \right) y \right)$$
$$= \sin \frac{x + x + \cdots + x + y + y + \cdots + y}{n}$$
$$\geq \frac{m \sin x + (n - m) \sin y}{n}$$
$$= t \sin x + (1 - t) \sin y.$$

我们现在已经准备好来证明定理 3.13 的 (a) 部分了.

引理 7.5 函数 $\sin[0, \pi] \to [0, 1]$ 是凹函数.

证明 设 $t \in [0, 1]$ 是任意实数, $x, y \in [0, \pi]$. 令 $\{t_n\}_{n \geq 1}$ 是 $[0, 1]$ 中的有理数序列, 具有性质

$$\lim_{n \to \infty} t_n = t.$$

对于每个 n, 由引理 7.4, 我们有

$$\sin(t_n x + (1 - t_n) y) \geq t_n \sin x + (1 - t_n) \sin y.$$

取极限 $n \to \infty$ 并利用正弦函数的连续性, 我们得到

$$\sin(tx + (1-t)y) \geq t \sin x + (1-t) \sin y.$$

$\sin : [-\pi, 0] \to [-1, 0]$ 是凸函数这个事实可以容易地从 $\sin : [0, \pi] \to [0, 1]$ 是凹函数和 $\sin(-\theta) = -\sin \theta$ 得出. 定理 3.13 的 (b) 部分是公式

$$\cos \theta = \sin \left(\frac{\pi}{2} - \theta \right)$$

的简单结果. 对于 (c) 部分, 我们可以模仿证明 $\sin : [0, \pi] \to [0, 1]$ 是凹函数时所用的方法. 首先是检验: 对于 $x, y \in \left[0, \frac{\pi}{2}\right)$, 我们有 $\tan \frac{x+y}{2} \leq \frac{\tan x + \tan y}{2}$, 这可以通过令 $u = \tan \frac{x}{2}$ 和 $v = \tan \frac{y}{2}$ 来证明; 然后进行一些代数运算来验证 $\frac{u+v}{1-uv} \leq \frac{u}{1-u^2} + \frac{v}{1-v^2}$. 我们将所有这些证明留给读者作为练习.

7.2　幂级数的定义和应用

本小节的主要目的是展示如何将三角函数写成某些无限和, 从而使得我们可以对于任何给定的实数输入值来显式地计算它们. 我们为此开发的工具在研究实函数时也有重要的应用, 我们将明确地概述这些内容. 这一部分的关键结果是定理 7.17.

定义 7.6　设 $(a, b) \subseteq \mathbf{R}$ 是开区间, $x \in (a, b)$. 我们称函数 $f : (a, b) \to \mathbf{R}$ 在 x 处**可微**, 若极限

$$\lim_{h \to 0} \frac{f(x+h) - f(x)}{h}$$

存在且有限. 在此情形时, 我们用 $f'(x)$ 表示上面的极限值. 若 f 在每个 $x \in (a, b)$ 处都可微, 我们就称 f 在 (a, b) 上**可微**.

使用上面的定义, 我们可以证明下列关于可微函数的性质:

(a) 若 $f : (a, b) \to \mathbf{R}$ 在 $x \in (a, b)$ 处可微并且 $\lambda \in \mathbf{R}$, 则

$$(\lambda \cdot f)'(x) = \lambda \cdot f'(x).$$

(b) 若 $f : (a, b) \to \mathbf{R}$ 和 $g : (a, b) \to \mathbf{R}$ 都在 $x \in (a, b)$ 处可微, 则

$$(f + g)'(x) = f'(x) + g'(x)$$

且

$$(f \cdot g)'(x) = f'(x) \cdot g(x) + f(x) \cdot g'(x).$$

此外, 若 $g(x) \neq 0$, 则

$$\left(\frac{f}{g}\right)'(x) = \frac{f'(x) \cdot g(x) - g'(x) \cdot f(x)}{g(x)^2}.$$

(c) 若 $f : I \to J$ 和 $g : J \to \mathbf{R}$ 是两个函数且 f 在 $x_0 \in I$ 处可微, g 在 $y_0 = f(x_0)$ 处可微, 则它们的复合函数 $g \circ f : I \to \mathbf{R}$ 在 x_0 处可微并且

$$(g \circ f)'(x_0) = g'(f(x_0)) \cdot f'(x_0).$$

这个性质被称为**链式法则**.

我们可以由定义推出: 由 $f(x) = x^2$ 给出的函数 $f : \mathbf{R} \to \mathbf{R}$ 在 $\mathbf{R}$ 中的每一点处可微, 并且满足对于任何 $x \in \mathbf{R}$, $f'(x) = 2x$. 事实上, 对于任意一点 $x \in \mathbf{R}$, 我们有

$$
\begin{aligned}
\lim_{h \to 0} \frac{f(x+h) - f(x)}{h} &= \lim_{h \to 0} \frac{(x+h)^2 - x^2}{h} \\
&= \lim_{h \to 0} \frac{x^2 + 2xh + h^2 - x^2}{h} \\
&= \lim_{h \to 0} \frac{2xh + h^2}{h} \\
&= \lim_{h \to 0} (2x + h) \\
&= 2x.
\end{aligned}
$$

更一般地, 若 n 是正整数, 我们可以用同样的方法证明: 由 $g(x) = x^n$ 给出的函数 $g : \mathbf{R} \to \mathbf{R}$ 在 $\mathbf{R}$ 中的每一点处可微, 并且 $g'(x) = n \cdot x^{n-1}$. 因此, 使用上面的性质 (a) 和 (b), 我们有: 对于多项式函数

$$
P(x) = a_n x^n + a_{n-1} x^{n-1} + \cdots + a_1 x + a_0,
$$

$P(x)$ 在 $\mathbf{R}$ 上处处可微并且

$$
P'(x) = a_n \cdot n \cdot x^{n-1} + a_{n-1} \cdot (n-1) \cdot x^{n-2} + \cdots + a_2 \cdot 2 \cdot x + a_1.
$$

下面是关于三角函数的可微性的主要结果.

定理 7.7 (a) 函数 $\sin : \mathbf{R} \to \mathbf{R}$ 在 $\mathbf{R}$ 上可微并且

$$
(\sin x)' = \cos x.
$$

(b) 函数 $\cos : \mathbf{R} \to \mathbf{R}$ 在 $\mathbf{R}$ 上可微并且

$$
(\cos x)' = -\sin x.
$$

证明 对于 (a) 部分, 我们有: 对于任何 $x \in \mathbf{R}$ 和 $h \in \mathbf{R}$,

$$
\sin(x+h) - \sin x = 2 \sin \frac{h}{2} \cos \frac{2x+h}{2}.
$$

由于 $\lim\limits_{y \to 0} \frac{\sin y}{y} = 1$ 且余弦函数是连续函数, 我们有

$$
\begin{aligned}
\lim_{h \to 0} \frac{\sin(x+h) - \sin x}{h} &= \lim_{h \to 0} \frac{2 \sin \dfrac{h}{2} \cos \dfrac{2x+h}{2}}{h} \\
&= \lim_{h \to 0} \left(\frac{\sin \dfrac{h}{2}}{\dfrac{h}{2}} \cdot \cos \frac{2x+h}{2} \right) \\
&= 1 \cdot \lim_{h \to 0} \cos \frac{2x+h}{2} \\
&= \cos x.
\end{aligned}
$$

对于 (b) 部分, 我们应用同样的方法, 利用

$$
\cos(x+h) - \cos x = -2 \sin \frac{h}{2} \sin \frac{2x+h}{2}.
$$

注 7.8　可微性在函数性态的研究中是一个非常重要的性质. 例如, 我们容易由定义证明: 若 $(a,b) \subset \mathbf{R}$ 是一个区间且 $f : (a,b) \to \mathbf{R}$ 是 (a,b) 上的可微函数, 满足对于所有 $x \in (a,b)$, $f'(x) > 0$, 则 f 是 (a,b) 上的增函数, 而若对于所有 $x \in (a,b)$, $f'(x) < 0$, 则 f 是 (a,b) 上的减函数. 下面是一个涉及三角函数的例子.

例 7.9　设 $\alpha, \beta, \gamma \in \left(0, \frac{\pi}{2}\right)$ 为实数. 证明

$$
\alpha + \beta + \gamma \geq \frac{\sin \beta + \sin \gamma}{2 \sin \alpha} + \frac{\sin \gamma + \sin \alpha}{2 \sin \beta} + \frac{\sin \alpha + \sin \beta}{2 \sin \gamma}.
$$

解　我们可以将要证的不等式重写为以下的等价形式:

$$
\begin{aligned}
&(\sin \alpha - \sin \beta) \left(\frac{\alpha}{\sin \alpha} - \frac{\beta}{\sin \beta} \right) + (\sin \beta - \sin \gamma) \left(\frac{\beta}{\sin \beta} - \frac{\gamma}{\sin \gamma} \right) \\
&\quad + (\sin \gamma - \sin \alpha) \left(\frac{\gamma}{\sin \gamma} - \frac{\alpha}{\sin \alpha} \right) \geq 0.
\end{aligned}
$$

考虑由 $f(x) = \frac{x}{\sin x}$ 定义的函数 $f : \left(0, \frac{\pi}{2}\right) \to \mathbf{R}$. 注意到

$$
f'(x) = \frac{\cos x (\tan x - x)}{\sin^2 x}
$$

并且由于在 $\left(0, \frac{\pi}{2}\right)$ 上 $\tan x > x$, 我们得到对于所有 $x \in \left(0, \frac{\pi}{2}\right)$, $f'(x) > 0$. 从而 f 在 $\left(0, \frac{\pi}{2}\right)$ 上是增函数. 此外, 正弦函数在 $\left(0, \frac{\pi}{2}\right)$ 上是增函数. 因此,

$$
(\sin \alpha - \sin \beta) \left(\frac{\alpha}{\sin \alpha} - \frac{\beta}{\sin \beta} \right) \geq 0,
$$

这是因为上式左边的两个因子或者都为负或者都为非负. 将另两个类似的不等式加在一起就完成了证明.

定义 7.10 设 $(a,b) \subseteq \mathbf{R}$ 是开区间, 我们称 $f : (a,b) \to \mathbf{R}$ 是**二次可微的**, 若 $f' : (a,b) \to \mathbf{R}$ 是可微函数, 我们用 f'' 记 f 的二阶导数. 更一般地, 对于正整数 $n \geq 1$, 我们称 f 在 (a,b) 上 n 次可微, 若 f 是 $n-1$ 次可微的并且它的 $n-1$ 阶导数在 (a,b) 上是可微的. 若对于任何正整数 n, f 都是 n 次可微的, 我们就称 f 是**无穷次可微**的. 我们用 $f^{(n)}$ 记 f 的 n 阶导数.

由定理 7.7, 我们立即得到:

推论 7.11 (a) 函数 $\sin : \mathbf{R} \to \mathbf{R}$ 是无穷次可微的并且

$$\sin^{(n)} x = \begin{cases} \cos x, & \text{当 } n = 4k+1, \\ -\sin x, & \text{当 } n = 4k+2, \\ -\cos x, & \text{当 } n = 4k+3, \\ \sin x, & \text{当 } n = 4k. \end{cases}$$

(b) 函数 $\cos : \mathbf{R} \to \mathbf{R}$ 是无穷次可微的并且

$$\cos^{(n)} x = \begin{cases} -\sin x, & \text{当 } n = 4k+1, \\ -\cos x, & \text{当 } n = 4k+2, \\ \sin x, & \text{当 } n = 4k+3, \\ \cos x, & \text{当 } n = 4k. \end{cases}$$

证明 通过对定理 7.7 的结果进行迭代, 我们得到

$$\sin^{(1)} x = \cos x, \ \sin^{(2)} x = -\sin x, \ \sin^{(3)} x = -\cos x, \ \sin^{(4)} x = \sin x,$$

因此 $\sin^{(4)} x = \sin x$ 并且 (a) 部分得证. 对于 (b) 部分, 我们用类似的方法得到

$$\cos^{(1)} x = -\sin x, \ \cos^{(2)} x = -\cos x, \ \cos^{(3)} x = \sin x, \ \cos^{(4)} x = \cos x,$$

因此 $\cos^{(4)} x = \cos x$.

注 7.12 二阶导数也有一个有意义的解释: 若 $f : (a,b) \to \mathbf{R}$ 是二次可微的并且对于所有 $x \in (a,b)$, $f''(x) > 0$, 则 f 在 (a,b) 上是凸函数, 而若 $f''(x) < 0$, 则 f 在 (a,b) 上是凹函数. 例如, 由推论 7.11, 我们有 $(\sin x)'' = -\sin x$, 那么对于所有 $x \in [0, \pi]$, $(\sin x)'' < 0$, 这就给出了正弦函数在 $[0, \pi]$ 上是凹函数的另一个证明.

练习 7.13 证明: 对于每个 $x \in \mathbf{R} \setminus \{k\pi + \frac{\pi}{2}, k \in \mathbf{Z}\}$, 我们有

$$(\tan x)' = 1 + \tan^2 x.$$

我们也可以推导出对于正切函数的高阶导数的一般法则, 但是该过程比推论 7.11 中的过程要困难得多.

正弦函数和余弦函数是无穷次可微的这一事实使得我们可以将它们写成等价的形式, 这可以用于显式地计算对于任何 $x \in \mathbf{R}$ 的 $\sin x$ 值 (参见练习 4.10). 为此, 我们需要以下的定义和辅助结果.

定义 7.14 **一元实幂级数**是形如

$$\sum_{n=0}^{\infty} a_n(x-c)^n = a_0 + a_1(x-c)^1 + a_2(x-c)^2 + \cdots$$

的无限和, 其中 a_n $(n \geq 0)$ 称为第 n 项的**系数**, c 是常数, 我们通常将其取为 0.

已知 $x \in \mathbf{R}$, 我们称幂级数

$$\sum_{n=0}^{\infty} a_n(x-c)^n$$

收敛, 若存在实数 L 使得

$$\lim_{N \to \infty} \sum_{n=0}^{N} a_n(x-c)^n = L.$$

每个幂级数 $s(x) = \sum\limits_{n=0}^{\infty} a_n(x-c)^n$ 都在 $x = c$ 处收敛 (在和式中将 0^0 理解为 1). 若 $x = c$ 不是它收敛的唯一点, 那么我们可以证明, 存在数 $0 < R \leq +\infty$ 使得当 $|x - c| < R$ 时级数收敛, 当 $|x - c| > R$ 时级数不收敛 (或称作**发散**). 数 R (它可以是 $+\infty$) 称为幂级数 $s(x)$ 的**收敛半径**. R 可以通过多种方法显式地计算出来. 我们将使用的公式是

$$R = \sup\{r \in \mathbf{R} : a_n r^n \to 0, \text{当 } n \to \infty\}.$$

幂级数可以相加、相减和相乘, 就像我们对多项式做的那样. 我们可以在幂级数

$$s(x) = \sum_{n=0}^{\infty} a_n(x-c)^n$$

的收敛区域内部对它进行微分, 其导数由下式给出:

$$s'(x) = \sum_{n=1}^{\infty} a_n n(x-c)^{n-1} = \sum_{n=0}^{\infty} a_{n+1}(n+1)(x-c)^n.$$

定义 7.15 在实数 a 处无穷次可微的实值函数 $f(x)$ 的 **Taylor 级数**是幂级数

$$\sum_{n=0}^{\infty} \frac{f^{(n)}(a)}{n!}(x-a)^n = f(a) + \frac{f'(a)}{1!} + \frac{f''(a)}{2!}(x-a)^2 + \cdots,$$

这里对于正整数 k, 我们记 $k! = 1 \cdot 2 \cdot \cdots \cdot k$. 当 $a = 0$ (这将是在我们所有应用中的情形) 时, 该级数也称为 **Maclaurin 级数**.

由推论 7.11, 我们有

$$\sin^{(n)} 0 = \begin{cases} 0, & \text{当 } n = 4k \quad \text{或} \quad n = 4k+2, \\ 1, & \text{当 } n = 4k+1, \\ -1, & \text{当 } n = 4k+3, \end{cases}$$

因此在上面的定义中取 $a = 0$, 我们就得到了正弦函数的 Taylor 级数

$$\sum_{n=0}^{\infty} \frac{(-1)^n x^{2n+1}}{(2n+1)!} = x - \frac{x^3}{3!} + \frac{x^5}{5!} - \cdots.$$

我们将证明: 对于每个 $x \in \mathbf{R}$, 正弦函数与它的 Taylor 级数一致. 为此, 我们需要下面的结果:

定理 7.16 设 $k \geq 1$ 是整数, 函数 $g : \mathbf{R} \to \mathbf{R}$ 在点 $a \in \mathbf{R}$ 处 $k+1$ 次可微并且 $g^{(k)}$ 在 a 和 x 之间的闭区间连续. 那么我们可以写

$$g(x) = g(a) + \frac{g'(a)}{1!}(x-a) + \cdots + \frac{g^{(k)}(a)}{k!}(x-a)^k + \frac{g^{(k+1)}(\xi)}{(k+1)!}(x-a)^{k+1},$$

其中 ξ 是 a 和 x 之间的实数.

我们现在可以证明主要的结果了.

定理 7.17 对于所有 $x \in \mathbf{R}$, 正弦函数的 Taylor 级数

$$\sum_{n=0}^{\infty} \frac{(-1)^n x^{2n+1}}{(2n+1)!}$$

收敛并且对于每个实数 x,

$$\sin x = \sum_{n=0}^{\infty} \frac{(-1)^n x^{2n+1}}{(2n+1)!}.$$

证明 我们首先证明

$$\sup\left\{ r \in \mathbf{R} : \frac{r^{2n+1}}{(2n+1)!} \to 0, \text{当 } n \to \infty \right\} = +\infty,$$

根据收敛半径的定义, 这将推出: 对于每个 $x \in \mathbf{R}$, 级数

$$\sum_{n=0}^{\infty} \frac{(-1)^n x^{2n+1}}{(2n+1)!}$$

收敛. 为证明这个结论, 注意到对于任何正整数 $N > 2$, 我们有

$$N(N+1) > N^2$$

并且对于任何 $1 \le k \le 2N$, 我们有

$$(2N+1-k)k > N.$$

因此

$$\begin{aligned}
((2N+1)!)^2 &= [(2N+1) \cdot (1 \cdot 2N) \cdot (2 \cdot (2N-1)) \cdots ((N-1)(N+2))] \\
&\quad \cdot [N(N+1) \cdot (N+1)N] \\
&\quad \cdot [((N+2)(N-1)) \cdots ((2N-1) \cdot 2) \cdot (2N \cdot 1) \cdot (2N+1)] \\
&> N^N \cdot N^2 \cdot N^2 \cdot N^N = N^{2N+4} > N^{2N+3}.
\end{aligned}$$

经过整理, 上式等价于

$$\frac{\sqrt{N}^{2N+1}}{(2N+1)!} < \frac{1}{N},$$

这就证明了

$$\sup \left\{ r \in \mathbf{R} : \frac{r^{2n+1}}{(2n+1)!} \to 0, \text{当 } n \to \infty \right\} = +\infty.$$

现在固定 $x \in \mathbf{R}$. 由定理 7.16, 因为正弦函数是无限次可微的, 对于任何正整数 m, 我们可以写

$$\sin x = x - \frac{x^3}{3!} + \frac{x^5}{5!} + \cdots + \frac{(-1)^{m-1} x^{2m-1}}{(2m-1)!} + \frac{(-1)^m x^{2m+1} \cos(\theta x)}{(2m+1)!},$$

其中 $0 < \theta < 1$. 注意到

$$\left| \frac{(-1)^m x^{2m+1} \cos(\theta x)}{(2m+1)!} \right| \le \left| \frac{x^{2m+1}}{(2m+1)!} \right|.$$

由于 x 是固定的, 存在足够大的正整数 m 使得 $|x| < \sqrt{m}$. 那么像证明的第一部分那样的类似推理给出

$$\left| \frac{(-1)^m x^{2m+1} \cos(\theta x)}{(2m+1)!} \right| < \frac{1}{m},$$

因此

$$\lim_{m \to \infty} \frac{(-1)^m x^{2m+1} \cos(\theta x)}{(2m+1)!} = 0.$$

于是, 在上面对于 $\sin x$ 的等式中取极限 $m \to \infty$, 我们就得到

$$\sin x = \lim_{m \to \infty} \left(x - \frac{x^3}{3!} + \frac{x^5}{5!} + \cdots + \frac{(-1)^{m-1} x^{2m-1}}{(2m-1)!} + \frac{(-1)^m x^{2m+1} \cos(\theta x)}{(2m+1)!} \right)$$
$$= \sum_{n=0}^{\infty} \frac{(-1)^n x^{2n+1}}{(2n+1)!}.$$

上面的过程可用于推导所有其他三角函数的幂级数展开, 但对于某些函数 (如正切函数), 步骤变得更加复杂. 此外, 在推导余弦函数的幂级数展开时, 我们可以简单地对正弦函数的幂级数进行微分 (因为 $(\sin x)' = \cos x$), 并且证明所得的级数对于所有 $x \in \mathbf{R}$ 收敛. 以下是一些三角函数及其反函数的幂级数展开:

$$\sin x = \sum_{n=0}^{\infty} \frac{(-1)^n x^{2n+1}}{(2n+1)!}; \tag{1.2}$$

$$\cos x = \sum_{n=0}^{\infty} \frac{(-1)^n x^{2n}}{(2n)!}; \tag{1.3}$$

$$\tan x = \sum_{n=1}^{\infty} \frac{(-1)^{n-1} 2^{2n} (2^{2n} - 1) B_{2n} x^{2n-1}}{(2n)!} = x + \frac{1}{3} x^3 + \frac{2}{15} x^5 + \cdots, \tag{1.4}$$

其中 $x \in \left(-\frac{\pi}{2}, \frac{\pi}{2}\right)$, B_n 为第 n 个 Bernoulli 数;

$$\arcsin x = \sum_{n=0}^{\infty} \frac{\binom{2n}{n} x^{2n+1}}{4^n (2n+1)} = x + \frac{x^3}{6} + \cdots, \tag{1.5}$$

上式对 $|x| \le 1$ 成立;

$$\arctan x = \sum_{n=0}^{\infty} \frac{(-1)^n x^{2n+1}}{2n+1} = x - \frac{x^3}{3} + \frac{x^5}{5} - \cdots, \tag{1.6}$$

上式对 $|x| \le 1$ 成立.

我们还可以使用幂级数的展开来计算极限. 例如, 由

$$\sin x = \sum_{n=0}^{\infty} \frac{(-1)^n x^{2n+1}}{(2n+1)!},$$

我们容易看出

$$\lim_{x \to 0} \frac{\sin x}{x} = 1.$$

(回想一下, 我们首先必须证明上述极限, 以推出幂级数展开所需的性质.)

7.3 复分析的补充内容

我们现在将阐述如何使用复数和复值函数来推导出三角函数的更多性质. 为此, 我们需要将正弦函数和余弦函数推广到定义在整个复平面上的函数. 我们通过

将对于实幂级数发展的理论扩展到复幂级数来实现这一目标. 基于复分析理论, 这变得相当容易. 本小节的主要结果是下面的定理 7.19、定理 7.21 和定理 7.22.

我们用 $\mathbf{C}$ 表示复数集, 用 $D(z_0, \delta)$ 表示半径为 δ、中心位于复数 z_0 的开圆盘, 即

$$D(z_0, \delta) = \{z \in \mathbf{C} : |z - z_0| < \delta\}.$$

复数域上的幂级数的定义可以从实幂级数的定义迁移过来: **一元复幂级数**是形如

$$\sum_{n=0}^{\infty} a_n (z - z_0)^n$$

的无限和, 其中 $z_0 \in \mathbf{C}$ 是常数. 它在 $D(z_0, R)$ 上收敛, 其中 $R = \sup\{r \in \mathbf{R} : a_n r^n \to 0,$ 当 $n \to \infty\}$ 是它的收敛半径 (当 $R = \infty$ 时, 它在整个 $\mathbf{C}$ 上收敛).

极限、连续性和可微性的定义可以通过在陈述中将区间替换为开圆盘容易地从实数扩展到复数. 例如, 函数 $f : D(z_0, \delta) \to \mathbf{C}$ 在点 $z \in D(z_0, \delta)$ 处**复可微**, 若极限

$$\lim_{h \to 0} \frac{f(z+h) - f(z)}{h}$$

存在. 极限值就是导数 $f'(z)$. 我们称 $f : D(z_0, \delta) \to \mathbf{C}$ 是**解析函数**或**全纯函数**, 若它在每一点 $z \in D(z_0, \delta)$ 处都是复可微的. 若 $f : \mathbf{C} \to \mathbf{C}$ 在每一点 $z \in \mathbf{C}$ 处可微, 我们就称它为**整函数**.

我们将不加证明地使用在复分析中的关于幂级数和整函数的以下结果:

定理 7.18 (a) 考虑幂级数

$$\sum_{n=0}^{\infty} a_n (z - z_0)^n$$

并且设 R 是其收敛半径. 那么

$$s(z) = \sum_{n=0}^{\infty} a_n (z - z_0)^n$$

在 $D(z_0, R)$ 上无限次可微:

$$s^{(k)}(z) = \sum_{n=k}^{\infty} \frac{n!}{(n-k)!} a_n (z - z_0)^{n-k}.$$

此外, 对于任何 k, $s^{(k)}(z)$ 在 $D(z_0, R)$ 上收敛.

(b) 设 $f : \mathbf{C} \to \mathbf{C}$ 是整函数. 那么对于每个 $z \in \mathbf{C}$, 我们有

$$f(z) = \sum_{n=0}^{\infty} a_n (z - z_0)^n,$$

其中

$$a_n = \frac{f^{(n)}(z_0)}{n!}.$$

特别地, 取 $z_0 = 0$, 我们有

$$f(z) = \sum_{n=0}^{\infty} \frac{f^n(0)}{n!} z^n.$$

(c) 设

$$s_1(z) = \sum_{n=0}^{\infty} a_n(z - z_0)^n$$

和

$$s_2(z) = \sum_{n=0}^{\infty} b_n(z - z_0)^n$$

是两个复幂级数, 它们对于所有 $z \in \mathbf{C}$ 收敛. 若对于每个实数 t, $s_1(t) = s_2(t)$, 则

$$s_1(z) = s_2(z), \quad \text{对于所有 } z \in \mathbf{C}.$$

定理 7.19 *存在唯一的函数* $\sin : \mathbf{C} \to \mathbf{C}$ *和* $\cos : \mathbf{C} \to \mathbf{C}$ *具有以下性质: 它们在每个* $z \in \mathbf{C}$ *处无限次可微并且对于每个* $x \in \mathbf{R}$, *它们分别与我们之前定义的正弦函数和余弦函数一致. 对于任何* $z \in \mathbf{C}$, *它们分别由*

$$\sin z = \sum_{n=0}^{\infty} \frac{(-1)^n z^{2n+1}}{(2n+1)!}$$

和

$$\cos z = \sum_{n=0}^{\infty} \frac{(-1)^n z^{2n}}{(2n)!}$$

给出.

证明 由定理 7.18 的 (b) 部分, 任何整函数都有幂级数展开. 由同一定理的 (c) 部分, 因为 $\sin : \mathbf{C} \to \mathbf{C}$ 与正弦函数的实数情形一致, 它一定具有幂级数展开

$$\sin z = \sum_{n=0}^{\infty} \frac{(-1)^n z^{2n+1}}{(2n+1)!}.$$

利用与定理 7.17 相同的分析, 我们看出, 这个级数在整个 $\mathbf{C}$ 上收敛. 由定理 7.18 的 (a) 部分, 它的所有导数也都是整函数, 这就给出了对于 $\cos : \mathbf{C} \to \mathbf{C}$ 的指定的幂级数展开.

注 7.20 我们也可以从用幂级数定义正弦函数和余弦函数出发, 然后推导出我们在前面部分中得到的其他性质. 例如, 参考文献 [2] 的第 8 章给出了一个非常优美的阐述.

为了推导出三角函数在复数域上的一些重要应用, 我们还需要讨论指数函数. 回忆在实数域上指数函数 $\exp : \mathbf{R} \to \mathbf{R}$ 定义为

$$\exp(x) = \mathrm{e}^x,$$

其中 $\mathrm{e} = 2.718281 \cdots$ 是 Euler 常数. 我们可以进一步证明: $\exp : \mathbf{R} \to \mathbf{R}$ 在 $\mathbf{R}$ 上无限次可微并且满足对于任何 $x \in \mathbf{R}$,

$$\exp^{(n)}(x) = \exp(x),$$

我们使用与定理 7.19 相同的证明策略得出, 指数函数可以推广到整个复平面并且它的幂级数展开是

$$\exp(z) = \sum_{n=0}^{\infty} \frac{z^n}{n!}. \tag{1.7}$$

由于 $\exp : \mathbf{C} \to \mathbf{C}$ 与通常的 $\mathbf{R}$ 上的指数函数一致, 由定理 7.18 的 (c) 部分, 它满足: 对于任何复数 z 和 w,

$$\exp(z + w) = \exp(z) \cdot \exp(w).$$

特别地, 对于任何 $z \in \mathbf{C}$ 和 $n \in \mathbf{Z}$,

$$\exp(nz) = (\exp(z))^n.$$

指数函数和三角函数的关系如下:

设 $w \in \mathbf{C}$ 是任意复数. 我们用 i 表示方程 $x^2 + 1 = 0$ 的根, 即复数 i 满足 $\mathrm{i}^2 = -1$. 若我们将 $z = \mathrm{i} \cdot w$ 代入 (1.7), 则得到

$$\begin{aligned} \exp(\mathrm{i}w) &= \sum_{n=0}^{\infty} \frac{(\mathrm{i}w)^n}{n!} \\ &= 1 + \frac{\mathrm{i}w}{1!} - \frac{w^2}{2!} - \frac{\mathrm{i}w^3}{3!} + \frac{w^4}{4!} + \cdots \\ &= \sum_{n=0}^{\infty} \frac{(-1)^n w^{2n}}{(2n)!} + \mathrm{i} \cdot \sum_{n=0}^{\infty} \frac{(-1)^n w^{2n+1}}{(2n+1)!} \\ &= \cos w + \mathrm{i} \sin w, \end{aligned}$$

这就证明了下面的定理:

定理 7.21 对于任何复数 w, 我们有

$$\exp(\mathrm{i}w) = \cos w + \mathrm{i} \sin w. \tag{1.8}$$

特别地, 将 $w = \pi$ 代入上式, 我们就重新得到了著名的恒等式

$$e^{i\pi} = -1.$$

若我们将 $z = -iw$ 代入 (1.7), 则我们可以用类似的方法得到

$$\exp(-iw) = \cos w - i \sin w,$$

将其与 (1.8) 联合起来就给出

$$\sin w = \frac{\exp(iw) - \exp(-iw)}{2i}$$

和

$$\cos w = \frac{\exp(iw) + \exp(-iw)}{2}.$$

设 n 是正整数. 我们将 (1.8) 的等号两边都提升至 n 次幂, 得到

$$\exp(iw)^n = (\cos w + i \sin w)^n$$

并且因为

$$\exp(iw)^n = \exp(inw) = \cos(nw) + i\sin(nw),$$

我们推出了下面的恒等式.

定理 7.22 (de Moivre 恒等式) 对于任何复数 w 和任何正整数 n, 我们有

$$(\cos w + i \sin w)^n = \cos(nw) + i\sin(nw). \tag{1.9}$$

我们在注 7.12 中提到了凸性和二阶导数之间的关系. 关于二次可微的函数以及凸/凹函数存在着丰富的理论. 下面我们不加证明地给出其中一些最重要的内容. 注意到正弦函数和余弦函数是无限次可微的, 因此我们可以特别地将以下结果应用于它们.

定理 7.23 (a) 一元可微函数在一个开区间上是凸的当且仅当函数位于它的所有切线的上方, 即对于任何区间中的 x 和 y,

$$f(x) \geq f(y) + f'(y)(x - y).$$

当 f 是凹函数时, 将上式中的"$\geq$" 替换成 "$\leq$" 即可.

(b) 若 I 是区间并且 $f : I \to \mathbf{R}$, $g : I \to \mathbf{R}$ 是两个二次可微函数, 其中 f 在整个 I 上是凸的或凹的, $g = ax + b$, $a, b \in \mathbf{R}$, 则方程 $f(x) = g(x)$ 在区间 I 上最多有两个解. 特别地, 若 f 在 I 上是凸的并且 $x_1, x_2 \in I$ 是 $f(x) = g(x)$ 的解, 则对于

$x \in (x_1, x_2)$, $f(x) < g(x)$ 且对于 $x \in I \setminus (x_1, x_2)$, $f(x) > g(x)$ (若 f 是凹的, 则对于 $x \in (x_1, x_2)$, $f(x) > g(x)$ 且对于 $x \in I \setminus (x_1, x_2)$, $f(x) < g(x)$).

例 7.24　证明: 对于任何 $x \in [0, \frac{\pi}{2}]$, 不等式

$$\sin x \geq \frac{2}{\pi} x$$

和

$$\cos x \geq 1 - \frac{2}{\pi} x$$

成立.

解　我们知道 $\sin : [0, \frac{\pi}{2}] \to [0, 1]$ 和 $\cos : [0, \frac{\pi}{2}] \to [0, 1]$ 都是凹的和二次可微的. 我们还可看出当 $x = 0$ 和 $x = \frac{\pi}{2}$ 时 $\sin x = \frac{2}{\pi} x$. 因此, 由定理 7.23 的 (b) 部分, 它们是 $\sin x = \frac{2}{\pi} x$ 在区间 $[0, \frac{\pi}{2}]$ 上的唯一解并且 $\sin x - \frac{2}{\pi} x$ 有恒定的符号 (即总是非正或总是非负). 因为对于 $x = \frac{\pi}{6}$ 我们有 $\sin x = \frac{1}{2}$ 和 $\frac{2}{\pi} x = \frac{1}{3}$, 所以对于任何 $x \in [0, \frac{\pi}{2}]$, $\sin x \geq \frac{2}{\pi} x$. 不等式

$$\cos x \geq 1 - \frac{2}{\pi} x$$

可以用类似的方法或利用 $\cos x = \sin \left(\frac{\pi}{2} - x \right)$ 证明.

练习 7.25　使用定理 7.23 的 (a) 部分或其他方法证明: 对于任何 $x, y \in (0, \pi)$, 我们有

$$\sin x \leq \sin y + \cos y (x - y).$$

第 2 章　入门问题

---

1 (圣彼得堡 2001) 设 x, y, z 是三个实数并且 $\sin x, \sin y, \sin z$ 构成递增的等差数列. 证明: $\cos x, \cos y, \cos z$ 不能构成递减的等差数列.

2 设 $x, y \in \mathbf{R} \setminus \{1\}$, $x \neq y$ 且 $\alpha, \beta \in \mathbf{R}$, 满足

$$x \sin^2 \alpha + y \cos^2 \alpha = 1,$$

$$x \cos^2 \beta + y \sin^2 \beta = 1$$

和

$$x \tan \alpha = y \tan \beta.$$

证明: $x + y = 2xy$.

3 求满足以下条件的所有正整数 n: 存在实数 c 使得对于所有 $x \in \mathbf{R}$, 我们有

$$\sin^{2n} x + c \sin^2 x \cos^2 x + \cos^{2n} x = 1.$$

4 (MR O310) 设 ABC 是一个三角形, P 是位于其内部的一点. 令 X, Y, Z 分别为 AP, BP, CP 与边 BC, CA, AB 的交点. 证明

$$\frac{XB}{XY} \cdot \frac{YC}{YZ} \cdot \frac{ZA}{ZX} \leq \frac{R}{2r}.$$

5 设 α, β, γ 是三个锐角, 满足 $\cos \alpha = \tan \beta$, $\cos \beta = \tan \gamma$, $\cos \gamma = \tan \alpha$. 证明

$$\sin \alpha = \sin \beta = \sin \gamma = \frac{\sqrt{5} - 1}{2}.$$

6 (MR J70) 设 l_a, l_b, l_c 是一个三角形的角平分线的长度. 证明

$$\frac{\sin \dfrac{\alpha - \beta}{2}}{l_c} + \frac{\sin \dfrac{\beta - \gamma}{2}}{l_a} + \frac{\sin \dfrac{\gamma - \alpha}{2}}{l_b} = 0,$$

其中 α, β, γ 是三角形的各角.

7 (保加利亚) 求满足以下两个条件的所有互异实数 $a, b, c \in (0, 2\pi)$:

(1) a, b, c 构成等差数列.

(2) $\sin a, \sin b, \sin c, \sin \frac{a+b+c}{2}$ 构成等差数列.

8 求满足以下条件的所有锐角 x: $\sin x \cos x$, 1 和 $\frac{1}{\sin x+\cos x}$ 是一个等比数列的各项.

9 (MR J130) 在三角形 ABC 中, 设 D 是 A 在 BC 上的正交投影, E 和 F 分别是直线 AB 和 AC 上的点并且满足 $\angle ADE = \angle ADF$. 证明: 直线 AD, BF 和 CE 交于一点.

10 (MR J68) 设三角形 ABC 的外接圆半径为 R. 证明: 如果三角形的一条中线的长度等于 R, 那么它不是锐角三角形. 描述出两条中线的长度等于 R 的所有三角形.

11 求满足以下条件的所有正整数 k: 对于所有实数 x, 我们有

$$\sin^k x \cos(kx) + \cos^k x \sin(kx) = \frac{3}{4}\sin((k+1)x).$$

12 (MR J87) 证明: 对于任何锐角三角形 ABC, 下面的不等式都成立:

$$\frac{1}{-a^2+b^2+c^2} + \frac{1}{a^2-b^2+c^2} + \frac{1}{a^2+b^2-c^2} \geq \frac{1}{2Rr}.$$

13 (MR J105) 设 $A_1 A_2 \cdots A_n$ 是同时内接于圆 $\mathcal{C}(O,R)$ 和外切于圆 $\omega(I,r)$ 的多边形. $A_1 A_2 \cdots A_n$ 与圆 ω 的切点构成了另一个多边形 $B_1 B_2 \cdots B_n$. 证明

$$\frac{P(A_1 A_2 \cdots A_n)}{P(B_1 B_2 \cdots B_n)} \leq \frac{R}{r},$$

其中 $P(S)$ 表示图形 S 的周长.

14 求满足

$$\sin x + \cos y - \sin(x-y) = \cos x - \sin y + \sin(x-y) = 1$$

的所有 $x, y \in [0, \frac{\pi}{2}]$.

15 (俄罗斯) 求满足以下集合等式的所有实数 α:

$$\{\sin\alpha, \sin(2\alpha), \sin(3\alpha)\} = \{\cos\alpha, \cos(2\alpha), \cos(3\alpha)\}.$$

16 (MR J148) 求满足以下条件的所有 $n \geq 2$: 对于每个 $\alpha_1, \cdots, \alpha_n \in (0, \pi)$, 其中 $\alpha_1 + \cdots + \alpha_n = \pi$ 且 $\alpha_k \neq \frac{\pi}{2}$, 恒等式

$$\sum_{i=1}^{n} \tan \alpha_i = \frac{\displaystyle\sum_{i=1}^{n} \cot \alpha_i}{\displaystyle\prod_{i=1}^{n} \cot \alpha_i}$$

成立.

17 (MR J192) 考虑锐角三角形 ABC. 设 $X \in AB$ 和 $Y \in AC$ 满足: 四边形 $BXYC$ 是圆内接四边形, 并且设 R_1, R_2, R_3 分别为三角形 AXY, BXY, ABC 的外接圆半径. 证明: 若 $R_1^2 + R_2^2 = R_3^2$, 则 BC 是圆 $BXYC$ 的直径.

18 (俄罗斯) 设 a, b, c, d 是四个正实数, 满足: 对于任何实数 x, 我们有

$$\sin(ax) + \sin(bx) = \sin(cx) + \sin(dx).$$

证明: $a = c$ 或 $a = d$.

19 (圣彼得堡) 设 $x, y, z \in (0, \frac{\pi}{2})$ 满足

$$\sin x = \cos y, \quad \sin y = \cos z, \quad \sin z = \cos x.$$

证明: $x = y = z$.

20 (乌克兰) 设 $x \in (0, \frac{\pi}{2})$ 并且 α, β, m, n 是实数, 满足

$$\frac{\sin(x - \alpha)}{\sin(x - \beta)} = m \quad \text{和} \quad \frac{\cos(x - \alpha)}{\cos(x - \beta)} = n.$$

求 $\cos(\alpha - \beta)$ 的值, 将其用 m 和 n 表示.

21 (圣彼得堡 2012) 设 $\sin 42°$ 和 $\cos 42°$ 是多项式 $aX^2 + bX + c$ 的根. 证明: $b^2 = a^2 + 2ac$.

22 (圣彼得堡 2010) 设 $a, b, c \in (0, \pi)$ 满足: $a < b < c$ 且 a, b, c 是等差数列. 证明: 方程

$$(\sin a)x^2 + 2(\sin b)x + \sin c = 0$$

有两个实根.

23　设 $P(X) = X^3 - 3X$. 求满足以下条件的最小正整数 n: 方程 $P_n(x) = 0$ 的互异实根的个数超过 2017, 其中

$$P_n(X) = \underbrace{P(P(\cdots(P(X))))}_{n \text{ 次 } P}.$$

24　(保加利亚) 对于每个正整数 k, 我们定义函数 $f_k : \mathbf{R} \to \mathbf{R}$ 为

$$f_k(x) = \frac{1}{k}(\sin^k x + \cos^k x).$$

求所有使得 $f_m(x) - f_n(x)$ 是常函数的正整数对 (m, n) $(m \neq n)$.

25　求对于所有实数 x 和 y, 使得

$$f(x + f(y)) = f(x) + \sin y$$

都成立的所有函数 $f : \mathbf{R} \to \mathbf{R}$.

26　(俄罗斯) 数列 $\{x_n\}_{n \geq 1}$ 定义为: $x_1 = 1$, 且

$$x_{n+1} = 1 + n \sin x_n, \quad \text{对于所有 } n \geq 1.$$

证明: 数列 $\{x_n\}_{n \geq 1}$ 不是周期的.

27　设 α 和 β 是两个锐角. 证明

$$\frac{\sin(\alpha + \beta)}{2 \sin \alpha \sin \beta} \geq \cot \frac{\alpha + \beta}{2}.$$

28　设 $a, b, c, d \in [-\frac{\pi}{2}, \frac{\pi}{2}]$ 满足

$$\sin a + \sin b + \sin c + \sin d = 1$$

和

$$\cos(2a) + \cos(2b) + \cos(2c) + \cos(2d) \geq \frac{10}{3}.$$

证明: $a, b, c, d \in [0, \frac{\pi}{6}]$.

29　证明: 不存在实数 x 满足

$$\tan(2x) \cot(3x) \in \left(\frac{2}{3}, 9\right).$$

30 (俄罗斯) 设 x, y, z 为实数, 满足

$$\sin x + \sin y + \sin z \geq 2.$$

证明

$$\cos x + \cos y + \cos z \leq \sqrt{5}.$$

31 证明: 对于所有实数 x, 我们有

$$\sin^{2017} x + \sin^{2016} x + \cos^{2015} x \leq 2.$$

32 (圣彼得堡 2009) 证明: 对于任何其正切值 $\tan \alpha$ 和余切值 $\cot \alpha$ 有定义的实数 α, 我们有

$$\tan^4 \alpha + \cot^4 \alpha \geq 2(\sin^3(\alpha^2) - \cos^3(\alpha^2)).$$

33 (圣彼得堡 2001) 设 $x_1, x_2, \cdots, x_{10} \in \left[0, \frac{\pi}{2}\right]$ 为实数, 满足

$$\sin^2 x_1 + \cdots + \sin^2 x_{10} = 1.$$

证明

$$3(\sin x_1 + \cdots + \sin x_{10}) \leq \cos x_1 + \cdots + \cos x_{10}.$$

34 (BLR 2005) 设 $a, b, c, d \in (0, \frac{\pi}{2})$ 满足

$$\cos(2a) + \cos(2b) + \cos(2c) + \cos(2d)$$
$$= 4\sin a \sin b \sin c \sin d - 4\cos a \cos b \cos c \cos d.$$

求 $a + b + c + d$ 的所有可能的值.

35 设 $x_1, \cdots, x_n \in [-1, 1]$ 满足

$$x_1^3 + x_2^3 + \cdots + x_n^3 = 0.$$

证明

$$x_1 + x_2 + \cdots + x_n \leq \frac{n}{3}.$$

36 (俄罗斯) 证明: 对于每个满足 $\sin x \neq 0$ 的实数 x, 存在整数 n 使得

$$|\sin(nx)| \geq \frac{\sqrt{3}}{2}.$$

37　(俄罗斯 2015) 考虑方程

$$\sin\frac{\pi}{x} \cdot \sin\frac{2\pi}{x} \cdot \cdots \cdot \sin\frac{2015\pi}{x} = 0.$$

在保证方程的互异正整数根的个数不变的前提下, 我们最多可以从方程左边删去多少个因子?

38　设 $x, y, z \in [0, \frac{\pi}{2}]$ 满足

$$\sin x + \sin y + \sin z = 1,$$

$$\sin x \cos(2x) + \sin y \cos(2y) + \sin z \cos(2z) = -1.$$

求表达式

$$\sin^2 x + \sin^2 y + \sin^2 z$$

的所有可能的值.

39　(AIME 2008) 求满足

$$\arctan\frac{1}{3} + \arctan\frac{1}{4} + \arctan\frac{1}{5} + \arctan\frac{1}{n} = \frac{\pi}{4}$$

的正整数 n.

40　(MR J377) 在三角形 ABC 中, $\angle A \le 90°$. 证明

$$\sin^2\frac{A}{2} \le \frac{m_a}{2R} \le \cos^2\frac{A}{2},$$

其中 m_a 是边 a 对应的中线长度.

41　(MR J39) 求表达式

$$(\sqrt{3} + \tan 1°)(\sqrt{3} + \tan 2°) \cdots (\sqrt{3} + \tan 29°)$$

的值.

42　(MR S37) 设 x, y, z 为实数, 满足

$$\cos x + \cos y + \cos z = 0 \quad 和 \quad \cos 3x + \cos 3y + \cos 3z = 0.$$

证明: $\cos 2x \cdot \cos 2y \cdot \cos 2z \le 0$.

43 (MR J125) 设 ABC 为等腰三角形, 其中 $\angle A = 100°$. 设 $\angle ABC$ 的角平分线为 BL. 证明: $AL + BL = BC$.

44 (MR J136) 在不等边三角形 ABC 中, 设 a, b, c 为三边, m_a, m_b, m_c 为中线长度, h_a, h_b, h_c 为高线长度, l_a, l_b, l_c 为角平分线长度. 证明: 三角形 ABC 的外接圆直径等于

$$\frac{l_a^2}{h_a} \sqrt{\frac{m_a^2 - h_a^2}{l_a^2 - h_a^2}}.$$

45 对于 $\mathbb{C} \setminus \mathbb{R}$ 中的所有 z, 求 $\min\left(\frac{\operatorname{Im} z^5}{\operatorname{Im}^5 z}\right)$.

46 (乌克兰) 求表达式

$$\frac{\tan x \tan y \tan z}{\tan x + \tan y + \tan z} \quad \text{和} \quad \frac{\sin x \sin y \sin z}{\sin(x + y + z)}$$

的值, 其中 x, y, z 是实数, 这两个表达式都是正的并且一个是另一个的三倍.

47 (MR J201) 设 ABC 是等腰三角形, 其中 $AB = AC$. 点 D 位于边 AC 上, 满足 $\angle CBD = 3\angle ABD$. 若

$$\frac{1}{AB} + \frac{1}{BD} = \frac{1}{BC},$$

求 $\angle A$.

48 (MR S160) 在三角形 ABC 中, $\angle B \geq 2\angle C$. 设 D 为从点 A 出发的高线的垂足, M 为 BC 的中点. 证明

$$DM \geq \frac{AB}{2}.$$

49 (MR O167) 证明: 在任何凸四边形 $ABCD$ 中,

$$\cos \frac{A - B}{4} + \cos \frac{B - C}{4} + \cos \frac{C - D}{4} + \cos \frac{D - A}{4}$$
$$\geq 2 + \frac{1}{2}(\sin A + \sin B + \sin C + \sin D).$$

50 (MR J305) 在三角形 ABC 中, $\angle B = 30°$. 设 $\angle B$ 的角平分线的长度是 $\angle A$ 的角平分线的长度的 2 倍. 求 $\angle A$ 的度数.

51 (MR J323) 在三角形 ABC 中,

$$\sin A + \sin B + \sin C = \frac{\sqrt{5} - 1}{2}.$$

证明: $\max\{\angle A, \angle B, \angle C\} > 162°$.

52 (MR J333) 考虑等角六边形 $ABCDEF$. 证明

$$AC^2 + CE^2 + EA^2 = BD^2 + DF^2 + FB^2.$$

53 (MR S302) 设三角形 ABC 的三边边长为 a, b, c, 三角形 $A'B'C'$ 的三边边长为 $\sqrt{a}, \sqrt{b}, \sqrt{c}$, 证明

$$\sin\frac{A}{2}\sin\frac{B}{2}\sin\frac{C}{2} = \cos A'\cos B'\cos C'.$$

54 (MR S307) 在三角形 ABC 中, $\angle ABC - \angle ACB = 60°$, 从点 A 出发的高线的长度等于 $\frac{1}{4}BC$. 求 $\angle ABC$ 的度数.

55 (圣彼得堡 2008) 设 $f(x) = 2x^2 - ax + 7$. 求所有满足以下条件的实数 a: 存在 $\alpha \in (\frac{\pi}{4}, \frac{\pi}{2})$ 使得 $f(\cos\alpha) = f(\sin\alpha)$.

56 (MR J372) 在三角形 ABC 中, $\frac{\pi}{7} < \angle A \le \angle B \le \angle C < \frac{5\pi}{7}$. 证明

$$\sin\frac{7A}{4} - \sin\frac{7B}{4} + \sin\frac{7C}{4} > \cos\frac{7A}{4} - \cos\frac{7B}{4} + \cos\frac{7C}{4}.$$

57 (MR O374) 证明: 在任何三角形中,

$$\max\{|\angle A - \angle B|, |\angle B - \angle C|, |\angle C - \angle A|\} \le \arccos\left(\frac{4r}{R} - 1\right).$$

58 (圣彼得堡) 设 a, b, c 是正整数, 满足: $\frac{1+bc}{b-c}, \frac{1+ab}{a-b}, \frac{1+ac}{c-a}$ 都是正数. 证明

$$\gcd\left(\frac{1+bc}{b-c}, \frac{1+ab}{a-b}, \frac{1+ac}{c-a}\right) = 1.$$

第 3 章   高级问题

---

59 (莫斯科 2010) 设 M 为以下函数族:

$$M = \{\sin, \cos, \tan, \cot, \arcsin, \arccos, \arctan, \text{arccot}\}.$$

有可能只用函数的复合运算将 M 中的函数组合起来成为函数 f, 使其满足

$$f(2) = 2016$$

吗?

60 (保加利亚) 设序列 $\{a_n\}_{n \geq 1}$ 定义为 $a_1 > 0$,

$$a_{n+1} = a_n + \sqrt{1 + a_n^2}, \quad \text{对于所有 } n \geq 1.$$

证明: 存在正整数 n 使得 $\pi a_n > 2^n$.

61 设 $a_0 = \sqrt{2} + \sqrt{3} + \sqrt{6}$ 并且对于任何正整数 n, 设

$$a_{n+1} = \frac{a_n^2 - 5}{2(a_n + 2)}.$$

证明: 对于所有 $n \geq 0$,

$$a_n = \cot \frac{2^{n-3}\pi}{3} - 2.$$

62 (MR O331) 在三角形 ABC 中, 设 m_a, m_b, m_c 为三条中线的长度, p_0 为其垂足三角形的半周长. 证明

$$\frac{1}{m_a} + \frac{1}{m_b} + \frac{1}{m_c} \leq \frac{3\sqrt{3}}{2p_0}.$$

63 (BLR 2015) (a) 确定是否存在函数 $f: \mathbf{R} \to \mathbf{R}$ 满足: 对于所有实数 x, 我们有

$$\{f(x)\} \sin^2 x + \{x\} \cos(f(x)) \cos x = f(x) \quad \text{和} \quad f(f(x)) = f(x),$$

其中 $\{x\}$ 表示实数 x 的小数部分.

   (b) 与问题 (a) 相同, 但此时的函数为 $f: [0,1] \to [0,1]$.

64 (AMM) 设 $d < -1$ 是实数. 求满足以下条件的所有函数 $f : \mathbf{R} \to \mathbf{R}$:

$$f(x+y) = f(x)f(y) + d\sin x \sin y, \quad \text{对于所有 } x, y \in \mathbf{R}.$$

65 (MR O330) 四条线段将一个凸四边形分成九个小四边形. 这些线段的交点位于四边形的对角线上 (见下图).

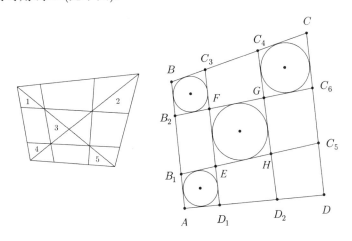

已知四边形 Q_1, Q_2, Q_3, Q_4 都有内切圆. 证明: 四边形 Q_5 也有内切圆.

66 (MR O365) 证明或证伪以下命题: 存在整系数非零多项式 $P(x, y, z)$ 使得当 $u + v + w = \frac{\pi}{3}$ 时,

$$P(\sin u, \sin v, \sin w) = 0.$$

67 (ITYM 乌克兰) 求满足以下性质的所有函数 $f : [0, \infty) \to \mathbf{R}$: f 在 $[1, 2]$ 上是单调的并且对于所有非负实数 r 和所有 $\theta \in [\frac{\pi}{6}, \frac{\pi}{4}]$,

$$f(r\cos\theta) + f(r\sin\theta) = f(r).$$

68 (MR O91) 设 ABC 是锐角三角形. 证明

$$\tan A + \tan B + \tan C \geq \frac{s}{r},$$

其中 s 和 r 分别为三角形 ABC 的半周长和内切圆半径.

69 设 $P(X)$ 为实系数多项式并且满足

$$|P(x)| \leq 2, \quad \text{对于所有 } x \in [-2, 2].$$

求 $P(X)$ 的首项系数的可能的最大值.

70 (MR S347) 证明: 凸四边形 $ABCD$ 是圆内接四边形当且仅当三角形 ABD 和 ACD 的内切圆的公切线中异于 AD 的那条平行于 BC.

71 (MR O327) 设 a, b, c 是正实数, 满足

$$a^2 + b^2 + c^2 + abc = 4.$$

证明

$$a + b + c \le \sqrt{2-a} + \sqrt{2-b} + \sqrt{2-c}.$$

72 实数 x, y, z 满足

$$y = x^2 - 2, \quad z = y^2 - 2, \quad x = z^2 - 2.$$

求 $x + y + z$ 的所有可能的值.

73 对于所有实数 x, 求满足以下条件的所有实系数多项式 $P(X)$:

$$P(\sin x + \cos x) = P(\sin x) + P(\cos x).$$

74 对于所有实数 x, 求满足以下条件的所有实系数多项式 $P(X)$:

$$P(\sin x) = \sin(P(x)).$$

75 (Tuymaada) 对于所有实数 x, 求满足以下条件的所有实系数多项式 $P(X)$:

$$P(\sin x) + P(\cos x) = 1.$$

76 求使得方程

$$\sin(\sin x) = \cos(a \cos x)$$

有至少一个实根的所有实数 a.

77 (圣彼得堡 2015) 设 x 和 y 是实数, 满足

$$20x^3 - 15x = 3 \quad 和 \quad x^2 + y^2 = 1.$$

求 $|20y^3 - 15y|$ 的值.

78 (BLR 2003) 设 $a, b, c, d \in (0, \pi)$ 满足

$$\frac{\sin a}{\sin b} = \frac{\sin c}{\sin d} = \frac{\sin(a-c)}{\sin(b-d)}.$$

证明: $a = b$ 且 $c = d$.

79 (圣彼得堡 2006) 设 $\alpha, \beta, \gamma \in (0, \pi)$ 满足 $\alpha + \beta + \gamma = \pi$. 设 x, y, z 为三个正实数, 满足性质

$$x^2 + y^2 + z^2 = 2xy \cos\gamma + 2yz \cos\alpha + 2xz \cos\beta.$$

证明: x, y, z 是以 α, β, γ 为三个角的三角形的三边边长.

80 设 $n \geq 3$ 是整数. 考虑凸 n 边形 $A_1 \cdots A_n$, 点 P 位于其内部, 满足: 对于所有 $i \in [1, n-1]$, $\angle A_i P A_{i+1} = \frac{2\pi}{n}$. 证明: P 是使得到 n 边形的各顶点的距离之和最小的点.

81 (MR S352) 设 ABC 为三角形, 用 ω 表示它的 Brocard 角, 即满足

$$\cot\omega = \cot A + \cot B + \cot C$$

的角. 此外, 设 φ 满足恒等式

$$\tan\varphi = \tan A + \tan B + \tan C.$$

证明

$$\frac{\cos 2A + \cos 2B + \cos 2C}{\sin 2A + \sin 2B + \sin 2C} = -\frac{1}{4}(\cot\omega + 3\cot\varphi).$$

82 (数学杂志 M1798) 设 x, y, z 为正实数, 满足 $x + y + z = xyz$. 求表达式

$$\sqrt{1 + x^2} + \sqrt{1 + y^2} + \sqrt{1 + z^2}$$

的最小值以及表达式取得最小值时的所有三元组 (x, y, z).

83 (Tuymaada 2003) 设 n 为正整数并且设 $x_1, \cdots, x_n \in (0, \frac{\pi}{2})$ 为实数. 证明

$$\left(\sum_{j=1}^{n} \frac{1}{\sin x_j}\right) \cdot \left(\sum_{j=1}^{n} \frac{1}{\cos x_j}\right) \leq 2 \left(\sum_{j=1}^{n} \frac{1}{\sin(2x_j)}\right)^2.$$

84 (MR O201) 设 ABC 为三角形, 其外接圆圆心为 O, 并且设过点 B 的 BA 的垂线和过点 C 的 CA 的垂线分别交 CA 和 AB 所在的直线于 E, F. 证明: 过点 F

的 OB 的垂线和过点 E 的 OC 的垂线交于高线 AD 所在的直线上的一点 L 并且满足

$$DL = LA\sin^2 A.$$

85 设 $n \geq 2$ 是正整数. 证明

$$\prod_{k=1}^{n} \tan\left[\frac{\pi}{3}\left(1 + \frac{3^k}{3^n - 1}\right)\right] = \prod_{k=1}^{n} \cot\left[\frac{\pi}{3}\left(1 - \frac{3^k}{3^n - 1}\right)\right].$$

86 (MR O256) 设 $A_1 \cdots A_n$ 是正多边形, M 是其内部的一点. 证明

$$\sin\angle A_1 M A_2 + \sin\angle A_2 M A_3 + \cdots + \sin\angle A_n M A_1 > \sin\frac{2\pi}{n} + (n-2)\sin\frac{\pi}{n}.$$

87 (Tuymaada 1994) 求使得

$$\sin\left(\frac{1}{n + 1956}\right) < \frac{1}{2016}$$

成立的最小正整数 n.

88 (MR O174) 考虑面积为 S 的凸四边形 $ABCD$ 内部的一点 O. 设 K, L, M, N 分别是边 AB, BC, CD, DA 上的点. 若 $OKBL$ 和 $OMDN$ 分别是面积为 S_1 和 S_2 的平行四边形, 证明:

(a) $\sqrt{S_1} + \sqrt{S_2} < 1.25\sqrt{S}$.

(b) $\sqrt{S_1} + \sqrt{S_2} \leq C_0\sqrt{S}$, 其中

$$C_0 = \max_{0 \leq \alpha \leq \frac{\pi}{4}} \frac{\sin\left(2\alpha + \frac{\pi}{4}\right)}{\cos\alpha}.$$

89 (MR O183) 计算

$$\sum_{k=1}^{2010} \tan^4 \frac{k\pi}{2011}.$$

90 (MR O199) 证明: 若锐角三角形的 $\angle A = 20°$, 边长 a, b, c 满足

$$\sqrt[3]{a^3 + b^3 + c^3 - 3abc} = \min\{b, c\},$$

则它是等腰三角形.

91 设 $n > 2$ 为正整数. 证明

$$\sin\frac{\pi}{n} > \frac{3}{\sqrt{9 + n^2}}.$$

92 设 a, b, c 为实数, 满足关系式

$$\frac{a^2}{1+a^2} + \frac{b^2}{1+b^2} + \frac{c^2}{1+c^2} = 1.$$

证明: $|abc| \leq \frac{1}{2\sqrt{2}}$.

93 (保加利亚 2009) 设 a, b, c, d 为实数, 满足

$$a\sqrt{c^2 - b^2} + b\sqrt{d^2 - a^2} = c^2 d^2 - cd + 1.$$

求 $a^2 c^2 + b^2 d^2$ 的值.

94 (MR S149) 证明: 在任何锐角三角形 ABC 中,

$$\frac{1}{2}\left(1 + \frac{r}{R}\right)^2 - 1 \leq \cos A \cos B \cos C \leq \frac{r}{2R}\left(1 - \frac{r}{R}\right).$$

95 (MR O171) 证明: 在任何凸四边形 $ABCD$ 中,

$$\sin\left(\frac{A}{3} + 60°\right) + \sin\left(\frac{B}{3} + 60°\right) + \sin\left(\frac{C}{3} + 60°\right) + \sin\left(\frac{D}{3} + 60°\right)$$
$$\geq \frac{1}{3}(8 + \sin A + \sin B + \sin C + \sin D).$$

96 设 x, y, z 为正实数, 满足

$$xy = 1 + z(x + y).$$

求表达式

$$\frac{2xy(1 + xy)}{(1 + x^2)(1 + y^2)} + \frac{z}{1 + z^2}$$

的最大值.

97 (USAMO 1998) 设 $a_0, a_1, \cdots, a_n$ 为区间 $\left(0, \frac{\pi}{2}\right)$ 内的数, 满足

$$\tan\left(a_0 - \frac{\pi}{4}\right) + \tan\left(a_1 - \frac{\pi}{4}\right) + \cdots + \tan\left(a_n - \frac{\pi}{4}\right) \geq n - 1.$$

证明

$$\tan a_0 \cdot \tan a_1 \cdot \cdots \cdot \tan a_n \geq n^{n+1}.$$

98 (日本) 化简表达式

$$\frac{\sum\limits_{k=1}^{n^2-1} \sqrt{n+\sqrt{k}}}{\sum\limits_{k=1}^{n^2-1} \sqrt{n-\sqrt{k}}}.$$

99 (MR S99) 设 ABC 为锐角三角形. 证明

$$\frac{1-\cos A}{1+\cos A} + \frac{1-\cos B}{1+\cos B} + \frac{1-\cos C}{1+\cos C} \leq \left(\frac{1}{\cos A}-1\right)\left(\frac{1}{\cos B}-1\right)\left(\frac{1}{\cos C}-1\right).$$

100 (MR U111) 设 n 为一个已知的正整数, 并且设 $a_k = 2\cos\frac{\pi}{2^{n-k}}$, $k = 0, 1, \cdots, n-1$. 证明

$$\prod_{k=0}^{n-1}(1-a_k) = \frac{(-1)^{n-1}}{1+a_0}.$$

101 是否存在平面上的点的无穷集, 满足: 集合中的任何三个点都不共线并且集合中的任何两个点之间的距离都是有理数?

102 (土耳其 2007) 证明: 不存在满足以下条件的三角形: 它的边长、面积和各角的度数 (以角度制记) 都是有理数.

103 (MR O25) 证明: 在三角形 ABC 中,

$$\cos\frac{A}{2}\cot\frac{A}{2} + \cos\frac{B}{2}\cot\frac{B}{2} + \cos\frac{C}{2}\cot\frac{C}{2} \geq \frac{\sqrt{3}}{2}\left(\cot\frac{A}{2} + \cot\frac{B}{2} + \cot\frac{C}{2}\right).$$

104 (MR J144) 设 ABC 为三角形, 其中 $a > b > c$. 用 O 和 H 分别表示它的外心和垂心. 证明

$$\sin\angle AHO + \sin\angle BHO + \sin\angle CHO \leq \frac{(a-c)(a+c)^3}{4abc \cdot OH}.$$

105 (Kvant 2177) 是否存在实数 α 满足: 对于所有整数 n, $\cos(n\alpha)$ 是有理数, 而 $\sin(n\alpha)$ 是无理数?

106 (MR S56) 设 G 是三角形 ABC 的重心. 证明

$$\sin\angle GBC + \sin\angle GCA + \sin\angle GAB \leq \frac{3}{2}.$$

107 (MR S67) 设 ABC 为三角形. 证明

$$\cos^3 A + \cos^3 B + \cos^3 C + 5\cos A\cos B\cos C \leq 1.$$

108 (Kvant M1920) 是否存在实数 x 使得 $\cot x$ 和 $\cot(2004x)$ 都是整数?

109 证明: 若 a, b, c 是位于区间 $\left(0, \frac{1}{\sqrt{3}}\right)$ 内的实数, 则

$$\frac{a+b}{1-ab} + \frac{b+c}{1-bc} + \frac{c+a}{1-ac} \le 2\frac{a+b+c-abc}{1-ab-ac-bc}.$$

110 (MR S1) 证明: 三角形 ABC 是直角三角形当且仅当

$$\cos\frac{A}{2}\cos\frac{B}{2}\cos\frac{C}{2} - \sin\frac{A}{2}\sin\frac{B}{2}\sin\frac{C}{2} = \frac{1}{2}.$$

111 (MR S25) 证明: 在任何锐角三角形 ABC 中,

$$\cos^3 A + \cos^3 B + \cos^3 C + \cos A\cos B\cos C \ge \frac{1}{2}.$$

112 设 k 为正整数. 证明: $\sqrt{k+1} - \sqrt{k}$ 不是满足 $z^n = 1$ (其中 n 为某个正整数) 的复数 z 的实部.

113 (MR J35) 证明: 在任何四个大于或等于 1 的实数中, 有两个数, 记为 a 和 b, 满足

$$\frac{\sqrt{(a^2-1)(b^2-1)}+1}{ab} \ge \frac{\sqrt{3}}{2}.$$

114 (MR J41) 设 a, b, c 为正实数, 满足 $a+b+c+1 = 4abc$. 证明

$$\frac{1}{a} + \frac{1}{b} + \frac{1}{c} \ge 3 \ge \frac{1}{\sqrt{ab}} + \frac{1}{\sqrt{bc}} + \frac{1}{\sqrt{ca}}.$$

115 求满足以下条件的所有整数 k: 存在多项式 $P \in \mathbf{R}[X, Y, Z]$ 使得对于所有实数 x, y, 我们有

$$\cos(20x + 13y) = P(\cos x, \cos y, \cos(x + ky)).$$

第 4 章　入门问题的解答

---

1 (圣彼得堡 2001) 设 x, y, z 是三个实数并且 $\sin x, \sin y, \sin z$ 构成递增的等差数列. 证明: $\cos x, \cos y, \cos z$ 不能构成递减的等差数列.

解　我们使用反证法. 假设我们有

$$2\sin y = \sin x + \sin z \quad \text{和} \quad 2\cos y = \cos x + \cos z.$$

将上面两个式子的两边平方, 我们得到

$$4\sin^2 y = \sin^2 x + \sin^2 z + 2\sin x \sin z$$

和

$$4\cos^2 y = \cos^2 x + \cos^2 z + 2\cos x \cos z.$$

将这两个式子相加, 我们得到

$$4 = 2 + 2(\cos x \cos z + \sin x \sin z) = 2 + 2\cos(x - z).$$

那么 $\cos(x - z) = 1$, 从而 $x = z + 2k\pi$. 但是这样的话我们就会有 $\cos x = \cos z$, 与假设矛盾.

2　设 $x, y \in \mathbf{R} \setminus \{1\}$, $x \neq y$ 且 $\alpha, \beta \in \mathbf{R}$, 满足

$$x\sin^2 \alpha + y\cos^2 \alpha = 1,$$

$$x\cos^2 \beta + y\sin^2 \beta = 1$$

和

$$x\tan \alpha = y\tan \beta.$$

证明: $x + y = 2xy$.

解　联合恒等式

$$\sin^2 \alpha + \cos^2 \alpha = 1 \quad \text{和} \quad \cos^2 \beta + \sin^2 \beta = 1$$

以及题目条件中的等式, 我们得到

$$(x - 1)\sin^2 \alpha = (1 - y)\cos^2 \alpha$$

和

$$(x-1)\cos^2\beta = (1-y)\sin^2\beta.$$

那么

$$\tan^2\alpha = \frac{1-y}{x-1}, \quad \tan^2\beta = \frac{x-1}{1-y}.$$

由题目条件, $x^2\tan^2\alpha = y^2\tan^2\beta$, 于是

$$x^2 \cdot \frac{1-y}{x-1} = y^2 \cdot \frac{x-1}{1-y}.$$

从而 $x(1-y) = \pm y(1-x)$, 这推出 $x=y$ 或 $x+y=2xy$. 由于 $x \neq y$, 题目得证.

3 求满足以下条件的所有正整数 n: 存在实数 c 使得对于所有 $x \in \mathbf{R}$, 我们有

$$\sin^{2n}x + c\sin^2 x\cos^2 x + \cos^{2n}x = 1.$$

解 将 $x = \frac{\pi}{4}$ 和 $x = \frac{\pi}{3}$ 代入题目中的等式, 我们得到

$$c = 4 - 2^{3-n} = \frac{1}{3}\left(16 - \frac{3^n+1}{4^{n-2}}\right).$$

这给出了方程

$$3^n + 1 = 2^{2n-2} + 3 \cdot 2^{n-1}.$$

现在注意到, 对于 $n \geq 5$ 我们有 $2^{2n-2} > 3^n$. 对余下的情形进行简单的验证, 我们得到: 对于 $n=1$ 我们有 $c=0$, 对于 $n=2$ 我们有 $c=2$, 对于 $n=3$ 我们有 $c=3$, 对于 $n=4$ 无解. 在上面每个有解的情形中, 表达式 $\sin^{2n}x + c\sin^2 x\cos^2 x + \cos^{2n}x - 1$ 都等于 0. 例如, 当 $n=3$ 时我们有

$$\sin^6 x + 3\sin^2 x\cos^2 x + \cos^6 x - 1$$
$$= \sin^6 x + 3\sin^2 x\cos^2 x(\sin^2 x + \cos^2 x) + \cos^6 x - 1$$
$$= (\sin^2 x + \cos^2 x)^3 - 1 = 0.$$

我们还可以用另一种方法证明, 令 $y = \sin^2 x$ 并将方程写为

$$y^n + cy(1-y) + (1-y)^n - 1 = 0.$$

若存在合适的 c, 则 $P(y) := y^n + cy(1-y) + (1-y)^n - 1$ 一定对于所有 $y \in [0,1]$ 都为 0, 因此它是零多项式. 然而, 对于 $n > 3$, 我们得到: 当 n 是偶数时 $\deg(P) = n$, 当 n 是奇数时 $\deg(P) = n-1$. 其余的情形只需逐一简单验证即可.

4 (MR O310) 设 ABC 是一个三角形, P 是位于其内部的一点. 令 X, Y, Z 分别为 AP, BP, CP 与边 BC, CA, AB 的交点. 证明

$$\frac{XB}{XY} \cdot \frac{YC}{YZ} \cdot \frac{ZA}{ZX} \le \frac{R}{2r}.$$

解 首先注意到, 由 Ceva 定理, 我们有

$$XB \cdot YC \cdot ZA = XC \cdot YA \cdot ZB.$$

此外, 我们还将用到以下著名的公式:

$$r = 4R \sin \frac{A}{2} \sin \frac{B}{2} \sin \frac{C}{2}.$$

我们将题目中的不等式的两边平方并将上面两个结果代入, 则问题就等价于证明

$$\frac{YA \cdot ZA}{YZ^2} \cdot \frac{ZB \cdot XB}{ZX^2} \cdot \frac{XC \cdot YC}{XY^2} = \frac{XB^2}{XY^2} \cdot \frac{YC^2}{YZ^2} \cdot \frac{ZA^2}{ZX^2}$$
$$\le \frac{R^2}{4r^2} = \frac{1}{64 \sin^2 \frac{A}{2} \sin^2 \frac{B}{2} \sin^2 \frac{C}{2}}.$$

由循环对称性, 我们只需证明

$$YZ^2 \ge 4YA \cdot ZA \sin^2 \frac{A}{2} = 2YA \cdot ZA(1 - \cos A).$$

现在, 由余弦定理,

$$YZ^2 = YA^2 + ZA^2 - 2YA \cdot ZA \cos A,$$

因此上面要证的不等式可以由算术平均–几何平均不等式的一个简单应用得出, 等号成立当且仅当 $YA = ZA$.

那么题目中不等式的等号成立当且仅当同时有 $YA = ZA$, $ZB = XB$ 和 $XC = YC$, 或者等价地, 当且仅当 X, Y, Z 是三角形 ABC 的内切圆与其各边的切点, 即当且仅当 P 是三角形 ABC 的 Gergonne 点.

5 设 α, β, γ 是三个锐角, 满足 $\cos \alpha = \tan \beta$, $\cos \beta = \tan \gamma$, $\cos \gamma = \tan \alpha$. 证明

$$\sin \alpha = \sin \beta = \sin \gamma = \frac{\sqrt{5} - 1}{2}.$$

解 1 注意到由题目条件, 我们有

$$
\begin{aligned}
\cos^2 \alpha &= \frac{\sin^2 \beta}{\cos^2 \beta} \\
&= \frac{1}{\cos^2 \beta} - 1 \\
&= \frac{\cos^2 \gamma}{\sin^2 \gamma} - 1 \\
&= \frac{1}{\dfrac{1}{\cos^2 \gamma} - 1} - 1 \\
&= \frac{1}{\dfrac{\cos^2 \alpha}{\sin^2 \alpha} - 1} - 1.
\end{aligned}
$$

整理后, 我们得到方程

$$
\cos^4 \alpha + \cos^2 \alpha - 1 = 0.
$$

解这个关于 $\cos^2 \alpha$ 的二次方程, 我们得到解 $\cos^2 \alpha = \frac{-1 \pm \sqrt{5}}{2}$, 而这里面只有 $\cos^2 \alpha = \frac{-1 + \sqrt{5}}{2}$ 是有意义的解. 因此

$$
\sin^2 \alpha = 1 - \cos^2 \alpha = \left(\frac{\sqrt{5} - 1}{2} \right)^2.
$$

由于 α 是锐角, 我们得到 $\sin \alpha = \frac{\sqrt{5}-1}{2}$. 由对称性, 我们有

$$
\sin \alpha = \sin \beta = \sin \gamma = \frac{\sqrt{5} - 1}{2}.
$$

解 2 我们使用反证法证明 $\alpha = \beta = \gamma$. 比如假设 $\alpha > \beta$, 由于 $\cos : [0, \frac{\pi}{2}] \to [0, 1]$ 是减函数, 我们有 $\cos \alpha < \cos \beta$, 类似地, $\tan \beta < \tan \alpha$. 后面这个不等式推出了 $\beta < \gamma$, 因此 $\cos \beta > \cos \gamma$, 这给出了 $\tan \gamma > \tan \alpha$. 最后这个不等式又推出了 $\gamma > \alpha$, 因此 $\cos \gamma < \cos \alpha$, 这给出了 $\tan \alpha < \tan \beta$, 从而 $\alpha < \beta$, 与假设矛盾. 由对称性, 我们得到 $\alpha = \beta = \gamma$. 那么我们有 $\cos \alpha = \tan \alpha$, 这给出了

$$
\cos^2 \alpha = 1 - \sin^2 \alpha = \sin \alpha,
$$

从而导出了和解 1 中的二次方程相同的方程.

6 (MR J70) 设 l_a, l_b, l_c 是一个三角形的角平分线的长度. 证明

$$
\frac{\sin \dfrac{\alpha - \beta}{2}}{l_c} + \frac{\sin \dfrac{\beta - \gamma}{2}}{l_a} + \frac{\sin \dfrac{\gamma - \alpha}{2}}{l_b} = 0,
$$

其中 α, β, γ 是三角形的各角.

解 使用熟知的恒等式, 我们得到

$$\frac{a-b}{c} = \frac{\sin\alpha - \sin\beta}{\sin\gamma} = \frac{2\cos\frac{\alpha+\beta}{2}\sin\frac{\alpha-\beta}{2}}{2\sin\frac{\gamma}{2}\cos\frac{\gamma}{2}} = \frac{\sin\frac{\alpha-\beta}{2}}{\cos\frac{\gamma}{2}}$$

和

$$l_c = \frac{2ab}{a+b}\cos\frac{\gamma}{2},$$

其中 a, b, c 是三角形的各边. 那么

$$\frac{\sin\frac{\alpha-\beta}{2}}{l_c} = \frac{a^2 - b^2}{2abc},$$

类似地算出其余两项, 将它们加在一起便完成了证明.

7 (保加利亚) 求满足以下两个条件的所有互异实数 $a, b, c \in (0, 2\pi)$:

(1) a, b, c 构成等差数列.

(2) $\sin a, \sin b, \sin c, \sin\frac{a+b+c}{2}$ 构成等差数列.

解 由对称性, 不失一般性, 我们可以假设 $a < b < c$. 我们由题目中的条件推出 $a + c = 2b$ 和 $\sin a + \sin c = 2\sin b$. 那么

$$2\sin\frac{a+c}{2}\cos\frac{a-c}{2} = 2\sin b,$$

又因为 $\frac{a+c}{2} = b$, 我们得到

$$\sin b\cos\frac{a-c}{2} = \sin b.$$

若 $\sin b \neq 0$, 则 $\cos\frac{a-c}{2} = 1$. 因为 $a, c \in (0, 2\pi)$ 且 $a \neq c$, 我们不能有 $\cos\frac{a-c}{2} = 1$. 于是 $\sin b = 0$, 从而 $b = \pi$. 此外, 我们有 $\sin\frac{a+b+c}{2} = \sin\frac{3b}{2} = -1$, 那么条件 (2) 中的等差数列各项为 $\sin a, 0, \sin c$ 和 -1. 这推出 $\sin c = \frac{-1}{2}$ 和 $\sin a = \frac{1}{2}$, 因此 $(a, b, c) = (\frac{\pi}{6}, \pi, \frac{11\pi}{6})$ 或 $(a, b, c) = (\frac{5\pi}{6}, \pi, \frac{7\pi}{6})$.

8 求满足以下条件的所有锐角 x: $\sin x\cos x$, 1 和 $\frac{1}{\sin x + \cos x}$ 是一个等比数列的各项.

解 我们需要根据 $\sin x\cos x$, 1 和 $\frac{1}{\sin x + \cos x}$ 哪个是比例中项, 分三种情况讨论.

若 1 是比例中项, 则我们得到

$$\frac{\sin x\cos x}{\sin x + \cos x} = 1.$$

然而, 由于

$$(\sin x - 1)(\cos x - 1) < 1,$$

我们总是有 $\sin x + \cos x > \sin x \cos x$. 因此这种情况不会出现.

若 $\sin x \cos x$ 是比例中项, 则我们得到

$$\frac{1}{\sin x + \cos x} = \sin^2 x \cos^2 x.$$

然而, 由 Cauchy–Schwarz 不等式, 我们有 $\sin x + \cos x \leq \sqrt{2}$; 此外

$$\sin x \cos x = \frac{1}{2} \sin(2x) \leq \frac{1}{2}.$$

这两个不等式给出

$$\frac{1}{\sqrt{2}} \leq \sin^2 x \cos^2 x \leq \frac{1}{4},$$

这显然是荒谬的. 因此这种情况也不会出现.

剩下还需要处理的就是 $\frac{1}{\sin x + \cos x}$ 是比例中项的情况. 于是我们有

$$\sin x \cos x = \left(\frac{1}{\sin x + \cos x} \right)^2.$$

由于 $\sin x \cos x = \frac{(\sin x + \cos x)^2 - 1}{2}$, 令 $\sin x + \cos x = a$, 我们得到

$$\frac{1}{a^2} = \frac{a^2 - 1}{2},$$

这推出 $a^2 = 2$. 由于 x 是锐角, 我们只可能取 $a = \sqrt{2}$, 那么 $x = \frac{\pi}{4}$.

9 (MR J130) 在三角形 ABC 中, 设 D 是 A 在 BC 上的正交投影, E 和 F 分别是直线 AB 和 AC 上的点并且满足 $\angle ADE = \angle ADF$. 证明: 直线 AD, BF 和 CE 交于一点.

解　我们先来证明一个引理:

引理　若 P 是三角形 ABC 的边 BC 上的一点, 则我们有

$$\frac{PB}{PC} = \frac{AB}{AC} \cdot \frac{\sin \angle PAB}{\sin \angle PAC}.$$

证明　在三角形 PAB 和 PAC 中, 由正弦定理,

$$\frac{PB}{\sin \angle PAB} = \frac{AB}{\sin \angle APB},$$

$$\frac{PC}{\sin \angle PAC} = \frac{AC}{\sin(180° - \angle APB)} = \frac{AC}{\sin \angle APB}.$$

将上面两个关系式相除便完成了证明.

现在回到原来的题目, 记 $x = \angle ADE = \angle ADF$. 由引理, 我们有

$$\frac{AE}{EB} = \frac{AD}{BD} \cdot \frac{\sin x}{\sin(90° - x)},$$

$$\frac{CF}{FA} = \frac{DC}{AD} \cdot \frac{\sin(90° - x)}{\sin x}.$$

因此,

$$\frac{AE}{EB} \cdot \frac{BD}{DC} \cdot \frac{CF}{FA} = \frac{AD}{BD} \cdot \frac{\sin x}{\sin(90° - x)} \cdot \frac{BD}{DC} \cdot \frac{DC}{AD} \cdot \frac{\sin(90° - x)}{\sin x} = 1,$$

那么由 Ceva 定理, 直线 AD, BF 和 CE 交于一点.

10 (MR J68) 设三角形 ABC 的外接圆半径为 R. 证明: 如果三角形的一条中线的长度等于 R, 那么它不是锐角三角形. 描述出两条中线的长度等于 R 的所有三角形.

解 不失一般性, 假设过顶点 A 的中线的长度 m_a 等于 R. 那么

$$m_a^2 = \frac{b^2 + c^2}{2} - \frac{a^2}{4} = \frac{a^2}{4} + bc \cos A$$
$$= R^2 \sin^2 A + 4R^2 \sin B \sin C \cos A$$
$$= R^2,$$

由此得到 $\cos A(\cos A - 4 \sin B \sin C) = 0$. 于是或者三角形 ABC 是以 $\angle A$ 为直角的直角三角形, 或者 $\cos A = 4 \sin B \sin C$. 在后一种情形

$$4 \sin B \sin C = -\cos(B + C) = -\cos B \cos C + \sin B \sin C,$$

由此得到

$$\tan B \tan C = -\frac{1}{3}.$$

那么 $\tan B$ 和 $\tan C$ 中有一个为负, 这表明 $\angle B$ 和 $\angle C$ 中有一个是钝角.

若两条中线的长度等于 R, 比如 $m_a = m_b = R$, 则

$$\frac{b^2 + c^2}{2} - \frac{a^2}{4} = \frac{c^2 + a^2}{2} - \frac{b^2}{4},$$

从而 $a = b$. 于是 $\angle A = \angle B$, $\angle C$ 是钝角, 并且

$$\tan A = \tan B = -\frac{1}{3 \tan C}.$$

由恒等式 $\tan A + \tan B + \tan C = \tan A \tan B \tan C$, 我们得到

$$2\tan A - \frac{1}{3\tan A} = -\frac{\tan A}{3}.$$

因此 $\tan^2 A = \tan^2 B = \frac{1}{7}$, $\tan^2 C = \frac{7}{9}$. 由于

$$\sin^2 \alpha = \frac{\tan^2 \alpha}{1 + \tan^2 \alpha},$$

我们有

$$\sin A = \sin B = \frac{\sqrt{2}}{4}, \quad \sin C = \frac{\sqrt{7}}{4},$$

或者说三角形 ABC 相似于三边边长分别为 $\sqrt{2}, \sqrt{2}, \sqrt{7}$ 的三角形.

11 求满足以下条件的所有正整数 k: 对于所有实数 x, 我们有

$$\sin^k x \cos(kx) + \cos^k x \sin(kx) = \frac{3}{4}\sin((k+1)x).$$

解 若 $k = 1$, 题目中的方程为 $\sin(2x) = \frac{3}{4}\sin(2x)$, 它显然对于所有实数 x 都不成立.

若 $k > 1$, 令 $x = \frac{\pi}{k}$, 我们得到

$$\sin^k \frac{\pi}{k} = \frac{3}{4}\sin\frac{\pi}{k}.$$

因为 $\sin\frac{\pi}{k} \neq 0$ (由于 $k \geq 2$), 所以我们有 $\sin^{k-1}\frac{\pi}{k} = \frac{3}{4}$. 若我们令 $x = \frac{\pi}{2k}$, 则可以用类似的方法得到 $\cos^{k-1}\frac{\pi}{2k} = \frac{3}{4}$.

现在我们使用恒等式 $\sin\frac{\pi}{k} = 2\sin\frac{\pi}{2k}\cos\frac{\pi}{2k}$. 将此式与 $\sin^{k-1}\frac{\pi}{k} = \frac{3}{4}$ 以及 $\cos^{k-1}\frac{\pi}{2k} = \frac{3}{4}$ 联合起来, 我们得到

$$2^{k-1}\sin^{k-1}\frac{\pi}{2k} = 1.$$

由于 $\sin\frac{\pi}{2k} > 0$, 我们有 $\sin\frac{\pi}{2k} = \frac{1}{2}$, 从而 $k = 3$.

剩下的工作就是要验证 $k = 3$ 确实给出了一个对于所有实数 x 都成立的恒等式. 为此, 我们使用恒等式 $\sin(3x) = 3\sin x - 4\sin^3 x$ 和 $\cos(3x) = 4\cos^3 x - 3\cos x$. 那么

$$\sin^3 x \cos(3x) + \cos^3 x \sin(3x)$$
$$= \sin^3 x(4\cos^3 x - 3\cos x) + \cos^3 x(3\sin x - 4\sin^3 x)$$
$$= 3\sin x \cos x(\cos^2 x - \sin^2 x)$$
$$= \frac{3}{2}\sin(2x)\cos(2x) = \frac{3}{4}\sin(4x).$$

12 (MR J87) 证明: 对于任何锐角三角形 ABC, 下面的不等式都成立:

$$\frac{1}{-a^2+b^2+c^2}+\frac{1}{a^2-b^2+c^2}+\frac{1}{a^2+b^2-c^2}\geq\frac{1}{2Rr}.$$

解 1 使用余弦定理和公式 $R=\frac{abc}{4rs}$, 我们可以将题目中的原始不等式重写为

$$\frac{a}{\cos\alpha}+\frac{b}{\cos\beta}+\frac{c}{\cos\gamma}\geq 4s=2(a+b+c),\tag{1}$$

其中 α,β,γ 是三角形的三个锐角. 由正弦定理, 我们有 $c=a\frac{\sin\gamma}{\sin\alpha}$ 和 $b=a\frac{\sin\beta}{\sin\alpha}$. 将它们代入 (1), 我们得到

$$\tan\alpha+\tan\beta+\tan\gamma\geq 2(\sin\alpha+\sin\beta+\sin\gamma).\tag{2}$$

在 $(0,\frac{\pi}{2})$ 上, $\tan x$ 是凸函数, $\sin x$ 是凹函数. 因此由 Jensen 不等式,

$$\tan\alpha+\tan\beta+\tan\gamma\geq 3\tan\frac{\alpha+\beta+\gamma}{3}=3\tan\frac{\pi}{3}=3\sqrt{3},$$

$$\sin\alpha+\sin\beta+\sin\gamma\leq 3\sin\frac{\alpha+\beta+\gamma}{3}=3\sin\frac{\pi}{3}=\frac{3\sqrt{3}}{2}.$$

那么不等式 (2) 成立, 等号成立当且仅当 $\alpha=\beta=\gamma$. 因此题目中的不等式成立, 等号成立当且仅当三角形是等边三角形.

解 2 容易验证

$$\frac{1}{2}\left(\frac{1}{x}+\frac{1}{y}\right)\geq\frac{2}{x+y},\quad \frac{1}{2}\left(\frac{1}{y}+\frac{1}{z}\right)\geq\frac{2}{y+z},\quad \frac{1}{2}\left(\frac{1}{x}+\frac{1}{z}\right)\geq\frac{2}{x+z}.$$

将这三个不等式加在一起并且应用 Cauchy–Schwarz 不等式, 我们得到

$$\frac{1}{x}+\frac{1}{y}+\frac{1}{z}\geq\frac{2}{x+y}+\frac{2}{y+z}+\frac{2}{z+x}$$

$$\geq\frac{2}{\sqrt{(x+y)(x+z)}}+\frac{2}{\sqrt{(x+y)(y+z)}}+\frac{2}{\sqrt{(y+z)(z+x)}}.$$

在上面的不等式中取 $x=b^2+c^2-a^2$, $y=c^2+a^2-b^2$ 和 $z=a^2+b^2-c^2$, 我们就得到

$$\frac{1}{-a^2+b^2+c^2}+\frac{1}{a^2-b^2+c^2}+\frac{1}{a^2+b^2-c^2}\geq\frac{a+b+c}{abc}=\frac{1}{2Rr}.$$

13 (MR J105) 设 $A_1A_2\cdots A_n$ 是同时内接于圆 $\mathcal{C}(O,R)$ 和外切于圆 $\omega(I,r)$ 的多边形. $A_1A_2\cdots A_n$ 与圆 ω 的切点构成了另一个多边形 $B_1B_2\cdots B_n$. 证明

$$\frac{P(A_1A_2\cdots A_n)}{P(B_1B_2\cdots B_n)}\leq\frac{R}{r},$$

其中 $P(S)$ 表示图形 S 的周长.

解　我们在整个解答中使用下标的循环表示 (即 $A_1 = A_{n+1}$). 记 $\alpha_i = \angle A_i A_j A_{i+1}$, 其中 $j \neq i, i+1$. 显然, $\angle A_{i-1} A_i A_{i+1} = \pi - \angle A_{i-1} A_{i+1} A_i - \angle A_i A_{i-1} A_{i+1} = \pi - \alpha_{i-1} - \alpha_i$. 用 B_i 表示 $\omega(I, r)$ 与 $A_i A_{i+1}$ 的切点. 由于 $I B_{i-1} \perp A_{i-1} A_i$ 且 $I B_i \perp A_i A_{i+1}$, 我们有 $\angle B_{i-1} I B_i = \pi - \angle B_{i-1} A_i B_i = \alpha_{i-1} + \alpha_i$. 直接应用正弦定理, 我们得到 $A_i A_{i+1} = 2R \sin \alpha_i$ 和 $B_{i-1} B_i = 2r \sin \frac{\alpha_{i-1} + \alpha_i}{2}$, 那么题目中的不等式就等价于

$$\sum_{i=1}^n \sin \alpha_i \leq \sum_{i=1}^n \sin \frac{\alpha_i + \alpha_{i+1}}{2}.$$

然而,

$$\sin \alpha_i + \sin \alpha_{i+1} = 2 \sin \frac{\alpha_i + \alpha_{i+1}}{2} \cos \frac{\alpha_i - \alpha_{i+1}}{2} \leq 2 \sin \frac{\alpha_i + \alpha_{i+1}}{2},$$

等号成立当且仅当 $\alpha_i = \alpha_{i+1}$. 将这个不等式对于 $i = 1, 2, \cdots, n$ 的式子相加便完成了证明. 等号成立当且仅当 $A_1 A_2 \cdots A_n$ 是正 n 边形.

14　求满足

$$\sin x + \cos y - \sin(x - y) = \cos x - \sin y + \sin(x - y) = 1$$

的所有 $x, y \in [0, \frac{\pi}{2}]$.

解　由题目中的关系式, 我们得到

$$\sin x + \cos y = 1 + \sin(x - y),$$

$$\cos x - \sin y = 1 - \sin(x - y).$$

将这两个关系式平方, 然后加在一起, 我们得到

$$2 + 2 \sin(x - y) = 2 + 2 \sin^2(x - y),$$

因此 $\sin(x - y) = 0$ 或 $\sin(x - y) = 1$. 当 $\sin(x - y) = 0$ 时, 我们有 $x = y$, 将其与 $\sin x + \cos y - \sin(x - y) = \cos x - \sin y + \sin(x - y)$ 联立, 我们得到 $x = y = 0$. 当 $\sin(x - y) = 1$ 时, 我们有 $x - y = \frac{\pi}{2}$ (因为 $x, y \in [0, \frac{\pi}{2}]$), 从而 $x = \frac{\pi}{2}$ 且 $y = 0$. 这个解也满足原方程.

　　因此 $(x, y) = (0, 0)$ 或 $(x, y) = (\frac{\pi}{2}, 0)$.

15　(俄罗斯) 求满足以下集合等式的所有实数 α:

$$\{\sin \alpha, \sin(2\alpha), \sin(3\alpha)\} = \{\cos \alpha, \cos(2\alpha), \cos(3\alpha)\}.$$

解 题目中的集合等式特别地表明, 每个集合的所有元素的和一定相等, 即

$$\sin\alpha + \sin(2\alpha) + \sin(3\alpha) = \cos\alpha + \cos(2\alpha) + \cos(3\alpha).$$

将 $\sin\alpha + \sin(3\alpha)$ 和 $\cos\alpha + \cos(3\alpha)$ 进行和化积变换, 我们得到

$$\sin(2\alpha)(1 + 2\cos\alpha) = \cos(2\alpha)(1 + 2\cos\alpha).$$

我们现在分两种情况讨论:

若 $1 + 2\cos\alpha = 0$, 则 $\alpha = 2k\pi \pm \frac{2\pi}{3}$, 因此 $\sin(3\alpha) = 0$. 然而 $0 \notin \{\cos\alpha, \cos(2\alpha), \cos(3\alpha)\}$, 所以这种情况不会出现.

若 $\sin(2\alpha) = \cos(2\alpha)$, 则 $\tan(2\alpha) = 1$, 因此 $\alpha = \frac{\pi}{8} + \frac{k\pi}{2}$. 那么 $4\alpha = \frac{\pi}{2} + 2k\pi$, 因此 $\cos(3\alpha) = \sin\alpha$ 且 $\sin(3\alpha) = \cos\alpha$, 于是这些 α 值满足所有题目要求.

因此 $\alpha \in \{\frac{\pi}{8} + \frac{k\pi}{2} : k \in \mathbf{Z}\}$.

16 (MR J148) 求满足以下条件的所有 $n \geq 2$: 对于每个 $\alpha_1, \cdots, \alpha_n \in (0, \pi)$, 其中 $\alpha_1 + \cdots + \alpha_n = \pi$ 且 $\alpha_k \neq \frac{\pi}{2}$, 恒等式

$$\sum_{i=1}^{n} \tan\alpha_i = \frac{\displaystyle\sum_{i=1}^{n} \cot\alpha_i}{\displaystyle\prod_{i=1}^{n} \cot\alpha_i}$$

成立.

解 若 $n = 2$, 我们得到

$$\tan\alpha_1 + \tan\alpha_2 = \frac{\tan\alpha_1 + \tan\alpha_2}{\tan\alpha_1 \tan\alpha_2} \cdot \tan\alpha_1 \tan\alpha_2 = \frac{\cot\alpha_1 + \cot\alpha_2}{\cot\alpha_1 \cot\alpha_2},$$

因此等式成立.

现在假设 $n \geq 3$. 令 $\alpha_1 = \cdots = \alpha_n = \frac{\pi}{n}$, 我们得到 $(\tan\frac{\pi}{n})^{n-2} = 1$; 那么 $\tan\frac{\pi}{n} = \pm 1$, 这推出 $\frac{\pi}{n} = \pm(k\pi + \frac{\pi}{4})$, 从而 $n = 4$.

为了验证等式对于 $n = 4$ 成立, 注意到 $\alpha_1 + \alpha_2 + \alpha_3 + \alpha_4 = \pi$ 当且仅当 $\tan(\alpha_1 + \alpha_2) + \tan(\alpha_3 + \alpha_4) = 0$. 使用加法公式, 我们有

$$\frac{\tan\alpha_1 + \tan\alpha_2}{1 - \tan\alpha_1 \tan\alpha_2} + \frac{\tan\alpha_3 + \tan\alpha_4}{1 - \tan\alpha_3 \tan\alpha_4} = 0.$$

去分母后, 我们看到, $\tan\alpha_k$ 的和等于这四个正切值的每三个乘在一起的所有乘积之和, 而这就是要证明的等式.

因此 n 的值为 2 和 4.

17 (MR J192) 考虑锐角三角形 ABC. 设 $X \in AB$ 和 $Y \in AC$ 满足: 四边形 $BXYC$ 是圆内接四边形, 并且设 R_1, R_2, R_3 分别为三角形 AXY, BXY, ABC 的外接圆半径. 证明: 若 $R_1^2 + R_2^2 = R_3^2$, 则 BC 是圆 $BXYC$ 的直径.

解 在三角形 BXY, AXY 和 ABC 中应用扩展的正弦定理, 我们得到

$$\frac{BY}{\sin\angle BXY} = 2R_2, \qquad \frac{AY}{\sin\angle AXY} = 2R_1, \qquad \frac{AB}{\sin\angle ACB} = 2R_3.$$

由前两个等式, 我们显然有 $\frac{AY}{BY} = \frac{R_1}{R_2}$. 此外由于四边形 $BXYC$ 是圆内接四边形, $\angle AXY = \angle ACB$, 因此由第二个和第三个等式, 我们有 $\frac{AY}{AB} = \frac{R_1}{R_3}$. 使用上面这些关系式以及 $R_1^2 + R_2^2 = R_3^2$, 我们计算出

$$AY^2 + BY^2 = AY^2 + \frac{R_2^2}{R_1^2}AY^2 = \frac{R_1^2 + R_2^2}{R_1^2}AY^2 = \frac{R_3^2}{R_1^2}AY^2 = AB^2.$$

于是三角形 ABY 是直角三角形, $\angle AYB = \angle BYC = \frac{\pi}{2}$. 由于四边形 $BXYC$ 是圆内接四边形, 我们容易推出 BC 即为圆 $BXYC$ 的直径.

18 (俄罗斯) 设 a, b, c, d 是四个正实数, 满足: 对于任何实数 x, 我们有

$$\sin(ax) + \sin(bx) = \sin(cx) + \sin(dx).$$

证明: $a = c$ 或 $a = d$.

解 我们将证明 (更对称地) $\{a, b\} = \{c, d\}$. 由于这个结论是对称的, 我们可以假设 $a \geq b$ 且 $c \geq d$. 令 $A = \frac{a+b}{2}$, $B = \frac{a-b}{2}$, $C = \frac{c+d}{2}$, $D = \frac{c-d}{2}$. 应用和化积公式, 我们将题目中的恒等式变为

$$\sin(Ax)\cos(Bx) = \sin(Cx)\cos(Dx).$$

注意到 $A > B \geq 0$ 且 $C > D \geq 0$. 使得上式的左边等于零的最小正数 x 是 $\frac{\pi}{A}$ 和 $\frac{\pi}{2B}$ 中的最小值, 使得上式的右边等于零的最小正数 x 是 $\frac{\pi}{C}$ 和 $\frac{\pi}{2D}$ 中的最小值. 因此

$$\min\left\{\frac{\pi}{A}, \frac{\pi}{2B}\right\} = \min\left\{\frac{\pi}{C}, \frac{\pi}{2D}\right\}.$$

若 $A = C$ 或 $B = D$, 则通过消去公因子, 我们分别得到 $\cos(Bx) = \cos(Dx)$ 或 $\sin(Ax) = \sin(Cx)$, 从而我们推出另一个等式也成立. 因此 $a = c$ 且 $b = d$. 否则的话, 不失一般性, 我们可以假设 $A = 2D$. 在这种情形, 我们有 $\sin(2Dx)\cos(Bx) = \sin(Cx)\cos(Dx)$, 它化简为 $2\sin(Dx)\cos(Bx) = \sin(Cx)$. 我们使用前面的方法得到

$$\min\left\{\frac{\pi}{D}, \frac{\pi}{2B}\right\} = \frac{\pi}{C}.$$

然而 $C > D$, 因此这需要 $C = 2B$. 将其代入上面的式子, 我们化简后得到 $\sin(Dx) = \sin(Bx)$, 所以 $B = D$. 于是我们再一次得到了前一种情形的结果, 本题的答案即为 $a = c$ 和 $b = d$.

19 (圣彼得堡) 设 $x, y, z \in (0, \frac{\pi}{2})$ 满足

$$\sin x = \cos y, \quad \sin y = \cos z, \quad \sin z = \cos x.$$

证明: $x = y = z$.

解 1 我们使用反证法, 假设 $x < y$. 那么由于 $x, y \in (0, \frac{\pi}{2})$, 我们有 $\sin x < \sin y$, 因此 $\cos y < \cos z$, 这推出 $y > z$. 但是, 那么就有 $\sin y > \sin z$, 因此 $\cos z > \cos x$, 这推出 $z < x$. 由于 $z < x$, 我们得到 $\sin z < \sin x$, 这给出了 $\cos x < \cos y$, 从而 $x > y$, 与假设矛盾. 我们可以用同样的方法论证 $x > y$ 的情形, 翻转前面一系列不等式中的所有不等号即可. 因此我们一定有 $x = y$. 由对称性, 我们得到 $x = z$, 这就完成了证明.

解 2 注意到 $\sin x = \cos(\frac{\pi}{2} - x) = \cos y$. 由于 $0 < y$ 且 $\frac{\pi}{2} - x < \frac{\pi}{2}$, 我们得出 $y = \frac{\pi}{2} - x$. 这推出 $\sin y = \cos x = \cos z$, 因此 $x = z$. 由 $x = z$, 我们得到 $\sin z = \sin x = \cos x$, 这推出 $x = \frac{\pi}{4}$, 因此 $x = y = z = \frac{\pi}{4}$.

20 (乌克兰) 设 $x \in (0, \frac{\pi}{2})$ 并且 α, β, m, n 是实数, 满足

$$\frac{\sin(x - \alpha)}{\sin(x - \beta)} = m \quad \text{和} \quad \frac{\cos(x - \alpha)}{\cos(x - \beta)} = n.$$

求 $\cos(\alpha - \beta)$ 的值, 将其用 m 和 n 表示.

解 我们在题目给出的两个等式中将 $\sin(x - \alpha)$, $\sin(x - \beta)$, $\cos(x - \alpha)$, $\cos(x - \beta)$ 展开, 整理后得到

$$\sin x(\cos \alpha - m \cos \beta) = \cos x(\sin \alpha - m \sin \beta)$$

和

$$\cos x(n \cos \beta - \cos \alpha) = \sin x(\sin \alpha - n \sin \beta).$$

将这两个恒等式相乘, 我们得到

$$\sin x \cos x(\cos \alpha - m \cos \beta)(n \cos \beta - \cos \alpha)$$
$$= \sin x \cos x(\sin \alpha - m \sin \beta)(\sin \alpha - n \sin \beta).$$

由于 $x \in (0, \frac{\pi}{2})$, 我们有 $\sin x \cos x \neq 0$. 因此

$$- \cos^2 \alpha + (m+n) \cos \alpha \cos \beta - mn \cos^2 \beta$$
$$= \sin^2 \alpha - (m+n) \sin \alpha \sin \beta + mn \sin^2 \beta.$$

那么,

$$\cos(\alpha - \beta) = \frac{1 + mn}{m + n}.$$

21 (圣彼得堡 2012) 设 $\sin 42°$ 和 $\cos 42°$ 是多项式 $aX^2 + bX + c$ 的根. 证明: $b^2 = a^2 + 2ac$.

解　由 Vieta 定理, 我们有

$$\sin 42° + \cos 42° = -\frac{b}{a}$$

和

$$\sin 42° \cos 42° = \frac{c}{a}.$$

由于 $\sin^2 42° + \cos^2 42° = 1$, 我们得到

$$1 = \frac{b^2}{a^2} - 2\frac{c}{a} = \frac{b^2 - 2ac}{a^2},$$

因此 $b^2 = a^2 + 2ac$.

22 (圣彼得堡 2010) 设 $a, b, c \in (0, \pi)$ 满足: $a < b < c$ 且 a, b, c 是等差数列. 证明: 方程

$$(\sin a)x^2 + 2(\sin b)x + \sin c = 0$$

有两个实根.

解　由题目条件, 我们可以记 $a = b - \theta$, $c = b + \theta$, 其中 $\theta \in (0, \frac{\pi}{2})$. 那么二次式

$$(\sin a)x^2 + 2(\sin b)x + \sin c$$

的判别式可以写成

$$\Delta = 4(\sin^2 b - \sin a \sin c) = 4(\sin^2 b - \sin(b - \theta) \sin(b + \theta)).$$

注意到

$$\sin(b - \theta) \sin(b + \theta) = \frac{1}{2}(\cos(2\theta) - \cos(2b))$$
$$= \sin^2 b - \sin^2 \theta.$$

因此 $\Delta = 4\sin^2 \theta > 0$ (由于 $\theta \in (0, \frac{\pi}{2})$), 这就完成了证明.

23 设 $P(X) = X^3 - 3X$. 求满足以下条件的最小正整数 n: 方程 $P_n(x) = 0$ 的互异实根的个数超过 2017, 其中

$$P_n(X) = \underbrace{P(P(\cdots(P(X))))}_{n \text{ 次 } P}.$$

解 我们来证明 $P_n(x) = 0$ 有 3^n 个互异实根. 为此, 我们使用恒等式

$$4\cos^3 \alpha - 3\cos \alpha = \cos(3\alpha).$$

那么对于任何 $t \in \mathbf{R}$, $P_n(2\cos t) = 2\cos(3^n t)$. 令 $x_k = 2\cos\left(\frac{k-\frac{1}{2}}{3^n}\pi\right)$, $k = 1, 2, \cdots, 3^n$, 则这些数都是互异的, 这是因为余弦函数在 $[0, \pi]$ 上是减函数, 从而我们有 $P_n(x_k) = 0$, $k = 1, 2, \cdots, 3^n$. 这表明 $P_n(x) = 0$ 有至少 3^n 个互异实根. 然而由于 $\deg(P_n(X)) = 3^n$, 这些根就是所有的根了.

因此我们将问题化简为求满足 $3^n > 2017$ 的最小正整数 n, 容易计算出 $n = 7$.

24 (保加利亚) 对于每个正整数 k, 我们定义函数 $f_k : \mathbf{R} \to \mathbf{R}$ 为

$$f_k(x) = \frac{1}{k}(\sin^k x + \cos^k x).$$

求所有使得 $f_m(x) - f_n(x)$ 是常函数的正整数对 (m, n) $(m \neq n)$.

解 不失一般性, 我们可以假设 $m < n$. 令 $x = 0$ 和 $x = \pi$, 我们得到

$$\frac{1}{m} - \frac{1}{n} = \frac{(-1)^m}{m} - \frac{(-1)^n}{n},$$

因此 m 和 n 都是偶数, 设 $m = 2p$ 且 $n = 2q$. 令 $x = \frac{\pi}{4}$, 我们得到

$$\frac{1}{2p} - \frac{1}{2q} = \frac{1}{p \cdot 2^p} - \frac{1}{q \cdot 2^q}.$$

若 $p = 1$, 我们得到 $q = 1$, 这与 $m < n$ 矛盾. 因此 $p \geq 2$. 那么上式可以化为

$$\frac{q \cdot 2^q}{p \cdot 2^p} = \frac{2^q - 2}{2^p - 2}.$$

记 $q = p + k$, 其中 k 是某个正整数, 则我们有

$$k \cdot 2^k = (2^{k+1} - 2)\frac{p}{2^p - 2}.$$

另一方面, 我们知道, 对于 $k \geq 1$, $k \cdot 2^k \geq 2^{k+1} - 2$ 成立 (容易验证对于 $k = 1$ 和 $k = 2$ 不等式成立; 而对于更大的值, 不等式是显然的). 于是上面的等式就给出了

$p \geq 2^p - 2$, 它对于 $p \geq 3$ 不成立. 从而 $k \cdot 2^k = 2^{k+1} - 2$ 且 $p = 2$. 因此 $p = 2$, $q = 3$, 即 $m = 4$, $n = 6$. 此时我们有

$$f_4(x) = \frac{1}{4}(\sin^4 x + \cos^4 x) = \frac{1}{4} - \frac{\sin^2 x \cos^2 x}{2},$$

$$f_6(x) = \frac{1}{6}(\sin^6 x + \cos^6 x) = \frac{1}{6} - \frac{\sin^2 x \cos^2 x}{2}.$$

于是 $f_4(x) - f_6(x) = \frac{1}{12}$, 那么 $(4,6)$ 满足题目条件. 因此 $(m,n) \in \{(4,6),(6,4)\}$.

25　求对于所有实数 x 和 y, 使得

$$f(x + f(y)) = f(x) + \sin y$$

都成立的所有函数 $f : \mathbf{R} \to \mathbf{R}$.

解　我们将证明, 不存在满足题目条件的函数.

取定任意实数 a. 在题目所给的关系式中令 $x = a$, 我们得到

$$f(a + f(y)) = f(a) + \sin y.$$

令 y 取遍 $[-\frac{\pi}{2}, \frac{\pi}{2}]$, 我们得出 $[f(a) - 1, f(a) + 1] \subset \mathrm{Im}(f)$. 现在设 $x = a + f(y)$, 我们使用类似的方法得到

$$f(a + 2f(y)) = f(a + f(y)) + \sin y = f(a) + 2\sin y,$$

因此, 我们像前面那样得出 $[f(a) - 2, f(a) + 2] \subset \mathrm{Im}(f)$. 归纳地重复这个过程, 我们有: 对于所有正整数 n,

$$[f(a) - n, f(a) + n] \subset \mathrm{Im}(f).$$

特别地, 函数 f 是无界的并且是满射.

另一方面, 若我们在题目所给的关系式中令 $x = 0$, 则得到

$$f(f(y)) = f(0) + \sin y,$$

因此 $f(f(y)) \in [f(0) - 1, f(0) + 1]$. 由于 f 是满射, 那么 $f \circ f$ 一定也是满射, 于是 $f \circ f$ 也是无界的, 这与 $f(f(y)) \in [f(0) - 1, f(0) + 1]$ 矛盾. 因此, 不存在满足题目条件的函数 f.

26　(俄罗斯) 数列 $\{x_n\}_{n \geq 1}$ 定义为: $x_1 = 1$, 且

$$x_{n+1} = 1 + n\sin x_n, \quad 对于所有 \ n \geq 1.$$

证明: 数列 $\{x_n\}_{n \geq 1}$ 不是周期的.

解 我们使用反证法. 令 T, n_0 为正整数, 满足: 对于 $n \geq n_0$,

$$x_{n+T} = x_n.$$

特别地, 对于 $n \geq n_0$, 我们一定有 $x_{n+T+1} = x_{n+1}$, 这给出

$$1 + (n+T)\sin x_{n+T} = 1 + n\sin x_n,$$

并且由于 $T > 0$ 且 $x_{n+T} = x_n$, 我们得出 $\sin x_n = 0$. 但是这样的话, 我们由 $\sin x_n = 0$ 就得出 $x_{n+1} = 1$, 而由于 $\sin 1 \neq 0$, 我们得出了矛盾. 这就完成了证明.

27 设 α 和 β 是两个锐角. 证明

$$\frac{\sin(\alpha+\beta)}{2\sin\alpha\sin\beta} \geq \cot\frac{\alpha+\beta}{2}.$$

解 注意到

$$
\begin{aligned}
\frac{\sin(\alpha+\beta)}{2\sin\alpha\sin\beta} - \cot\frac{\alpha+\beta}{2} &= \frac{1}{2}\left(\cot\alpha + \cot\beta - 2\cot\frac{\alpha+\beta}{2}\right) \\
&= \frac{1}{2}\left(\cot\alpha - \cot\frac{\alpha+\beta}{2} + \cot\beta - \cot\frac{\alpha+\beta}{2}\right) \\
&= \frac{1}{2}\left(\frac{\sin\dfrac{\beta-\alpha}{2}}{\sin\alpha\sin\dfrac{\alpha+\beta}{2}} + \frac{\sin\dfrac{\alpha-\beta}{2}}{\sin\beta\sin\dfrac{\alpha+\beta}{2}}\right) \\
&= \frac{1}{2}\left(\frac{\sin\dfrac{\alpha-\beta}{2}(\sin\alpha-\sin\beta)}{\sin\alpha\sin\beta\sin\dfrac{\alpha+\beta}{2}}\right).
\end{aligned}
$$

由对称性, 我们可以不失一般性假设 $\alpha \geq \beta$. 那么由于 α 和 β 都是锐角, 我们有 $\sin\alpha \geq \sin\beta$ 和 $\sin\frac{\alpha-\beta}{2} \geq 0$, 这就完成了证明.

28 设 $a, b, c, d \in [-\frac{\pi}{2}, \frac{\pi}{2}]$ 满足

$$\sin a + \sin b + \sin c + \sin d = 1$$

和

$$\cos(2a) + \cos(2b) + \cos(2c) + \cos(2d) \geq \frac{10}{3}.$$

证明: $a, b, c, d \in [0, \frac{\pi}{6}]$.

解　令 $x = \sin a$, $y = \sin b$, $z = \sin c$, $t = \sin d$. 那么由题目中的条件, 我们有

$$x + y + z + t = 1$$

和

$$4 - 2(x^2 + y^2 + z^2 + t^2) \geq \frac{10}{3}.$$

上式等价于

$$x^2 + y^2 + z^2 + t^2 \leq \frac{1}{3}.$$

注意到

$$x^2 + y^2 + z^2 \geq \frac{(x + y + z)^2}{3} = \frac{(1 - t)^2}{3},$$

则我们一定有

$$\frac{(1 - t)^2}{3} + t^2 \leq \frac{1}{3},$$

这推出 $t(2t - 1) \leq 0$, 即 $\sin d \in [0, \frac{1}{2}]$. 因此 $d \in [0, \frac{\pi}{6}]$, 对于 a, b 和 c 重复相同的过程, 我们就得到了所需的结果.

29　证明: 不存在实数 x 满足

$$\tan(2x)\cot(3x) \in \left(\frac{2}{3}, 9\right).$$

解　假设存在这样一个实数 x. 我们由题目条件可以推出 $\tan(2x) \neq 0$ 和 $\cot(3x) \neq 0$. 使用倍角和三倍角公式, 我们得到

$$\begin{aligned}
\tan(2x)\cot(3x) &= \frac{2\tan x}{1 - \tan^2 x} \frac{1 - 3\tan^2 x}{3\tan x - \tan^3 x} \\
&= \frac{2 - 6\tan^2 x}{3 - 4\tan^2 x + \tan^4 x} \\
&= \frac{2 - 6y}{3 - 4y + y^2},
\end{aligned}$$

其中 $y = \tan^2 x > 0$. 若分母 $3 - 4y + y^2 = (y - 1)(y - 3)$ 是正的, 即 $y < 1$ 或 $y > 3$, 则我们有

$$\frac{2 - 6y}{3 - 4y + y^2} = \frac{2}{3} - \frac{2y(y + 5)}{3(3 - 4y + y^2)} < \frac{2}{3},$$

但若 $3 - 4y + y^2$ 是负的, 即 $1 < y < 3$, 则我们有

$$\frac{2 - 6y}{3 - 4y + y^2} = 9 + \frac{(3y - 5)^2}{(3 - y)(y - 1)} \geq 9.$$

因此不存在正实数 y 满足

$$\frac{2}{3} < \frac{2 - 6y}{3 - 4y + y^2} < 9,$$

这就完成了证明.

30 (俄罗斯) 设 x, y, z 为实数, 满足

$$\sin x + \sin y + \sin z \geq 2.$$

证明

$$\cos x + \cos y + \cos z \leq \sqrt{5}.$$

解 由 Minkowski 不等式, 我们有

$$\sqrt{(\sin x + \sin y + \sin z)^2 + (\cos x + \cos y + \cos z)^2}$$
$$\leq \sqrt{\sin^2 x + \cos^2 x} + \sqrt{\sin^2 y + \cos^2 y} + \sqrt{\sin^2 z + \cos^2 z} = 3.$$

由于

$$\sin x + \sin y + \sin z \geq 2,$$

我们立即得出

$$\cos x + \cos y + \cos z \leq \sqrt{5}.$$

31 证明: 对于所有实数 x, 我们有

$$\sin^{2017} x + \sin^{2016} x + \cos^{2015} x \leq 2.$$

解 注意到下面的不等式成立:

$$\sin^2 x \geq \sin^{2017} x, \quad \sin^2 x \geq \sin^{2016} x,$$

$$\cos^2 x \geq \cos^{2015} x.$$

因此,

$$\sin^{2017} x + \sin^{2016} x + \cos^{2015} x \leq \sin^2 x + \sin^2 x + \cos^2 x$$
$$= 1 + \sin^2 x$$
$$\leq 2.$$

32 (圣彼得堡 2009) 证明: 对于任何其正切值 $\tan \alpha$ 和余切值 $\cot \alpha$ 有定义的实数 α, 我们有

$$\tan^4 \alpha + \cot^4 \alpha \geq 2(\sin^3(\alpha^2) - \cos^3(\alpha^2)).$$

解　注意到

$$|\sin^3(\alpha^2) - \cos^3(\alpha^2)| \le |\sin^3(\alpha^2)| + |\cos^3(\alpha^2)|$$

$$\le \sin^2(\alpha^2) + \cos^2(\alpha^2)$$

$$= 1.$$

因此, 我们只需证明 $\tan^4\alpha + \cot^4\alpha \ge 2$, 这可以容易地由算术平均–几何平均不等式得出:

$$\tan^4\alpha + \cot^4\alpha = (\tan^2\alpha)^2 + (\cot^2\alpha)^2$$

$$\ge 2(\tan^2\alpha\cot^2\alpha) = 2.$$

33　(圣彼得堡 2001) 设 $x_1, x_2, \cdots, x_{10} \in \left[0, \frac{\pi}{2}\right]$ 为实数, 满足

$$\sin^2 x_1 + \cdots + \sin^2 x_{10} = 1.$$

证明

$$3(\sin x_1 + \cdots + \sin x_{10}) \le \cos x_1 + \cdots + \cos x_{10}.$$

解　由于 $x_1 \in \left[0, \frac{\pi}{2}\right]$, 我们有

$$\cos x_1 = \sqrt{1 - \sin^2 x_1} = \sqrt{\sin^2 x_2 + \cdots + \sin^2 x_{10}}.$$

因此,

$$\frac{\cos x_1}{3} = \frac{\sqrt{\sin^2 x_2 + \cdots + \sin^2 x_{10}}}{3}$$

$$= \sqrt{\frac{\sin^2 x_2 + \cdots + \sin^2 x_{10}}{9}}$$

$$\ge \frac{\sin x_2 + \cdots + \sin x_{10}}{9}$$

$$= \frac{S - \sin x_1}{9},$$

其中 $S = \sin x_1 + \cdots + \sin x_{10}$ 并且上式中的不等式可由算术平均–平方平均不等式得出.

将上式加上其他 9 个相应的不等式便完成了证明.

34　(BLR 2005) 设 $a, b, c, d \in (0, \frac{\pi}{2})$ 满足

$$\cos(2a) + \cos(2b) + \cos(2c) + \cos(2d)$$

$$= 4\sin a \sin b \sin c \sin d - 4\cos a \cos b \cos c \cos d.$$

求 $a+b+c+d$ 的所有可能的值.

解 注意到

$$\cos(2a) + \cos(2b) = 2\cos(a+b)\cos(a-b)$$
$$= 2(\cos^2 a \cos^2 b - \sin^2 a \sin^2 b).$$

那么

$$\cos(2a) + \cos(2b) + \cos(2c) + \cos(2d)$$
$$- 4\sin a \sin b \sin c \sin d + 4\cos a \cos b \cos c \cos d$$
$$= 2(\cos^2 a \cos^2 b + \cos^2 c \cos^2 d + 2\cos a \cos b \cos c \cos d)$$
$$- 2(\sin^2 a \sin^2 b + \sin^2 c \sin^2 d + 2\sin a \sin b \sin c \sin d),$$

因此

$$(\cos a \cos b + \cos c \cos d)^2 - (\sin a \sin b + \sin c \sin d)^2 = 0,$$

或等价地

$$X \cdot Y = 0,$$

其中

$$X = \cos a \cos b - \sin a \sin b + \cos c \cos d - \sin c \sin d,$$
$$Y = \cos a \cos b + \sin a \sin b + \cos c \cos d + \sin c \sin d.$$

现在注意到

$$X = \cos a \cos b - \sin a \sin b + \cos c \cos d - \sin c \sin d$$
$$= 2\cos \frac{a+b+c+d}{2} \cos \frac{a+b-c-d}{2},$$

类似地

$$Y = 2\cos \frac{a+c-b-d}{2} \cos \frac{a+d-b-c}{2}.$$

由于 $a, b, c, d \in (0, \frac{\pi}{2})$, 我们有 $\frac{a+b+c+d}{2} \in (0, \pi)$ 且 $\frac{a+b-c-d}{2}, \frac{a+c-b-d}{2}, \frac{a+d-b-c}{2} \in \left(-\frac{\pi}{2}, \frac{\pi}{2}\right)$, 则 $\cos \frac{a+b+c+d}{2} = 0$. 因此 $a+b+c+d = \pi$.

35 设 $x_1, \cdots, x_n \in [-1, 1]$ 满足

$$x_1^3 + x_2^3 + \cdots + x_n^3 = 0.$$

证明

$$x_1 + x_2 + \cdots + x_n \le \frac{n}{3}.$$

解　我们做代换 $x_j = \sin\alpha_j$, $j = 1, 2, \cdots, n$, 其中 $\alpha_j \in [-\frac{\pi}{2}, \frac{\pi}{2}]$. 由题目条件, 我们有

$$\sin^3\alpha_1 + \cdots + \sin^3\alpha_n = 0.$$

联合上式和恒等式

$$\sin(3\theta) = 3\sin\theta - 4\sin^3\theta,$$

我们得到

$$\sin\alpha_1 + \cdots + \sin\alpha_n = \frac{1}{3}\left(\sin(3\alpha_1) + \cdots + \sin(3\alpha_n)\right).$$

由于对于任何实数 θ, $\sin\theta \leq 1$, 我们得到

$$x_1 + \cdots + x_n = \frac{1}{3}\left(\sin(3\alpha_1) + \cdots + \sin(3\alpha_n)\right) \leq \frac{n}{3}.$$

36　(俄罗斯) 证明: 对于每个满足 $\sin x \neq 0$ 的实数 x, 存在整数 n 使得

$$|\sin(nx)| \geq \frac{\sqrt{3}}{2}.$$

解　由于正弦函数是奇函数并且其周期为 2π, 我们只需讨论限制在 $0 < x < \pi$ 上的情形. 我们分三种情况讨论:

若 $x \in [\frac{\pi}{3}, \frac{2\pi}{3}]$, 则我们可以简单地取 $n = 1$.

若 $0 < x < \frac{\pi}{3}$, 令 n 为使得 $x \geq \frac{\pi}{3n}$ 的最小正整数 (由于 $x > 0$, 这样的 n 存在). 那么容易看出

$$nx \in \left[\frac{\pi}{3}, \frac{2\pi}{3}\right],$$

这就变成了我们上面处理过的情况.

最后, 若 $x \in \left(\frac{2\pi}{3}, \pi\right)$, 我们使用

$$|\sin(nx)| = |\sin(n(\pi - x))|.$$

由于 $\pi - x \in (0, \frac{\pi}{3})$, 由分析学理论, 这又变成了上面处理过的情况.

37　(俄罗斯 2015) 考虑方程

$$\sin\frac{\pi}{x} \cdot \sin\frac{2\pi}{x} \cdot \cdots \cdot \sin\frac{2015\pi}{x} = 0.$$

在保证方程的互异正整数根的个数不变的前提下, 我们最多可以从方程左边删去多少个因子?

解 答案是 1007. 首先, 注意到若 $\sin \frac{n\pi}{x} = 0$, 则 $\frac{n\pi}{x} = k\pi$, 其中 k 是整数, 因此 $x = \frac{n}{k}$ 是整数根当且仅当 $k \mid n$. 我们现在将数 $1, \cdots, 2015$ 分成两个子集: $\{1, 2 \cdots, 1007\}$ 和 $\{1008, \cdots, 2015\}$.

令 n 为第二个集合中的一个数. 显然 $x = n$ 是原始方程的一个根并且若我们删去项 $\sin \frac{n\pi}{x}$, 则在第一个和第二个集合中没有其他数字对应的项使得 $x = n$ 是一个根 (因为在这两个集合中没有任何数是 n 的倍数). 那么第二个集合中的 1008 个数对应的项都不能被删去.

若 n 是第一个集合中的一个数, 则在第二个集合中存在 n 的倍数 m (例如, 我们可以取 $m = 2^k n$, 其中 k 是使得 $m = 2^k n \le 2015$ 的最大指数), 所以方程 $\sin \frac{n\pi}{x} = 0$ 的所有整数根也是方程 $\sin \frac{m\pi}{x} = 0$ 的根. 因此我们可以删去第一个集合中所有 1007 个数对应的项.

38 设 $x, y, z \in [0, \frac{\pi}{2}]$ 满足

$$\sin x + \sin y + \sin z = 1,$$

$$\sin x \cos(2x) + \sin y \cos(2y) + \sin z \cos(2z) = -1.$$

求表达式

$$\sin^2 x + \sin^2 y + \sin^2 z$$

的所有可能的值.

解 注意到由公式 $\cos(2\theta) = 1 - 2\sin^2 \theta$, 关系式

$$\sin x \cos(2x) + \sin y \cos(2y) + \sin z \cos(2z) = -1$$

等价于

$$\sin x + \sin y + \sin z - 2(\sin^3 x + \sin^3 y + \sin^3 z) = -1.$$

由于 $\sin x + \sin y + \sin z = 1$, 我们得出

$$1 = \sin x + \sin y + \sin z = \sin^3 x + \sin^3 y + \sin^3 z.$$

这时的关键是要观察到由于 $x, y, z \in [0, \frac{\pi}{2}]$, 我们有 $\sin x \ge \sin^3 x$ 以及对于 y 和 z 的类似结论. 因此, 要使上面的式子成立, 这三个不等式一定同时取等号, 由此我们得出 $\sin x, \sin y, \sin z \in \{0, 1\}$. 因为 $\sin x + \sin y + \sin z = 1$, 所以这三项中有两项等于 0, 一项等于 1, 从而

$$\sin^2 x + \sin^2 y + \sin^2 z = 1.$$

39 (AIME 2008) 求满足

$$\arctan \frac{1}{3} + \arctan \frac{1}{4} + \arctan \frac{1}{5} + \arctan \frac{1}{n} = \frac{\pi}{4}$$

的正整数 n.

解　首先注意到, 对于任何锐角 x, 我们有

$$\tan(\arctan x) = x.$$

此外, 由正切的加法公式, 当 a 和 b 都是锐角时, $\tan(\arctan a + \arctan b) = \frac{a+b}{1-ab}$. 因此

$$\arctan a + \arctan b = \arctan \frac{a+b}{1-ab}.$$

将上式应用于题目中等式左边的前两项, 我们得到

$$\arctan \frac{1}{3} + \arctan \frac{1}{4} = \arctan \frac{7}{11}.$$

类似地,

$$\arctan \frac{7}{11} + \arctan \frac{1}{5} = \arctan \frac{23}{24}.$$

现在我们有

$$\arctan \frac{23}{24} + \arctan \frac{1}{n} = \frac{\pi}{4} = \arctan 1.$$

因此

$$\frac{\frac{23}{24} + \frac{1}{n}}{1 - \frac{23}{24n}} = 1.$$

化简后, 我们得到 $23n + 24 = 24n - 23$, 从而 $n = 47$.

40 (MR J377) 在三角形 ABC 中, $\angle A \leq 90°$. 证明

$$\sin^2 \frac{A}{2} \leq \frac{m_a}{2R} \leq \cos^2 \frac{A}{2},$$

其中 m_a 是边 a 对应的中线长度.

解　令 d_a 为三角形 ABC 的外接圆圆心到边 a 的距离. 那么

$$d_a = R \cos A.$$

使用三角不等式, 我们有

$$R - d_a \le m_a \le R + d_a$$
$$\Leftrightarrow R(1 - \cos A) \le m_a \le R(1 + \cos A)$$
$$\Leftrightarrow \frac{1 - \cos A}{2} \le \frac{m_a}{2R} \le \frac{1 + \cos A}{2}$$
$$\Leftrightarrow \sin^2 \frac{A}{2} \le \frac{m_a}{2R} \le \cos^2 \frac{A}{2}.$$

右边的不等式取等号当且仅当 $b = c$ 或 $\angle A = \frac{\pi}{2}$. 左边的不等式取等号当且仅当 $\angle A = \frac{\pi}{2}$.

41 (MR J39) 求表达式

$$(\sqrt{3} + \tan 1°)(\sqrt{3} + \tan 2°) \cdots (\sqrt{3} + \tan 29°)$$

的值.

解 注意到

$$\sqrt{3} + \tan 1° = \tan 60° + \tan 1° = \frac{\sin 60° \cos 1° + \cos 60° \sin 1°}{\cos 60° \cos 1°}$$
$$= \frac{\sin 61°}{\cos 60° \cos 1°}.$$

类似地, 我们得到

$$\sqrt{3} + \tan 2° = \frac{\sin 62°}{\cos 60° \cos 2°}, \cdots, \sqrt{3} + \tan 29° = \frac{\sin 89°}{\cos 60° \cos 29°}.$$

因此

$$(\sqrt{3} + \tan 1°)(\sqrt{3} + \tan 2°) \cdots (\sqrt{3} + \tan 29°)$$
$$= \frac{\sin 61°}{\cos 60° \cos 1°} \cdot \frac{\sin 62°}{\cos 60° \cos 2°} \cdot \cdots \cdot \frac{\sin 89°}{\cos 60° \cos 29°}$$
$$= \left(\frac{1}{\cos 60°} \right)^{29} = 2^{29}.$$

42 (MR S37) 设 x, y, z 为实数, 满足

$$\cos x + \cos y + \cos z = 0 \quad \text{和} \quad \cos 3x + \cos 3y + \cos 3z = 0.$$

证明: $\cos 2x \cdot \cos 2y \cdot \cos 2z \le 0$.

解　由恒等式 $\cos 3x = 4\cos^3 x - 3\cos x$, 我们得到

$$\cos 3x + \cos 3y + \cos 3z = 4(\cos^3 x + \cos^3 y + \cos^3 z) - 3(\cos x + \cos y + \cos z),$$

再由题目条件, 我们推出

$$\cos^3 x + \cos^3 y + \cos^3 z = 0.$$

由于

$$\cos x + \cos y + \cos z = 0,$$

我们有 $\cos x = -(\cos y + \cos z)$, 将其代入上面的表达式得到

$$\cos^2 y \cos z + \cos y \cos^2 z = 0 \Leftrightarrow \cos y \cos z(\cos y + \cos z) = 0.$$

于是或者 $\cos y$ 和 $\cos z$ 中的一个是 0, 或者它们的和是 0. 在后一情形 $\cos x = 0$. 由对称性, 我们只需看其中的一个情形, 比如 $\cos y = 0$. 那么 $y = \frac{\pi}{2} + n\pi, n \in \mathbf{Z}$ 并且由 $\cos x = -\cos z$, 我们得到 $x = (2k+1)\pi - z, k \in \mathbf{Z}$. 因此

$$\cos 2x \cdot \cos 2y \cdot \cos 2z = -\cos^2 2z \le 0.$$

43　(MR J125) 设 ABC 为等腰三角形, 其中 $\angle A = 100°$. 设 $\angle ABC$ 的角平分线为 BL. 证明: $AL + BL = BC$.

解　显然 $\angle B = \angle C = 40°$, $\angle ABL = \angle CBL = 20°$, 这推出 $\angle ALB = 60°$ 且 $\angle CLB = 120°$. 使用正弦定理,

$$
\begin{aligned}
\frac{AL + BL}{AB} &= \frac{\sin\angle ABL + \sin\angle BAL}{\sin\angle ALB} = \frac{\sin 20° + \sin 100°}{\sin 60°} \\
&= \frac{2\sin\dfrac{100° + 20°}{2}\cos\dfrac{100° - 20°}{2}}{\sin 60°} = 2\cos 40° \\
&= \frac{\sin 80°}{\sin 40°} = \frac{\sin 100°}{\sin 40°} = \frac{\sin A}{\sin C} = \frac{BC}{AB}.
\end{aligned}
$$

这就完成了证明.

44　(MR J136) 在不等边三角形 ABC 中, 设 a, b, c 为三边, m_a, m_b, m_c 为中线长度, h_a, h_b, h_c 为高线长度, l_a, l_b, l_c 为角平分线长度. 证明: 三角形 ABC 的外接圆直径等于

$$\frac{l_a^2}{h_a}\sqrt{\frac{m_a^2 - h_a^2}{l_a^2 - h_a^2}}.$$

解 1 设 AA_1 是角平分线, AA_2 是高线, M 是 BC 的中点. 由 Pythagoras 定理, $m_a^2 - h_a^2 = (MA_2)^2$, $l_a^2 - h_a^2 = (A_1A_2)^2$. 那么要证明的表达式就变为

$$\frac{(AA_1)^2 \cdot MA_2}{AA_2 \cdot A_1A_2}.$$

在只差一个符号 (取决于 $\angle B$ 和 $\angle C$ 哪个大) 的意义下, 我们有

$$\angle A_1AA_2 = 90° - \angle AA_1C = 90° - \angle B - \frac{\angle A}{2} = \frac{\angle C - \angle B}{2},$$

因此

$$\frac{AA_2}{AA_1} = \cos\frac{C-B}{2} \quad \text{且} \quad \frac{A_1A_2}{AA_1} = \left|\sin\frac{C-B}{2}\right|.$$

于是要证明的表达式又变为

$$\frac{2MA_2}{|\sin(C-B)|}.$$

由于

$$BA_2 = c\cos B = 2R\sin C\cos B$$

且

$$CA_2 = 2R\sin B\cos C,$$

我们有

$$MA_2 = \frac{1}{2}|BA_2 - CA_2| = R|\sin(C-B)|,$$

这就完成了证明.

解 2 设 AA_1 是角平分线, AA_2 是高线, 则在只差一个符号 (取决于 $\angle B$ 和 $\angle C$ 哪个大) 的意义下, 我们有

$$\angle A_1AA_2 = 90° - \angle AA_1C = 90° - \angle B - \frac{\angle A}{2} = \frac{\angle C - \angle B}{2}$$

和

$$h_a = l_a\cos\frac{C-B}{2}.$$

因此

$$\frac{l_a^2}{h_a^2} - 1 = \frac{1}{\cos^2\dfrac{C-B}{2}} - 1 = \tan^2\frac{C-B}{2}.$$

由于

$$\begin{aligned}
m_a^2 - h_a^2 &= \frac{2(b^2+c^2)-a^2}{4} - \frac{2a^2b^2 + 2b^2c^2 + 2c^2a^2 - a^4 - b^4 - c^4}{4a^2} \\
&= \frac{(b^2-c^2)^2}{4a^2},
\end{aligned}$$

我们有

$$\frac{l_a^2}{h_a}\sqrt{\frac{m_a^2-h_a^2}{l_a^2-h_a^2}} = \frac{l_a^2}{h_a^2}\sqrt{\frac{m_a^2-h_a^2}{\frac{l_a^2}{h_a^2}-1}} = \frac{1}{\cos^2\frac{C-B}{2}}\cdot\frac{|b^2-c^2|}{2a}\cdot\left|\cot\frac{C-B}{2}\right|$$

$$= \frac{|b^2-c^2|}{a|\sin(B-C)|} = \frac{4R^2|\sin^2 B-\sin^2 C|}{2R\sin A|\sin(B-C)|}$$

$$= \frac{R|2\sin^2 B-2\sin^2 C|}{\sin A|\sin(B-C)|} = \frac{R|\cos 2C-\cos 2B|}{\sin A|\sin(B-C)|}$$

$$= \frac{2R|\sin(B+C)\sin(B-C)|}{\sin A|\sin(B-C)|} = 2R.$$

45 对于 $\mathbf{C}\setminus\mathbf{R}$ 中的所有 z, 求 $\min\left(\frac{\operatorname{Im} z^5}{\operatorname{Im}^5 z}\right)$.

解 使用极坐标形式 $z = r(\cos\varphi + \mathrm{i}\sin\varphi)$, 其中 $r > 0$, $\varphi \neq k\pi$, $k \in \mathbf{Z}$, 我们得到

$$\frac{\operatorname{Im} z^5}{\operatorname{Im}^5 z} = \frac{\sin 5\varphi}{\sin^5\varphi} = \frac{16\sin^5\varphi - 20\sin^3\varphi + 5\sin\varphi}{\sin^5\varphi} = \frac{5}{\sin^4\varphi} - \frac{20}{\sin^2\varphi} + 16$$

$$= 5\left(\frac{1}{\sin^2\varphi} - 2\right)^2 - 4 \geq -4.$$

$\frac{\operatorname{Im} z^5}{\operatorname{Im}^5 z}$ 的下界 -4 可以达到当且仅当 $\sin^2\varphi = \frac{1}{2} \Leftrightarrow \varphi = \frac{(2n+1)\pi}{4}$, $n \in \mathbf{Z}$, 因此 $\min\limits_{z\in\mathbf{C}\setminus\mathbf{R}}\left(\frac{\operatorname{Im} z^5}{\operatorname{Im}^5 z}\right) = -4$.

46 (乌克兰) 求表达式

$$\frac{\tan x\tan y\tan z}{\tan x + \tan y + \tan z} \quad 和 \quad \frac{\sin x\sin y\sin z}{\sin(x+y+z)}$$

的值, 其中 x, y, z 是实数, 这两个表达式都是正的并且一个是另一个的三倍.

解 令

$$t = \frac{\tan x\tan y\tan z}{\tan x + \tan y + \tan z}, \quad s = \frac{\sin x\sin y\sin z}{\sin(x+y+z)}.$$

解题的关键是注意到我们可以建立 $\frac{1}{t}$ 和 $\frac{1}{s}$ 之间的关系式:

$$\frac{1}{t} = \frac{\sin x\cos y\cos z + \sin y\cos x\cos z + \sin z\cos x\cos y}{\sin x\sin y\sin z}$$

$$= \frac{\sin(x+y+z) + \sin x\sin y\sin z}{\sin x\sin y\sin z}$$

$$= \frac{1}{s} + 1.$$

于是 $\frac{s}{t} = 1 + s$. 由于 $s, t > 0$, 我们得到 $\frac{t}{s} = \frac{1}{3}$, 因此 $t = \frac{2}{3}$, $s = 2$.

47 (MR J201) 设 ABC 是等腰三角形, 其中 $AB = AC$. 点 D 位于边 AC 上, 满足 $\angle CBD = 3\angle ABD$. 若

$$\frac{1}{AB} + \frac{1}{BD} = \frac{1}{BC},$$

求 $\angle A$.

解 令 $\angle ABD = x$, 则我们有 $\angle CBD = 3x$ 和 $\angle ACB = 4x$. 在三角形 ABC 和 BDC 中使用正弦定理, 我们分别得到

$$\frac{AB}{\sin 4x} = \frac{BC}{\sin 8x} \quad 和 \quad \frac{BD}{\sin 4x} = \frac{BC}{\sin 7x}.$$

因此, 关系式 $\frac{1}{AB} + \frac{1}{BD} = \frac{1}{BC}$ 等价于 $\sin 8x + \sin 7x = \sin 4x$, 这里我们可以考虑 $x \in \left(0, \frac{\pi}{8}\right)$, 因为 $\angle A = \pi - 8x > 0$. 现在, 使用 $\sin 4x - \sin 8x = -2\sin 2x \cos 6x$, 我们可以将方程重写为 $\sin 7x = (-2\cos 6x)\sin 2x$, 从而得出解 $x = \frac{\pi}{9}$. 下面我们来证明: 它是在这个区间上的唯一解. 我们分两种情况讨论. 首先, 假设 $x > \frac{\pi}{9}$ 是另外一个解, 观察到 $6x > \frac{6\pi}{9}$, 因此 $-2\cos 6x > 1$. 从而 $\sin 7x > \sin 2x$. 但是 $2x \in \left(0, \frac{\pi}{4}\right)$ 且 $7x \in \left(\frac{7\pi}{9}, \frac{7\pi}{8}\right)$, 那么我们由 $\sin 7x = \sin(\pi - 7x)$ 得到 $\pi - 7x > 2x$, 即 $x < \frac{\pi}{9}$, 矛盾. 其次, 假设 $x < \frac{\pi}{9}$ 是另外一个解, 这时可以看出 $\sin 7x < \sin 2x$. 若 $7x \le \frac{\pi}{2}$, 则 $7x < 2x$, 矛盾; 而若 $7x > \frac{\pi}{2}$, 则 $\pi - 7x < 2x$, 即 $x > \frac{\pi}{9}$, 再次得到矛盾. 于是我们得出 $x = \frac{\pi}{9}$ 是唯一解, 因此 $\angle A = \pi - \frac{8\pi}{9} = \frac{\pi}{9}$.

48 (MR S160) 在三角形 ABC 中, $\angle B \ge 2\angle C$. 设 D 为从点 A 出发的高线的垂足, M 为 BC 的中点. 证明

$$DM \ge \frac{AB}{2}.$$

解 显然 $CD = b\cos C$, $BD = c\cos B$, $2CM = a$, 因此 $a = b\cos C + c\cos B$. 那么我们有

$$2DM = 2b\cos C - a = b\cos C - c\cos B$$
$$= 2R\sin(B - C) \ge 2R\sin C = AB,$$

这里我们用到了 $\pi - \angle C > \angle B - \angle C \ge \angle C$. 于是我们完成了证明, 等号成立当且仅当 $\angle B = 2\angle C$.

49 (MR O167) 证明: 在任何凸四边形 $ABCD$ 中,

$$\cos\frac{A - B}{4} + \cos\frac{B - C}{4} + \cos\frac{C - D}{4} + \cos\frac{D - A}{4}$$
$$\ge 2 + \frac{1}{2}(\sin A + \sin B + \sin C + \sin D).$$

解　我们写

$$2 + \sin A + \sin B = 2 + 2\sin\frac{A+B}{2}\cos\frac{A-B}{2} \le 2 + 2\cos\frac{A-B}{2}$$
$$= 4\cos^2\frac{A-B}{4} \le 4\cos\frac{A-B}{4},$$

等号成立当且仅当 $A+B = 180°$ 和 $A = B$ 同时成立, 即当且仅当 $A = B = 90°$. 我们将该不等式与另外三个类似的不等式加在一起并除以 4 便得到了要证的不等式. 该不等式成立当且仅当 $ABCD$ 是矩形.

50　(MR J305) 在三角形 ABC 中, $\angle B = 30°$. 设 $\angle B$ 的角平分线的长度是 $\angle A$ 的角平分线的长度的 2 倍. 求 $\angle A$ 的度数.

解　设 ℓ_a, ℓ_b 分别为 $\angle A$, $\angle B$ 的角平分线的长度. 我们有以下熟知的结论 (也可容易地使用 Stewart 定理和角平分线定理得出):

$$\ell_a = \frac{2bc}{b+c}\cos\frac{A}{2}, \quad \ell_b = \frac{2ca}{c+a}\cos\frac{B}{2}.$$

由正弦定理, $\ell_b = 2\ell_a$ 等价于

$$\sin\frac{A}{2}(b+c) = 2\sin\frac{B}{2}(c+a).$$

再由扩展的正弦定理以及 $\angle C = 180° - \angle A - \angle B$ 和 $\angle B = 30°$, 我们有

$$b + c = 2R(\sin B + \sin C) = 4R\sin\frac{B+C}{2}\cos\frac{B-C}{2}$$
$$= 4R\cos\frac{A}{2}\cos\left(60° - \frac{A}{2}\right)$$

和

$$a + c = 2R(\sin A + \sin C) = 4R\sin\frac{A+C}{2}\cos\frac{A-C}{2}$$
$$= 4R\sin 75°\cos(75° - A),$$

从而我们得到

$$\sin A\cos\left(60° - \frac{A}{2}\right) = \sin A\cos\frac{B-C}{2} = 2\sin B\cos\frac{C-A}{2} = \cos(75° - A).$$

上式还可以被表示成

$$\cos 75°\cos A = \sin A\left(\cos\left(60° - \frac{A}{2}\right) - \cos 15°\right).$$

现在, 若 $\angle A > 90°$, 则 $\cos A < 0$, 因此 $\cos\left(60° - \frac{A}{2}\right) < \cos 15°$, 这推出或者 $60° - \frac{\angle A}{2} > 15°$, 即 $\angle A < 90°$, 与假设矛盾; 或者 $60° - \frac{\angle A}{2} < -15°$, 即 $\angle A > 150° = 180° - \angle B$, 而这是不可能的. 另一方面, 若 $\angle A < 90°$, 则 $\cos A > 0$, 这推出 $60° - \frac{\angle A}{2} < 15°$, 即 $\angle A > 90°$, 再次得出矛盾. 于是我们推出 $\angle A = 90°$, 此时显然 $\sin A \cos\left(60° - \frac{A}{2}\right) = \cos(75° - A)$ 的两边都等于 $\cos 15°$, 从而 $\ell_b = 2\ell_a$.

51 (MR J323) 在三角形 ABC 中,

$$\sin A + \sin B + \sin C = \frac{\sqrt{5} - 1}{2}.$$

证明: $\max\{\angle A, \angle B, \angle C\} > 162°$.

解   我们使用反证法, 不失一般性, 假设

$$\max\{\angle A, \angle B, \angle C\} = \angle A \leq 162°.$$

那么

$$\sin A \geq \sin 162° = \sin 18° = \frac{\sqrt{5} - 1}{4}, \ 18° \leq \angle B + \angle C < 180°$$

并且 $\sin(B + C) \geq \frac{\sqrt{5}-1}{4}$. 由于对于 $0 < \angle B, \angle C < 180°$, $\sin B + \sin C > \sin(B + C)$, 我们有

$$\frac{\sqrt{5} - 1}{2} = \sin A + \sin B + \sin C > \sin A + \sin(B + C)$$
$$> \frac{\sqrt{5} - 1}{4} + \frac{\sqrt{5} - 1}{4} = \frac{\sqrt{5} - 1}{2}.$$

这一矛盾表明 $\max\{\angle A, \angle B, \angle C\} > 162°$.

52 (MR J333) 考虑等角六边形 $ABCDEF$. 证明

$$AC^2 + CE^2 + EA^2 = BD^2 + DF^2 + FB^2.$$

解   按顺时针顺序记等角六边形的边为 a, b, c, d, e, f. 更准确地说,

$$AB = a, \ BC = b, \ CD = c, \ DE = d, \ EF = e, \ FA = f.$$

以下引理成立:

$$a - d = e - b = c - f.$$

它的证明可以在下面的文章中找到: Titu Andreescu, Bogdan Enescu, *Equiangular polygons. An algebraic approach*, Mathematical Reflections.

现在, 由余弦定理, 我们有

$$AC^2 = a^2 + b^2 - 2ab\cos\alpha,$$
$$CE^2 = c^2 + d^2 - 2cd\cos\alpha,$$
$$EA^2 = e^2 + f^2 - 2ef\cos\alpha,$$
$$BD^2 = b^2 + c^2 - 2bc\cos\alpha,$$
$$DF^2 = d^2 + e^2 - 2de\cos\alpha,$$
$$FB^2 = f^2 + a^2 - 2fa\cos\alpha,$$

其中 α 是相等的内角. 由这一组关系式,

$$AC^2 + CE^2 + EA^2 = BD^2 + DF^2 + FB^2 \Leftrightarrow ab + cd + ef = bc + de + fa.$$

而由引理,

$$2(ab - de) = e^2 + d^2 - a^2 - b^2,$$
$$2(cd - fa) = a^2 + f^2 - c^2 - d^2,$$
$$2(ef - bc) = b^2 + c^2 - e^2 - f^2.$$

将上面三个式子加在一起, 我们便完成了证明.

53 (MR S302) 设三角形 ABC 的三边边长为 a, b, c, 三角形 $A'B'C'$ 的三边边长为 $\sqrt{a}, \sqrt{b}, \sqrt{c}$, 证明

$$\sin\frac{A}{2}\sin\frac{B}{2}\sin\frac{C}{2} = \cos A'\cos B'\cos C'.$$

解 由余弦定理,

$$\cos A = \frac{b^2 + c^2 - a^2}{2bc},$$

因此

$$1 - \cos A = \frac{a^2 - (b-c)^2}{2bc}$$

且

$$\sin\frac{A}{2} = \sqrt{\frac{1 - \cos A}{2}} = \frac{\sqrt{a^2 - (b-c)^2}}{2\sqrt{bc}}.$$

类似地,

$$\sin\frac{B}{2} = \frac{\sqrt{b^2 - (a-c)^2}}{2\sqrt{ac}}, \quad \sin\frac{C}{2} = \frac{\sqrt{c^2 - (a-b)^2}}{2\sqrt{ab}}.$$

那么,

$$
\begin{aligned}
\sin\frac{A}{2}\sin\frac{B}{2}\sin\frac{C}{2} &= \frac{\sqrt{a^2-(b-c)^2}\cdot\sqrt{b^2-(a-c)^2}\cdot\sqrt{c^2-(a-b)^2}}{2\sqrt{bc}\cdot 2\sqrt{ac}\cdot 2\sqrt{ab}} \\
&= \frac{\sqrt{(b+c-a)^2}}{2\sqrt{bc}}\cdot\frac{\sqrt{(c+a-b)^2}}{2\sqrt{ac}}\cdot\frac{\sqrt{(a+b-c)^2}}{2\sqrt{ab}} \\
&= \frac{b+c-a}{2\sqrt{bc}}\cdot\frac{c+a-b}{2\sqrt{ac}}\cdot\frac{a+b-c}{2\sqrt{ab}} \\
&= \cos A'\cos B'\cos C'.
\end{aligned}
$$

54 (MR S307) 在三角形 ABC 中, $\angle ABC - \angle ACB = 60°$, 从点 A 出发的高线的长度等于 $\frac{1}{4}BC$. 求 $\angle ABC$ 的度数.

解 设 a 和 h 分别为 BC 边和从点 A 出发的高线的长度. 那么 $\triangle ABC$ 的面积可以表示为 $\frac{1}{2}ah = \frac{1}{8}a^2$, 还可以表示为

$$
\frac{1}{2}\cdot a^2\cdot\frac{\sin B\sin C}{\sin(B+C)} = \frac{1}{2}\cdot a^2\cdot\frac{\sin B\sin(B-60°)}{\sin(2B-60°)}.
$$

因此

$$
\frac{\sin B\sin(B-60°)}{\sin(2B-60°)} = \frac{1}{4},
$$

这推出

$$
\begin{aligned}
\sin(2B-60°) &= 4\sin B\sin(B-60°) \\
&= -2[\cos(2B-60°)-\cos 60°] \\
&= -2\cos(2B-60°)+1
\end{aligned}
$$

即

$$
\sin(2B-60°)+2\cos(2B-60°)=1. \tag{1}
$$

令 $t=\tan(B-30°)$, 那么

$$
\sin(2B-60°)=\frac{2t}{1+t^2},\quad \cos(2B-60°)=\frac{1-t^2}{1+t^2}. \tag{2}
$$

将 (2) 代入 (1), 我们得到

$$
3t^2-2t-1=0,
$$

上式的有效解只有 $t=1$. 从而我们得到 $\angle B-30°=45°$, 则 $\angle ABC=75°$.

55 (圣彼得堡 2008) 设 $f(x) = 2x^2 - ax + 7$. 求所有满足以下条件的实数 a: 存在 $\alpha \in (\frac{\pi}{4}, \frac{\pi}{2})$ 使得 $f(\cos\alpha) = f(\sin\alpha)$.

解 注意到经过整理后, 方程 $f(\cos\alpha) = f(\sin\alpha)$ 等价于

$$2(\cos^2\alpha - \sin^2\alpha) = a(\cos\alpha - \sin\alpha).$$

由于 $\alpha \in (\frac{\pi}{4}, \frac{\pi}{2})$, 我们有 $\sin\alpha > \cos\alpha$. 将上式的两边同时除以 $\cos\alpha - \sin\alpha$, 我们得到

$$2(\cos\alpha + \sin\alpha) = a.$$

现在我们使用如下的技巧:

$$\cos\alpha + \sin\alpha = \sqrt{2}\left(\sin\frac{\pi}{4}\cos\alpha + \cos\frac{\pi}{4}\sin\alpha\right)$$
$$= \sqrt{2}\sin\left(\frac{\pi}{4} + \alpha\right).$$

于是 $2\sqrt{2}\sin(\frac{\pi}{4} + \alpha) = a$. 由于 $\frac{\pi}{4} + \alpha \in (\frac{\pi}{2}, \frac{3\pi}{4})$, 我们有

$$\frac{\sqrt{2}}{2} < \sin\left(\frac{\pi}{4} + \alpha\right) < 1,$$

因此我们得到: 满足题目条件的 a 的取值范围是 $2 < a < 2\sqrt{2}$.

56 (MR J372) 在三角形 ABC 中, $\frac{\pi}{7} < \angle A \le \angle B \le \angle C < \frac{5\pi}{7}$. 证明

$$\sin\frac{7A}{4} - \sin\frac{7B}{4} + \sin\frac{7C}{4} > \cos\frac{7A}{4} - \cos\frac{7B}{4} + \cos\frac{7C}{4}.$$

解 令 $\angle X = \frac{7\angle A}{4}$, $\angle Y = \frac{7\angle B}{4}$, $\angle Z = \frac{7\angle C}{4}$. 我们有

$$\frac{\pi}{4} < \angle X \le \angle Y \le \angle Z < \frac{5\pi}{4}.$$

我们将题目中要证的不等式整理为

$$(\sin X - \cos X) - (\sin Y - \cos Y) + (\sin Z - \cos Z) > 0$$
$$\Leftrightarrow \frac{\sqrt{2}}{2}(\sin X - \cos X) - \frac{\sqrt{2}}{2}(\sin Y - \cos Y) + \frac{\sqrt{2}}{2}(\sin Z - \cos Z) > 0$$
$$\Leftrightarrow \sin\left(X - \frac{\pi}{4}\right) - \sin\left(Y - \frac{\pi}{4}\right) + \sin\left(Z - \frac{\pi}{4}\right) > 0.$$

令 $\angle U = \angle X - \frac{\pi}{4}$, $\angle V = \angle Y - \frac{\pi}{4}$, $\angle W = \angle Z - \frac{\pi}{4}$. 我们有 $\angle U + \angle V + \angle W = \pi$ 和 $0 < \angle U \le \angle V \le \angle W \le \pi$. 因此, 存在三角形以 $\angle U, \angle V, \angle W$ 为其三个内角. 令 R

为这个三角形的外接圆半径, u, v, w 分别为 $\angle U, \angle V, \angle W$ 对应的边. 我们现在只需证明

$$\sin U - \sin V + \sin W > 0,$$

它等价于

$$2R(\sin U - \sin V + \sin W) = u - v + w > 0,$$

而这仅仅是三角不等式.

57 (MR O374) 证明: 在任何三角形中,

$$\max\{|\angle A - \angle B|, |\angle B - \angle C|, |\angle C - \angle A|\} \leq \arccos\left(\frac{4r}{R} - 1\right).$$

解 不失一般性, 我们假设 $\angle A \leq \angle B \leq \angle C$. 于是

$$\max\{|\angle A - \angle B|, |\angle B - \angle C|, |\angle C - \angle A|\} = \angle C - \angle A.$$

因此我们需要证明以下不等式:

$$\angle C - \angle A \leq \arccos\left(\frac{4r}{R} - 1\right),$$

或等价地,

$$\cos(C - A) \geq \frac{4r}{R} - 1 = 4(\cos A + \cos B + \cos C) - 5.$$

注意到

$$\cos B = \cos(180° - (A + C)) = -\cos(A + C)$$
$$= 1 - 2\cos^2\frac{A + C}{2},$$
$$\cos A + \cos C = 2\cos\frac{A + C}{2}\cos\frac{C - A}{2},$$
$$\cos(C - A) = 2\cos^2\frac{C - A}{2} - 1.$$

最后, 要证的不等式变为

$$\left(\cos\frac{C - A}{2} - 2\cos\frac{A + C}{2}\right)^2 \geq 0,$$

而这是显然的.

58 (圣彼得堡) 设 a, b, c 是正整数, 满足: $\frac{1+bc}{b-c}, \frac{1+ab}{a-b}, \frac{1+ac}{c-a}$ 都是正数. 证明

$$\gcd\left(\frac{1 + bc}{b - c}, \frac{1 + ab}{a - b}, \frac{1 + ac}{c - a}\right) = 1.$$

解　令 $a = \tan x$, $b = \tan y$, $c = \tan z$, 其中 $a,b,c \in \left(0, \frac{\pi}{2}\right)$. 注意到

$$\frac{a-b}{1+ab} = \frac{\tan x - \tan y}{1 + \tan x \tan y} = \tan(x-y)$$

并且用类似的方法, 我们得到

$$\frac{c-a}{1+ac} = \tan(z-x), \quad \frac{b-c}{1+bc} = \tan(y-z).$$

由于

$$(x-y) + (y-z) + (z-x) = 0,$$

我们有

$$\tan(x-y) + \tan(y-z) + \tan(z-x) = \tan(x-y)\tan(y-z)\tan(z-x),$$

这给出了恒等式

$$\frac{a-b}{1+ab} + \frac{b-c}{1+bc} + \frac{c-a}{1+ac} = \frac{a-b}{1+ab}\frac{b-c}{1+bc}\frac{c-a}{1+ac}.$$

从而我们得到

$$\frac{1+bc}{b-c} \cdot \frac{1+ab}{a-b} + \frac{1+ac}{c-a} \cdot \frac{1+ab}{a-b} + \frac{1+bc}{b-c} \cdot \frac{1+ac}{c-a} = 1.$$

这就证明了

$$\gcd\left(\frac{1+bc}{b-c}, \frac{1+ab}{a-b}, \frac{1+ac}{c-a}\right) = 1.$$

第 5 章　高级问题的解答

---

59 (莫斯科 2010) 设 M 为以下函数族:

$$M = \{\sin, \cos, \tan, \cot, \arcsin, \arccos, \arctan, \operatorname{arccot}\}.$$

有可能只用函数的复合运算将 M 中的函数组合起来成为函数 f, 使其满足

$$f(2) = 2016$$

吗?

解　这是可以做到的. 注意到若 $t \in (0, \pi)$, $s \in (0, 1)$, 则

$$\sin t = \frac{1}{\sqrt{1 + \cot^2 t}} \quad \text{且} \quad \cot \circ \arctan \frac{1}{s} = s.$$

现在取 $t = \operatorname{arccot} 2$ 和 $s = \sin t$. 那么

$$\cot\left(\arctan\left(\sin\left(\operatorname{arccot} 2\right)\right)\right) = \sqrt{1 + 2^2},$$

因此

$$\cot\left(\arctan\left(\sin\left(\operatorname{arccot}\sqrt{1 + 2^2}\right)\right)\right) = \sqrt{2 + 2^2}.$$

由于

$$2016 = \sqrt{2^2 + \underbrace{1 + 1 + \cdots + 1}_{2016^2 - 2^2 \text{项}}},$$

对函数

$$g = \cot \circ \arctan \circ \sin \circ \operatorname{arccot}$$

进行 $2016^2 - 2^2$ 次迭代后, 我们得到

$$2016 = g^{(2016^2 - 2^2)}(2),$$

其中 $g^{(n)}$ 表示函数 g 自身的 n 次复合. 于是我们可以取

$$f = g^{(2016^2 - 2^2)}.$$

60 (保加利亚) 设序列 $\{a_n\}_{n \geq 1}$ 定义为 $a_1 > 0$,

$$a_{n+1} = a_n + \sqrt{1 + a_n^2}, \quad \text{对于所有 } n \geq 1.$$

证明: 存在正整数 n 使得 $\pi a_n > 2^n$.

解　令 $a_1 = \cot \frac{\alpha}{2}$, 其中 $\alpha \in (0, \pi)$. 使用以下事实: 对于 $\theta \in (0, \frac{\pi}{2})$,

$$\cot \theta + \sqrt{1 + \cot^2 \theta} = \cot \frac{\theta}{2},$$

我们对于 n 归纳得到

$$a_n = \cot \frac{\alpha}{2^n}.$$

由

$$\lim_{x \to 0} x \cot x = 1,$$

我们得出

$$\lim_{n \to \infty} \frac{a_n}{2^n} = \frac{1}{\alpha} > \frac{1}{\pi},$$

因此存在正整数 n_0 使得对于所有 $n \geq n_0$, 我们有

$$\frac{a_n}{2^n} > \frac{1}{\pi}.$$

特别地, 这就推出了我们要证明的结论.

61　设 $a_0 = \sqrt{2} + \sqrt{3} + \sqrt{6}$ 并且对于任何正整数 n, 设

$$a_{n+1} = \frac{a_n^2 - 5}{2(a_n + 2)}.$$

证明: 对于所有 $n \geq 0$,

$$a_n = \cot \frac{2^{n-3} \pi}{3} - 2.$$

解　我们使用对 $n \geq 0$ 的数学归纳法来证明. 在 $n = 0$ 的基础情形, 我们需要证明

$$\cot \frac{\pi}{24} = \sqrt{2} + \sqrt{3} + \sqrt{6} + 2.$$

使用倍角公式, 我们容易得到

$$
\begin{aligned}
\cot \frac{\pi}{24} &= \frac{2 \cos^2 \frac{\pi}{24}}{2 \sin \frac{\pi}{24} \cos \frac{\pi}{24}} \\
&= \frac{1 + \cos \frac{\pi}{12}}{\sin \frac{\pi}{12}} \\
&= \frac{1 + \cos \left(\frac{\pi}{3} - \frac{\pi}{4} \right)}{\sin \left(\frac{\pi}{3} - \frac{\pi}{4} \right)} \\
&= \frac{1 + \cos \frac{\pi}{3} \cos \frac{\pi}{4} + \sin \frac{\pi}{3} \sin \frac{\pi}{4}}{\sin \frac{\pi}{3} \cos \frac{\pi}{4} - \cos \frac{\pi}{3} \sin \frac{\pi}{4}} \\
&= \frac{1 + \frac{\sqrt{2}}{4} + \frac{\sqrt{6}}{4}}{\frac{\sqrt{6}}{4} - \frac{\sqrt{2}}{4}} \\
&= 2 + \sqrt{2} + \sqrt{3} + \sqrt{6}.
\end{aligned}
$$

这就证明了 $n = 0$ 的情形.

现在我们令 $b_n = a_n + 2$ 并假设

$$
b_n = \cot \frac{2^{n-3} \pi}{3}
$$

对于直到某个 $n \geq 0$ 的所有值成立. 注意到对于序列 $\{a_n\}_{n \geq 0}$ 的递归关系式给出

$$
b_{n+1} = \frac{b_n^2 - 1}{2 b_n}.
$$

由于我们假设

$$
b_n = \cot \frac{2^{n-3} \pi}{3},
$$

使用公式

$$
\cot(2\alpha) = \frac{\cot^2 \alpha - 1}{2 \cot \alpha},
$$

我们得到

$$
b_{n+1} = \cot \frac{2^{n-2} \pi}{3}.
$$

这就完成了归纳证明.

62 (MR O331) 在三角形 ABC 中, 设 m_a, m_b, m_c 为三条中线的长度, p_0 为其垂足三角形的半周长. 证明

$$\frac{1}{m_a} + \frac{1}{m_b} + \frac{1}{m_c} \le \frac{3\sqrt{3}}{2p_0}.$$

解 我们首先给出关于垂足三角形的一些熟知的公式: 它的面积为

$$S_0 = \frac{abc|\cos A \cos B \cos C|}{2R},$$

内切圆半径为

$$r_0 = 2R|\cos A \cos B \cos C|,$$

因此其半周长满足公式 $2p_0 = \frac{2S_0}{r_0} = \frac{2S}{R}$, 其中 S 为三角形 ABC 的面积. 现在利用公式 $S = \frac{ah_a}{2} = \frac{bh_b}{2} = \frac{ch_c}{2}$, 我们可以将题目中要证的不等式重写为

$$a \cdot \frac{h_a}{m_a} + b \cdot \frac{h_b}{m_b} + c \cdot \frac{h_c}{m_c} \le 3\sqrt{3}R.$$

由于 $h_a \le m_a$, $h_b \le m_b$, $h_c \le m_c$, 我们只需证明

$$a + b + c \le 3\sqrt{3}R.$$

由对于三角形 ABC 的正弦定理, 上式可以重写为

$$\sin A + \sin B + \sin C \le \frac{3\sqrt{3}}{2}.$$

根据 Jensen 不等式, 这个不等式成立.

63 (BLR 2015) (a) 确定是否存在函数 $f : \mathbf{R} \to \mathbf{R}$ 满足: 对于所有实数 x, 我们有

$$\{f(x)\}\sin^2 x + \{x\}\cos(f(x))\cos x = f(x) \quad \text{和} \quad f(f(x)) = f(x),$$

其中 $\{x\}$ 表示实数 x 的小数部分.

   (b) 与问题 (a) 相同, 但此时的函数为 $f : [0,1] \to [0,1]$.

解 (a) 我们首先在题目所给的关系式中用 $f(x)$ 替换 x, 得到

$$\{f(x)\}\sin^2(f(x)) + \{f(x)\}\cos^2(f(x)) = f(x),$$

即 $\{f(x)\} = f(x)$. 特别地, 对于所有 $x \in \mathbf{R}$, 我们有 $f(x) \in [0,1)$. 现在令 $x = \pi$, 我们们得到

$$-\{\pi\}\cos(f(\pi)) = f(\pi).$$

由于 $f(\pi) \in [0,1)$, 我们有 $\cos(f(\pi)) > 0$. 因此上式的左边是负的, 然而上式的右边是正的, 所以不存在这样的函数 f.

(b) 我们像前面一样得到 $\{f(x)\} = f(x)$, 因此对于所有 x, $f(x) \in [0,1)$. 那么由

$$\{f(x)\}\sin^2 x + \{x\}\cos(f(x))\cos x = f(x),$$

我们得到

$$\{x\}\cos(f(x))\cos x = f(x)\cos^2 x,$$

从而

$$x\cos(f(x)) = f(x)\cos x, \quad \text{对于所有 } x \in [0,1).$$

我们可以将上面的条件重写为 $\dfrac{x}{\cos x} = \dfrac{f(x)}{\cos(f(x))}$. 关键是要观察到定义为 $g(x) = \dfrac{x}{\cos x}$ 的函数 $g : [0,1) \to \mathbf{R}$ 是增函数, 这是因为它是增函数的乘积 (注意 $\cos x$ 在区间 $[0,1)$ 上的单调性). 由于 $g(x) = g(f(x))$, 这使得对于所有 $x \in [0,1)$, 我们都有 $f(x) = x = \{x\}$. 而由 $\{x\}\cos(f(x))\cos x = f(x)\cos^2 x$, 我们容易看出 $f(1)$ 的值为 0.

64 (AMM) 设 $d < -1$ 是实数. 求满足以下条件的所有函数 $f : \mathbf{R} \to \mathbf{R}$:

$$f(x+y) = f(x)f(y) + d\sin x \sin y, \quad \text{对于所有 } x,y \in \mathbf{R}.$$

解 解题的关键是利用题目中的关系式将 $f(x+y+z)$ 用两种不同的形式写出. 一方面, 我们有 (把 $(x+y)$ 看成一项)

$$f(x+y+z) = f(x+y)f(z) + d\sin(x+y)\sin z$$
$$= f(x)f(y)f(z) + d(f(z)\sin x \sin y + \sin(x+y)\sin z).$$

另一方面, 把 $(y+z)$ 看成一项, 我们得到

$$f(x+y+z) = f(x)f(y)f(z) + d(f(x)\sin y \sin z + \sin(y+z)\sin x).$$

因此

$$f(x)\sin y \sin z + \sin(y+z)\sin x = f(z)\sin y \sin x + \sin(y+x)\sin z.$$

令 $y = z = \frac{\pi}{2}$. 我们得到 $f(x) = \cos x + f(\frac{\pi}{2})\sin x$. 这给出 $f(\pi) = -1$. 将 $x = y = \frac{\pi}{2}$ 代入题目中的关系式, 我们得到

$$-1 = f^2\left(\frac{\pi}{2}\right) + d,$$

因此 $f(x) = \cos x \pm \sqrt{-d-1}\sin x$. 容易验证它满足题目要求的性质.

65 (MR O330) 四条线段将一个凸四边形分成九个小四边形. 这些线段的交点位于四边形的对角线上 (见下图).

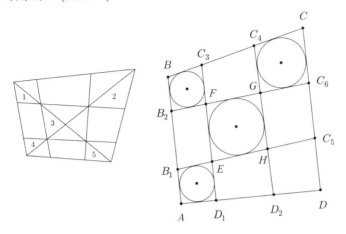

已知四边形 Q_1, Q_2, Q_3, Q_4 都有内切圆. 证明: 四边形 Q_5 也有内切圆.

解　以下是对于下面的书中的证明的阐述: Cosmin Pohoata and Titu Andreescu, *110 Geometry Problems for the International Mathematical Olympiad*, XYZ Press, 2014.

解题的关键是反复使用下面的 Marius Iosifescu 的结果.

Iosifescu 定理　凸四边形 $ABCD$ 有内切圆当且仅当

$$\tan\frac{x}{2}\cdot\tan\frac{z}{2} = \tan\frac{y}{2}\cdot\tan\frac{w}{2},$$

其中 $x = \angle ABD$, $y = \angle ADB$, $z = \angle BDC$, $w = \angle DBC$.

证明　使用三角函数公式

$$\tan^2\frac{u}{2} = \frac{1-\cos u}{1+\cos u},$$

我们得出: 定理中的等式等价于

$$(1-\cos x)(1-\cos z)(1+\cos y)(1+\cos w)$$
$$= (1-\cos y)(1-\cos w)(1+\cos x)(1+\cos z).$$

令 $a = AB$, $b = BC$, $c = CD$, $d = DA$, $q = BD$. 由余弦定理, 我们有

$$\cos x = \frac{a^2+q^2-d^2}{2aq},$$

因此

$$1-\cos x = \frac{d^2-(a-q)^2}{2aq} = \frac{(d+a-q)(d-a+q)}{2aq},$$

$$1 + \cos x = \frac{(a+q)^2 - d^2}{2aq} = \frac{(a+q+d)(a+q-d)}{2aq}.$$

同理,

$$1 - \cos y = \frac{(a+d-q)(a-d+q)}{2dq}, \quad 1 + \cos y = \frac{(d+q+a)(d+q-a)}{2dq},$$

$$1 - \cos z = \frac{(b+c-q)(b-c+q)}{2cq}, \quad 1 + \cos z = \frac{(c+q+b)(c+q-b)}{2cq},$$

$$1 - \cos w = \frac{(c+b-q)(c-b+q)}{2bq}, \quad 1 + \cos w = \frac{(b+q+c)(b+q-c)}{2bq}.$$

将这些式子代入前面的等式, 整理后我们得到

$$P((d-a+q)^2(b-c+q)^2 - (a-d+q)^2(c-b+q)^2) = 0,$$

其中

$$P = \frac{(d+a-q)(b+c-q)(d+q+a)(b+q+c)}{16abcdq^4},$$

根据三角形 ABD 和 BCD 中的三角不等式, 它是正的表达式. 将上式因式分解, 化简后我们得到

$$4qP(b+d-a-c)((d-a)(b-c)+q^2) = 0,$$

其中第二个括号中的表达式永远不等于 0 —— 这是因为由三角不等式, $q > |a-d|$ 且 $q > |b-c|$, 那么 q^2 总是 (严格) 大于 $|(a-d)(b-c)|$. 于是

$$\tan\frac{x}{2} \cdot \tan\frac{z}{2} = \tan\frac{y}{2} \cdot \tan\frac{w}{2}$$

成立当且仅当 $b+d-a-c = 0$, 即 $b+d = a+c$. 由 Pithot 定理, 我们得到: 上式成立当且仅当 $ABCD$ 有内切圆.

为了在 Q_5 中使用 Iosifescu 定理, 我们的目标是证明

$$\tan\frac{\angle FHG}{2} \cdot \tan\frac{\angle BDC}{2} = \tan\frac{\angle ADB}{2} \cdot \tan\frac{\angle EHF}{2}.$$

而 Q_3 有内切圆, 因此

$$\tan\frac{\angle EFH}{2} \cdot \tan\frac{\angle FHG}{2} = \tan\frac{\angle EHF}{2} \cdot \tan\frac{\angle HFG}{2}.$$

从而我们只需证明

$$\tan\frac{\angle EFH}{2} \cdot \tan\frac{\angle ADB}{2} = \tan\frac{\angle HFG}{2} \cdot \tan\frac{\angle BDC}{2}.$$

现在再一次对 Q_1 应用 Iosifescu 定理, 则上式成立当且仅当

$$\tan\frac{\angle ABD}{2}\cdot\tan\frac{\angle BDC}{2}=\tan\frac{\angle ADB}{2}\cdot\tan\frac{\angle DBC}{2},$$

而这个式子成立当且仅当 $ABCD$ 有内切圆.

我们通过对 $ABCD$ 的另一条对角线 AC 应用 Iosifescu 定理来证明 $ABCD$ 有内切圆, 即我们需要证明

$$\tan\frac{\angle BAC}{2}\cdot\tan\frac{\angle ACD}{2}=\tan\frac{\angle BCA}{2}\cdot\tan\frac{\angle CAD}{2}.$$

这可以容易地由和上面同样的方式来证明. 事实上, 通过写出对于 Q_2,Q_3,Q_4 的 Iosifescu 定理, 并考虑到 Q_3 中顶点的对顶角, 我们就能得出结论. 我们将证明的细节留给读者.

66 (MR O365) 证明或证伪以下命题: *存在整系数非零多项式* $P(x,y,z)$ *使得当* $u+v+w=\frac{\pi}{3}$ *时,*

$$P(\sin u,\sin v,\sin w)=0.$$

解　令 $\angle A,\angle B,\angle C$ 为一个三角形的三个角 (或者任何三个角, 正的或负的都可以, 只要它们的和为 π), 并简记 $p=\sin A$, $q=\sin B$, $r=\sin C$. 将 $\sin(A+B+C)=0$ 展开成 $\angle A,\angle B,\angle C$ 的三角函数的函数, 我们得到

$$pqr-p\cos B\cos C=(q\cos C+r\cos B)\cos A,$$

将上式平方并应用 $\cos^2 A=1-p^2$, $\cos^2 B=1-q^2$ 和 $\cos^2 C=1-r^2$, 整理后我们得到

$$p^2q^2r^2+p^2(1-q^2)(1-r^2)-q^2(1-p^2)(1-r^2)-r^2(1-p^2)(1-q^2)$$
$$=2qr\cos B\cos C.$$

再将上式平方, 我们就找到了一个等于 0 的关于 p,q,r 的非零表达式 (要看出它是非零的, 只需注意到将 $q=r=0$ 代入后, 我们得到非零表达式 $p^4=0$). 现在, 对于任何 $u+v+w=\frac{\pi}{3}$, 我们可以取 $A=3u$, $B=3v$, $C=3w$, 则

$$p=\sin(3u)=3\cos^2 u\sin u-\sin^3 u=3\sin u-4\sin^3 u,$$

对于 q,r 有类似的结果. 将上面的关系式代入前面得到的关于 p,q,r 的表达式, 我们就得到了一个非零多项式 (要看出它是非零的, 只需取 $v=w=0$; 这使得 $q=r=0$, 因此我们得到 $p^4=(3\sin u-4\sin^3 u)^4=0$). 而这个多项式在 $u+v+w=\frac{\pi}{3}$ 时等于 0. 从而我们证明了题目中的命题, 存在这样的多项式.

67 (ITYM 乌克兰) 求满足以下性质的所有函数 $f : [0, \infty) \to \mathbf{R}$: f 在 $[1, 2]$ 上是单调的并且对于所有非负实数 r 和所有 $\theta \in [\frac{\pi}{6}, \frac{\pi}{4}]$,

$$f(r\cos\theta) + f(r\sin\theta) = f(r).$$

解 令 $r = 0$, 我们得到 $f(0) = 0$. 取 $\theta = \frac{\pi}{4}$, 我们得到

$$f(r) = 2f\left(\frac{r}{\sqrt{2}}\right).$$

将 r 用 $\frac{r}{\sqrt{2}}$ 代替, 这给出了

$$f\left(\frac{r}{\sqrt{2}}\right) = 2f\left(\frac{r}{2}\right),$$

那么联合该式和前面的关系式, 我们得出

$$f(r) = 4f\left(\frac{r}{2}\right).$$

于是我们容易由归纳法得出: 对于任何整数 k,

$$f(2^k \cdot r) = 2^{2k} f(r).$$

由于 f 在 $[1, 2]$ 上是单调的, 我们得出: 对于任何整数 k, f 在 $[2^k, 2^{k+1}]$ 上是单调的, 因此 f 在 $(0, \infty)$ 上是单调的.

为了利用恒等式 $\cos^2\theta + \sin^2\theta = 1$, 我们定义辅助函数 $g : [0, \infty) \to \mathbf{R}$ 为

$$g(x) = f(\sqrt{x}).$$

那么 $g(x)$ 在 $(0, \infty)$ 上也是单调的, 并且

$$g(r^2\cos^2\theta) + g(r^2\sin^2\theta) = g(r^2).$$

由于 $\theta \in [\frac{\pi}{6}, \frac{\pi}{4}]$, 我们有 $\frac{r^2\cos^2\theta}{r^2\sin^2\theta} \in [1, 3]$. 这表明: 对于任何正实数 u, v, $1 \leq \frac{u}{v} \leq 3$, 我们有

$$g(u + v) = g(u) + g(v).$$

于是我们容易由归纳法得出: 对于任何正整数 n 和任何正实数 x, $g(nx) = ng(x)$. 现在令 $r > 0$ 为有理数并记 $r = \frac{m}{n}$, 其中 m 和 n 为正整数. 则对于任何正有理数 r,

$$ng(rx) = g(nrx) = g(mx) = mg(x),$$

因此

$$g(rx) = rg(x).$$

令 $g(1) = c$, 则对于任何有理数 $r > 0$, $g(r) = cr$. 不失一般性, 我们可以假设 $c \geq 0$ (另一种情形可以用相同的方式处理). 那么对于任何正实数 x, 存在两个正有理数序列 $\{a_n\}_{n \geq 1}$ 和 $\{b_n\}_{n \geq 1}$ 满足: 对于所有 n, $0 < a_n < x < b_n$ 并且

$$\lim_{n \to \infty} a_n = \lim_{n \to \infty} b_n = x.$$

于是由于 $c \geq 0$, 对于所有 n, 我们有

$$ca_n = g(a_n) \leq g(x) \leq g(b_n) = cb_n,$$

因此取极限 $n \to \infty$ 我们就得到了 $g(x) = cx$, 从而 $f(x) = cx^2$, $x \in [0, \infty)$. 反过来, 任何这样的函数都满足题目中的性质.

68 (MR O91) 设 ABC 是锐角三角形. 证明

$$\tan A + \tan B + \tan C \geq \frac{s}{r},$$

其中 s 和 r 分别为三角形 ABC 的半周长和内切圆半径.

解 除了通常的三角函数公式, 我们还将用到以下两个熟知的结果:

$$\tan A + \tan B + \tan C = \tan A \tan B \tan C$$

和

$$\sin 2A + \sin 2B + \sin 2C = 4 \sin A \sin B \sin C.$$

现在,

$$
\begin{aligned}
& \tan A + \tan B + \tan C \\
={} & \frac{\sin A \sin B \sin C}{\cos A \cos B \cos C} \\
={} & \frac{1}{4} \cdot \frac{\sin 2A + \sin 2B + \sin 2C}{\cos A \cos B \cos C} \\
={} & \frac{1}{2} \left(\frac{\sin A}{\cos B \cos C} + \frac{\sin B}{\cos C \cos A} + \frac{\sin C}{\cos A \cos B} \right) \\
={} & \frac{\sin A}{\cos(B-C) - \cos A} + \frac{\sin B}{\cos(C-A) - \cos B} + \frac{\sin C}{\cos(A-B) - \cos C} \\
\geq{} & \frac{\sin A}{1 - \cos A} + \frac{\sin B}{1 - \cos B} + \frac{\sin C}{1 - \cos C} \\
={} & \cot \frac{A}{2} + \cot \frac{B}{2} + \cot \frac{C}{2} \\
={} & \frac{s-a}{r} + \frac{s-b}{r} + \frac{s-c}{r} = \frac{s}{r},
\end{aligned}
$$

这就完成了证明.

69 设 $P(X)$ 为实系数多项式并且满足

$$|P(x)| \leq 2, \quad \text{对于所有 } x \in [-2, 2].$$

求 $P(X)$ 的首项系数的可能的最大值.

解 考虑如下定义的多项式族: $P_1(X) = X$, $P_2(X) = X^2 - 2$,

$$P_{n+1}(X) = XP_n(X) - P_{n-1}(X), \quad \text{对于所有 } n \geq 2.$$

我们容易由归纳法证明: $P_n(X)$ 的次数为 n, 其首项系数为 1 并且对于任何 $t \in \mathbf{R}$, $P_n(2\cos t) = 2\cos(nt)$. 因此, 我们生成了一族满足题目中的条件的多项式并且其首项系数为 1. 现在我们将证明 1 是 $P(X)$ 的首项系数的上界.

我们使用反证法, 设 $d = \deg(P(X))$ 并且假设 $P(X)$ 的首项系数是 $c > 1$. 定义 $Q(X) = \frac{1}{c}P(X)$. 那么对于所有 $x \in [-2, 2]$, $|Q(X)| < 2$. 现在考虑

$$-2 = x_0 < x_1 < \cdots < x_d = 2,$$

其中 $x_j = 2\cos\left(\frac{d-j}{d}\pi\right)$, $j = 0, 1, \cdots, d$. 那么对于前面定义的多项式 $P_n(X)$, 我们有

$$P_d(x_j) = P_d\left(2\cos\frac{d-j}{d}\pi\right) = 2\cos(d-j)\pi = 2(-1)^{d-j}.$$

现在重要的是注意到由于对于 $x \in [-2, 2]$, $|Q(x)| < 2$, 当 x 相继取值 $x_0, x_1, \cdots, x_d$ 时 $Q(X) - P_d(X)$ 的符号交替变换. 因此, $Q(X) - P_d(X)$ 有至少 d 个互异实根, 分别位于每个区间 $[x_0, x_1], [x_1, x_2], \cdots, [x_{d-1}, x_d]$ 内. 此外, 由于 $Q(X)$ 和 $P_d(X)$ 的首项系数都为 1 并且它们的次数都为 d, 多项式 $Q(X) - P_d(X)$ 的次数最多为 $d - 1$, 从而 $Q(X) = P_d(X)$. 但是这将会推出对于所有 $x \in [-2, 2]$, $|P_d(x)| < 2$, 显然出现了矛盾 (例如取 $x = 2\cos 0 = 2$). 这就完成了证明.

70 (MR S347) 证明: 凸四边形 $ABCD$ 是圆内接四边形当且仅当三角形 ABD 和 ACD 的内切圆的公切线中异于 AD 的那条平行于 BC.

解 记三角形 ABD 和 ACD 的内切圆圆心分别为 O_1 和 O_2, 异于 AD 的公切线为 l.

注意到 l 和 AD 是关于 O_1O_2 对称的, 因此 l 和 BC 平行当且仅当

$$\angle CBD - \angle ADB = 2(\angle O_2O_1D - \angle O_1DA),$$

即

$$\angle CBD = 2\angle O_2O_1D. \tag{1}$$

若四边形 $ABCD$ 是圆内接四边形, 则 $\angle ABD = \angle ACD$ 且 $\angle AO_1D = 90° + \frac{1}{2}\angle ABD = 90° + \frac{1}{2}\angle ACD = \angle AO_2D$, 这推出点 A, O_1, O_2, D 位于同一个圆上. 因此,

$$\angle CBD = \angle CAD = 2\angle O_2AD = 2\angle O_2O_1D,$$

即 $l \parallel BC$.

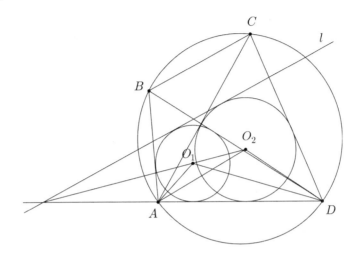

现在我们证明: 若 (1) 成立, 则四边形 $ABCD$ 是圆内接四边形. 令

$$\angle CAD = \alpha, \ \angle CAB = \alpha_1, \ \angle ABD = \beta, \ \angle DBC = \beta_1,$$

$$\angle ACB = \gamma, \ \angle ACD = \gamma_1, \ \angle CDB = \delta, \ \angle BDA = \delta_1.$$

由正弦定理,

$$1 = \frac{AB}{BC} \cdot \frac{BC}{CD} \cdot \frac{CD}{DA} \cdot \frac{DA}{AB} = \frac{\sin\gamma}{\sin\alpha_1} \cdot \frac{\sin\delta}{\sin\beta_1} \cdot \frac{\sin\alpha}{\sin\gamma_1} \cdot \frac{\sin\beta}{\sin\delta_1},$$

因此

$$\sin\alpha\sin\beta\sin\gamma\sin\delta = \sin\alpha_1\sin\beta_1\sin\gamma_1\sin\delta_1. \tag{2}$$

此外, 根据 (1) 和对于 A 的类似公式,

$$\angle O_2O_1D = \frac{\beta_1}{2}, \quad \angle AO_2O_1 = \frac{\gamma}{2}.$$

另一方面,

$$\angle O_2AD = \frac{\alpha}{2}, \ \angle O_2AO_1 = \frac{\alpha_1}{2}, \ \angle AO_1D = 90° + \frac{\beta}{2},$$

$$\angle AO_2D = 90° + \frac{\gamma_1}{2}, \ \angle O_1DA = \frac{\delta_1}{2}, \ \angle O_2DO_1 = \frac{\delta}{2}.$$

于是我们可以写出对于四边形 AO_1O_2D 的表达式 (2):

$$\sin\frac{\alpha}{2}\cos\frac{\beta}{2}\sin\frac{\gamma}{2}\sin\frac{\delta}{2} = \sin\frac{\alpha_1}{2}\sin\frac{\beta_1}{2}\cos\frac{\gamma_1}{2}\sin\frac{\delta_1}{2}. \tag{3}$$

我们用 (2) 除以 (3) 得到

$$\cos\frac{\alpha}{2}\sin\frac{\beta}{2}\cos\frac{\gamma}{2}\cos\frac{\delta}{2} = \cos\frac{\alpha_1}{2}\cos\frac{\beta_1}{2}\sin\frac{\gamma_1}{2}\cos\frac{\delta_1}{2}. \tag{4}$$

让我们用反证法来证明 $\beta = \gamma_1$. 假设 $\beta \neq \gamma_1$, 那么不失一般性, 我们可以假设 $\beta < \gamma_1$. 在这种情形, 点 C 将位于三角形 ABD 的外接圆的内部. 因此 $\alpha > \beta_1$ 且 $\gamma > \delta_1$, 我们由 (3) 得到

$$\cos\frac{\beta}{2}\sin\frac{\delta}{2} < \sin\frac{\alpha_1}{2}\cos\frac{\gamma_1}{2},$$

并且由 (4) 得到

$$\cos\frac{\alpha_1}{2}\sin\frac{\gamma_1}{2} < \cos\frac{\delta}{2}\sin\frac{\beta}{2}.$$

将这两个不等式相加, 我们就得到了 $\sin\frac{\delta-\beta}{2} < \sin\frac{\alpha_1-\gamma_1}{2}$, 由于 $\delta - \beta = \alpha_1 - \gamma_1$, 这是不可能的. 因此 $\beta = \gamma_1$, 这就完成了证明.

71 (MR O327) 设 a, b, c 是正实数, 满足

$$a^2 + b^2 + c^2 + abc = 4.$$

证明

$$a + b + c \leq \sqrt{2-a} + \sqrt{2-b} + \sqrt{2-c}.$$

解 注意到 $a, b, c \in (0, 2)$, 因此我们可以做代换 $a = 2\cos A$, $b = 2\cos B$, $c = 2\cos C$. 那么题目中的条件变为

$$\cos^2 A + \cos^2 B + \cos^2 C + 2\cos A\cos B\cos C = 1 \Rightarrow A + B + C = \pi.$$

从而对于三角形 ABC, 我们只需证明[4]

$$\sum_{cyc}\left(\sqrt{2-a} - a\right) \geq 0$$

$$\Leftrightarrow \sum_{cyc}\left(\sin\frac{A}{2} - \cos A\right) \geq 0$$

$$\Leftrightarrow \sum_{cyc}\sqrt{\frac{(a+b-c)(a+c-b)}{bc}} \geq \sum_{cyc}\frac{b^2+c^2-a^2}{bc}$$

$$\Leftrightarrow \sum_{cyc}a\sqrt{bc(a+b-c)(a+c-b)} \geq \sum_{cyc}(a^2b + a^2c - a^3).$$

---

[4] $\sum_{cyc}$ 表示轮换求和 (例如 $\sum_{cyc}(\sqrt{2-a}-a) = (\sqrt{2-a}-a) + (\sqrt{2-b}-b) + (\sqrt{2-c}-c)$), 这个记号在后文中将多次使用.——译者注

现在使用 Ravi 变换 $a = y + z$, $b = z + x$, $c = x + y$, 我们得到了等价的不等式

$$\sum_{cyc}(y + z)\sqrt{(x+y)(x+z)yz} \geq \sum_{cyc}(y + z)^2 x,$$

其中 x, y, z 是正实数. 由 Cauchy–Schwarz 不等式, 我们得到

$$(x + y)(x + z) \geq (x + \sqrt{yz})^2.$$

现在, 我们只需证明

$$\sum_{cyc}(y + z)\sqrt{yz}(x + \sqrt{yz}) \geq \sum_{cyc}(y + z)^2 x \Leftrightarrow \sum_{cyc} x(y + z)\sqrt{yz} \geq 6xyz,$$

而由算术平均–几何平均不等式, 上面最后一个不等式成立:

$$\sum_{cyc} x(y + z)\sqrt{yz} \geq \sum_{cyc} x \cdot 2\sqrt{yz} \cdot \sqrt{yz} = \sum_{cyc} 2xyz = 6xyz.$$

72 实数 x, y, z 满足

$$y = x^2 - 2, \quad z = y^2 - 2, \quad x = z^2 - 2.$$

求 $x + y + z$ 的所有可能的值.

解　我们首先证明 $|x| \leq 2$. 不等式 $x \geq -2$ 是显然的, 这是因为 $x = z^2 - 2 \geq -2$. 若 $x > 2$, 则

$$y = x^2 - 2 = (x - 2)(x + 1) + x > x > 2,$$

类似地我们将得到 $z > y$, 继而得到 $x > z$, 这就产生了矛盾. 因此 $|x| \leq 2$. 那么我们可以令 $x = 2\cos\alpha$, 其中 $\alpha \in [0, \pi)$. 于是我们得到 $y = 2\cos(2\alpha)$ 和 $z = 2\cos(4\alpha)$, 并且由 $x = z^2 - 2$, 我们得到 $x = 2\cos(8\alpha)$. 这推出

$$\cos\alpha = \cos(8\alpha),$$

因此 $\alpha \in \left\{0, \frac{2\pi}{7}, \frac{4\pi}{7}, \frac{6\pi}{7}, \frac{2\pi}{9}, \frac{4\pi}{9}, \frac{8\pi}{9}, \frac{2\pi}{3}\right\}$. 处理了所有可能的情形后, 我们得出

$$x + y + z \in \{-3, -1, 0, 6\}.$$

73 对于所有实数 x, 求满足以下条件的所有实系数多项式 $P(X)$:

$$P(\sin x + \cos x) = P(\sin x) + P(\cos x).$$

解 设 $P(X) = \sum_{k=0}^{d} a_k X^k$ $(a_d \neq 0)$ 是 d 次多项式并且令

$$g_n(X, Y) = (X + Y)^n - X^n - Y^n.$$

注意到 g_k 是 k 次齐次多项式, 那么我们看出, 多项式

$$Q(X, Y) = \sum_{k=0}^{d} a_k g_k(X, Y)$$

满足 $Q(\sin x, \cos x) = 0$. 受恒等式

$$\sin x = \frac{2\tan(x/2)}{1 + \tan^2(x/2)} \quad \text{和} \quad \cos x = \frac{1 - \tan^2(x/2)}{1 + \tan^2(x/2)}$$

的启发, 我们做代换 $X = \frac{2T}{1+T^2}$ 和 $Y = \frac{1-T^2}{1+T^2}$. 那么利用 g_k 的齐次性, 我们看出: 多项式

$$F(T) = (1 + T^2)^d Q\left(\frac{2T}{1+T^2}, \frac{1-T^2}{1+T^2}\right) = \sum_{k=0}^{d} a_k (1+T^2)^{d-k} g_k(2T, 1 - T^2)$$

对于 $T = \tan(x/2)$ 为 0, 从而对于所有实数值 T 都为 0. 于是 F 是零多项式. 特别地, 将 $T = \mathrm{i}$ 代入, 我们得到 $g_d(2\mathrm{i}, 2) = 2^d g_d(\mathrm{i}, 1) = 0$. 然而我们还可以直接计算出 $g_d(\mathrm{i}, 1) = (1 + \mathrm{i})^d - \mathrm{i}^d - 1$, 从而推出 $(1 + \mathrm{i})^d = 1 + \mathrm{i}^d$. 我们将其乘以复共轭, 得到

$$2^d = 2 + 2\mathrm{Re}(\mathrm{i}^d) = 2 + 2\cos(d\pi/2).$$

由于上式的右边最大是 4, 我们得到 $d \leq 2$, 验证各情形后, 我们发现只有 $d = 1$ 可以. 由于 $g_0(X, Y) = -1$ 且 $g_1(X, Y) = 0$, 我们一定有 $a_0 = 0$, 因此仅有的可能为 $P(X) = aX$, 它确实满足题目条件.

74 对于所有实数 x, 求满足以下条件的所有实系数多项式 $P(X)$:

$$P(\sin x) = \sin(P(x)).$$

解 由于 $\sin(-x) = -\sin x$, 若多项式 $P(X)$ 满足题目条件, 则多项式 $-P(X)$ 也满足. 那么不失一般性, 我们可以假设 $P(X)$ 的首项系数为正.

首先假设 $\deg P(X) = n \geq 2$ 并且令 a_n 是其首项系数. 定义

$$Q(X) = P\left(X + \frac{\pi}{2}\right) - P(X).$$

则 $\deg Q(X) = n - 1 \geq 1$ 并且 $Q(X)$ 的首项系数为 $\frac{\pi}{2} n a_n > 0$. 现在我们将用到一个重要结论: 若一个实系数多项式的次数至少是 1 并且其首项系数为正, 则它可以取得任意大的值. 特别地, 对于任何 $m \geq 0$, 对于所有足够大的 $t \in \mathbf{R}$, 我们有

$$Q(t) \geq 2\pi(m + 1).$$

取 $m = n = \deg(P(X))$ 以及 $t = 2\pi k$, 其中 k 为足够大的正整数, 这给出

$$Q(2\pi k) \geq 2\pi(n+1),$$

或等价地,

$$P\left(2\pi k + \frac{\pi}{2}\right) - P(2\pi k) \geq 2\pi(n+1).$$

那么一定存在互异实数 $x_0, \cdots, x_{n+1} \in [2\pi k, 2\pi k + \frac{\pi}{2}]$ 使得

$$x_0 = 2k\pi, \quad P(x_j) = P(x_0) + 2j\pi, \quad j = 1, \cdots, n+1.$$

我们得出: 对于所有 $j = 1, \cdots, n+1$,

$$P(\sin x_j) = \sin(P(x_j)) = \sin(P(x_0) + 2j\pi)$$
$$= \sin(P(x_0)) = P(\sin x_0) =: r.$$

此外, 注意到由 $x_0, \cdots, x_{n+1}$ 的选择可以推出 $\sin x_0, \cdots, \sin x_{n+1}$ 都是互异的. 另一方面, 我们得出方程 $P(x) = r$ 有至少 $n+1$ 个互异的根, 这与 $\deg(P(X)) = n$ 矛盾. 因此 $P(X) = a_0 + a_1 X$, 其中 a_0 和 a_1 为实数. 我们在假设的关系式中令 $x = 0$ 得到 $a_0 = 0$. 因此

$$\sin(a_1 x) = a_1 \sin x.$$

令 $x = 2l\pi + \frac{\pi}{2}$, 其中 l 为整数. 于是 $a_1 = \sin a_1(2l\pi + \frac{\pi}{2})$, 这推出 $|a_1| \leq 1$. 若 $a_1 \neq 0, \pm 1$, 则令 $x = \frac{2l\pi + \pi/2}{a_1}$, 这给出 $1 = a_1 \sin \frac{2l\pi + \pi/2}{a_1}$, 而这是不可能的. 因此 $a_1 \in \{0, \pm 1\}$. 我们可以通过简单的验证得出: 多项式 $X, -X$ 和 0 都满足题目条件. 这就得出了答案.

75 (Tuymaada) 对于所有实数 x, 求满足以下条件的所有实系数多项式 $P(X)$:

$$P(\sin x) + P(\cos x) = 1.$$

解　我们知道 $\sin(-x) = -\sin x, \cos(-x) = \cos x$. 因此 $P(\sin x) = P(-\sin x)$, 从而对于任何 $t \in [-1, 1]$, $P(t) = P(-t)$. 然而由于 P 是多项式并且 $P(t) - P(-t) = 0$ 对于无限多个值成立, 那么 $P(t) - P(-t)$ 一定是零多项式, 则 $P(t) = P(-t)$ 对于所有 $t \in \mathbf{R}$ 成立. 因此我们可以写

$$P(X) = Q(X^2),$$

其中 Q 为实系数多项式. 从而对于任何 x, $Q(\sin^2 x) + Q(\cos^2 x) = 1$, 那么我们像前面那样得到

$$Q(t) + Q(1-t) = 1, \quad 对于所有 t \in \mathbf{R}.$$

我们现在做代换

$$R(X) := Q\left(X + \frac{1}{2}\right) - \frac{1}{2},$$

得到

$$R(t) + R(-t) = 0, \quad \text{对于所有 } t \in \mathbf{R},$$

相应地这推出 0 是 R 的一个根. 由于 $R(t) = -R(-t)$, 我们有 $R(X) = XS(X^2)$, 其中 $S(X)$ 为实系数多项式. 将所有这些合在一起, 我们得出

$$P(X) = \frac{1}{2} + \left(X^2 - \frac{1}{2}\right) S\left(\left(X^2 - \frac{1}{2}\right)^2\right),$$

其中 $S(X)$ 为实系数多项式. 反过来, 每个这种形式的多项式都满足题目条件.

76 求使得方程

$$\sin(\sin x) = \cos(a \cos x)$$

有至少一个实根的所有实数 a.

解 由恒等式 $\sin(\frac{\pi}{2} \pm \theta) = \cos\theta$, 我们得出

$$\sin x \pm a \cos x = \frac{\pi}{2} + 2k\pi,$$

其中 k 为某个整数.

解题的关键是注意到上式的左边满足 $\sin x \pm a \cos x \in [-\sqrt{1 + a^2}, \sqrt{1 + a^2}]$: 事实上, 由 Cauchy–Schwarz 不等式, 我们有

$$|\sin x \pm a \cos x| \le \sqrt{1 + a^2}\sqrt{\sin^2 x + \cos^2 x}.$$

取等号的情形可以达到, 它可以容易地从 Cauchy–Schwarz 不等式的取等号的情形得出.

此外, 对于任何 $t \in [-\sqrt{1 + a^2}, \sqrt{1 + a^2}]$, 方程 $\sin x \pm a \cos x = t$ 有解. 事实上, 这给出了二次方程

$$(1 + a^2)\sin^2 x - 2t \sin x + t^2 - a^2 = 0,$$

它的根为

$$\frac{t - \sqrt{t^2 + (a^2 - t^2)(1 + a^2)}}{(1 + a^2)} \in [-1, 0]$$

和

$$\frac{t + \sqrt{t^2 + (a^2 - t^2)(1 + a^2)}}{(1 + a^2)} \in [0, 1],$$

它们对于 $\sin x$ 都是有效解.

因此, 我们只需求出满足 $\sqrt{1 + a^2} \ge \frac{\pi}{2}$ 的那些 a 的值. 这推出 $|a| \ge \sqrt{\frac{\pi^2}{4} - 1}$.

77 (圣彼得堡 2015) 设 x 和 y 是实数, 满足

$$20x^3 - 15x = 3 \quad 和 \quad x^2 + y^2 = 1.$$

求 $|20y^3 - 15y|$ 的值.

解　回忆起恒等式

$$\sin(3\alpha) = 3\sin\alpha - 4\sin^3\alpha$$

和

$$\cos(3\alpha) = 4\cos^3\alpha - 3\cos\alpha,$$

再加上题目条件中的关系式 $x^2 + y^2 = 1$, 这些提示我们做代换 $x = \sin\alpha$ 和 $y = \cos\alpha$. 那么

$$20x^3 - 15x = -5(3\sin\alpha - 4\sin^3\alpha)$$
$$= -5\sin(3\alpha),$$

因此 $\sin(3\alpha) = -\frac{3}{5}$. 于是

$$|20y^3 - 15y| = |20\cos^3\alpha - 15\cos\alpha|$$
$$= 5|\cos(3\alpha)| = 4.$$

78 (BLR 2003) 设 $a, b, c, d \in (0, \pi)$ 满足

$$\frac{\sin a}{\sin b} = \frac{\sin c}{\sin d} = \frac{\sin(a-c)}{\sin(b-d)}.$$

证明: $a = b$ 且 $c = d$.

解　首先注意到我们由题目条件推出 $a \neq c$. 不失一般性, 我们可以假设 $a > c$, 对于另一种情形我们可以同样地处理. 那么我们一定有 $b > d$. 联合恒等式 $\sin\theta = \sin(\pi - \theta)$ 和题目条件中的等式, 我们有

$$\frac{\sin(\pi - a)}{\sin(\pi - b)} = \frac{\sin c}{\sin d} = \frac{\sin(a-c)}{\sin(b-d)}.$$

现在考虑三角形 ABC, 其中 $\angle A = \pi - a$, $\angle B = c$, $\angle C = a - c$, 以及三角形 DEF, 其中 $\angle D = \pi - b$, $\angle E = d$, $\angle F = b - d$. 那么上面的关系式变为

$$\frac{\sin A}{\sin D} = \frac{\sin B}{\sin E} = \frac{\sin C}{\sin F}.$$

由三角形 ABC 和 DEF 中的正弦定理, 我们有

$$\frac{|BC|}{\sin A} = \frac{|AC|}{\sin B} = \frac{|AB|}{\sin C}$$

和

$$\frac{|EF|}{\sin D} = \frac{|DF|}{\sin E} = \frac{|DE|}{\sin F}.$$

因此

$$\frac{|BC|}{|EF|} = \frac{|AC|}{|DF|} = \frac{|AB|}{|DE|},$$

从而三角形 ABC 和 DEF 相似. 于是 $\angle A = \angle D$ 且 $\angle B = \angle E$, 这推出 $a = b$ 且 $c = d$.

79 (圣彼得堡 2006) 设 $\alpha, \beta, \gamma \in (0, \pi)$ 满足 $\alpha + \beta + \gamma = \pi$. 设 x, y, z 为三个正实数, 满足性质

$$x^2 + y^2 + z^2 = 2xy \cos \gamma + 2yz \cos \alpha + 2xz \cos \beta.$$

证明: x, y, z 是以 α, β, γ 为三个角的三角形的三边边长.

解 我们可以将题目条件中的恒等式重写为

$$(y \sin \gamma - z \sin \beta)^2 + (y \cos \gamma + z \cos \beta - x)^2 = 0.$$

因此

$$y \sin \gamma = z \sin \beta,$$

用同样的方法, 我们得到

$$x \sin \beta = y \sin \alpha,$$

这就完成了证明.

80 设 $n \geq 3$ 是整数. 考虑凸 n 边形 $A_1 \cdots A_n$, 点 P 位于其内部, 满足: 对于所有 $i \in [1, n-1]$, $\angle A_i P A_{i+1} = \frac{2\pi}{n}$. 证明: P 是使得到 n 边形的各顶点的距离之和最小的点.

解 考虑中心位于点 P 的坐标系, 其水平正半轴沿射线 PA_n 的方向. 记 r_i 为距离 PA_i 的长度并且令 $\alpha = \frac{2\pi}{n}$, 则我们有

$$A_i \equiv (r_i \cos(i\alpha), r_i \sin(i\alpha)), \quad i = 1, 2, \cdots, n.$$

现在令 Q 为平面上的任一点, 记为

$$Q \equiv (r \cos \beta, r \sin \beta).$$

显然,

$$QA_i = \sqrt{r^2 + r_i^2 - 2rr_i\cos(\beta - i\alpha)}$$
$$= \sqrt{(r_i - r\cos(\beta - i\alpha))^2 + r^2\sin^2(\beta - i\alpha)}$$
$$\geq r_i - r\cos(\beta - i\alpha),$$

等号成立当且仅当或者 $r = 0$, 或者 $\beta - i\alpha$ 是 π 的整数倍. 将所有这样的不等式相加, 再减去 P 到所有顶点的距离之和, 我们得到

$$\sum_{i=1}^{n} QA_i - \sum_{i=1}^{n} PA_i \geq -r\sum_{i=1}^{n}\cos(\beta - i\alpha) = 0,$$

这里我们用到了一个熟知的结论: 最后的求和式等于零. (取边长为单位 1 的正 n 边形, 将其旋转使得其中一条边与 x 轴的夹角为 β. 那么这 n 条边与 x 轴的夹角为 $\beta - i\alpha$, $i = 1, 2, \cdots, n$. 因此这些边到 x 轴的投影是长度为 $\cos(\beta - i\alpha)$ 的有向线段. 从而求和式等于零就是说: 当你沿着正 n 边形转一圈又回到那条边时, 所有边到 x 轴的投影的向量和为 $\mathbf{0}$.) 注意到由于对于 $i = 1, 2, \cdots, n$, $\beta - i\alpha$ 不可能同时是 π 的整数倍 (那样的话多边形最多只有两个顶点, 这是荒谬的), 我们得出等号成立当且仅当 $r = 0$, 即当且仅当 $Q = P$.

81 (MR S352) 设 ABC 为三角形, 用 ω 表示它的 Brocard 角, 即满足

$$\cot\omega = \cot A + \cot B + \cot C$$

的角. 此外, 设 φ 满足恒等式

$$\tan\varphi = \tan A + \tan B + \tan C.$$

证明

$$\frac{\cos 2A + \cos 2B + \cos 2C}{\sin 2A + \sin 2B + \sin 2C} = -\frac{1}{4}(\cot\omega + 3\cot\varphi).$$

解　我们知道: 对于任何三角形 ABC,

$$\cos 2A + \cos 2B + \cos 2C = -1 - 4\cos A\cos B\cos C,$$
$$\sin 2A + \sin 2B + \sin 2C = 4\sin A\sin B\sin C.$$

那么

$$\frac{\cos 2A + \cos 2B + \cos 2C}{\sin 2A + \sin 2B + \sin 2C} = -\frac{1}{4}\csc A\csc B\csc C - \cot A\cot B\cot C.$$

我们还知道

$$\cot\omega = \cot A + \cot B + \cot C;$$

此外

$$\cot\varphi = \cot A \cot B \cot C,$$

这是因为 $\tan A + \tan B + \tan C = \tan A \tan B \tan C = \tan\varphi$. 那么

$$-\frac{1}{4}(\cot\omega + 3\cot\varphi) = -\frac{1}{4}(\cot A + \cot B + \cot C + 3\cot A \cot B \cot C).$$

于是现在我们只需证明

$$\csc A \csc B \csc C = \cot A + \cot B + \cot C - \cot A \cot B \cot C.$$

然而, $\cot A + \cot B = \frac{\cot A \cot B - 1}{\cot(A+B)}$, 则我们有

$$\cot A + \cot B + \cot C(1 - \cot A \cot B) = (\cot A + \cot B)(1 + \cot^2 C)$$
$$= \frac{\sin(A+B)}{\sin A \sin B} \cdot \frac{1}{\sin^2 C}$$
$$= \csc A \csc B \csc C.$$

这就完成了证明.

82 (数学杂志 M1798) 设 x, y, z 为正实数, 满足 $x + y + z = xyz$. 求表达式

$$\sqrt{1 + x^2} + \sqrt{1 + y^2} + \sqrt{1 + z^2}$$

的最小值以及表达式取得最小值时的所有三元组 (x, y, z).

解 由 x, y, z 是正实数并且满足

$$x + y + z = xyz,$$

我们可以推出: 存在实数 $\alpha, \beta, \gamma \in (0, \frac{\pi}{2})$ 使得 $\alpha + \beta + \gamma = \pi$ 并且

$$x = \tan\alpha, \quad y = \tan\beta, \quad z = \tan\gamma.$$

那么

$$\sqrt{1 + x^2} + \sqrt{1 + y^2} + \sqrt{1 + z^2} = \frac{1}{\cos\alpha} + \frac{1}{\cos\beta} + \frac{1}{\cos\gamma}.$$

由于函数 $f : (0, \frac{\pi}{2}) \to \mathbf{R}, f(\theta) = \frac{1}{\cos\theta}$ 是凸函数, 由 Jensen 不等式, 我们有

$$\frac{1}{\cos\alpha} + \frac{1}{\cos\beta} + \frac{1}{\cos\gamma} \geq \frac{3}{\cos\dfrac{\alpha + \beta + \gamma}{3}} = 6.$$

等号成立当且仅当 $\alpha = \beta = \gamma = \frac{\pi}{3}$, 这推出

$$x = y = z = \sqrt{3}.$$

83 (Tuymaada 2003) 设 n 为正整数并且设 $x_1, \cdots, x_n \in (0, \frac{\pi}{2})$ 为实数. 证明

$$\left(\sum_{j=1}^{n} \frac{1}{\sin x_j} \right) \cdot \left(\sum_{j=1}^{n} \frac{1}{\cos x_j} \right) \le 2 \left(\sum_{j=1}^{n} \frac{1}{\sin(2x_j)} \right)^2.$$

解　令

$$S = \sum_{j=1}^{n} \frac{1}{\sin x_j}, \quad C = \sum_{j=1}^{n} \frac{1}{\cos x_j}.$$

利用 $\sin x_j + \cos x_j \le \sqrt{2}$, 我们得到

$$S + C = \sum_{j=1}^{n} \left(\frac{1}{\sin x_j} + \frac{1}{\cos x_j} \right) \le \sum_{j=1}^{n} \frac{\sqrt{2}}{\sin x_j \cos x_j} = 2\sqrt{2} \sum_{j=1}^{n} \frac{1}{\sin(2x_j)}.$$

因此, 由算术平均–几何平均不等式 $\left(\frac{S+C}{2} \right)^2 \ge SC$, 我们就得到了要证明的不等式.

84 (MR O201) 设 ABC 为三角形, 其外接圆圆心为 O, 并且设过点 B 的 BA 的垂线和过点 C 的 CA 的垂线分别交 CA 和 AB 所在的直线于 E, F. 证明: 过点 F 的 OB 的垂线和过点 E 的 OC 的垂线交于高线 AD 所在的直线上的一点 L 并且满足

$$DL = LA \sin^2 A.$$

解　我们首先证明以下的初步结果:

断言　设 ABC 为三角形, 其外接圆圆心为 O, 分别作过点 B, C 的直线使其交于点 X 并且满足 $\angle ABX = \pi - \angle B$, $\angle ACX = \pi - \angle C$. 则 A, O, X 共线, 并且

$$AX = \frac{b \sin C}{\cos A} = \frac{c \sin B}{\cos A}.$$

(若 A 是钝角, 上面的长度就要被理解为有向长度.)

证明　下面的证明对于锐角三角形有效. 当然, 使用有向角和有向长度, 我们可以容易地将证明扩展到任何三角形. 显然, $\angle CBX = \pi - 2\angle B$, $\angle BCX = \pi - 2\angle C$, 因此 $\angle BXC = \pi - 2\angle A$. 对三角形 BCX 和 ABC 使用正弦定理, 我们有 $BX = \frac{c \cos C}{\cos A}$, 再由余弦定理以及 $\angle ABX = \pi - \angle B$, 我们经过一些代数计算得到

$$AX^2 = AB^2 + BX^2 - 2AB \cdot BX \cos \angle ABX = \left(\frac{c \sin B}{\cos A} \right)^2.$$

再次使用正弦定理, 我们有

$$\sin\angle BAX = \frac{BX\sin(\pi - B)}{AX} = \cos C = \sin\left(\frac{\pi}{2} - C\right).$$

交换 $\angle B$ 和 $\angle C$, 我们可以类似地得到对称的结果. 由于 $\angle BAO = \frac{\pi}{2} - \angle C$ 且 $\angle CAO = \frac{\pi}{2} - \angle B$, 断言得证.

现在回到原始的问题. 首先注意到由于 $BE \perp AF$ 且 $CF \perp AE$, 则 EB 和 FC 分别为在三角形 AEF 中从 E 和 F 出发的高线. 这还推出 B, C 位于直径为 EF 的圆上, 因此三角形 ABC 和 AFE 相似. 由于 $AB = AE\cos A$, 那么三角形 AEF 是以下变换的结果: 对三角形 ABC 作关于 $\angle A$ 的平分线的镜射, 然后对其作以 A 为中心、$\frac{1}{\cos A}$ 为比例的放大. 注意到, 由于从一个顶点出发的高线与过该顶点和外接圆圆心的直线关于该顶点对应的角的角平分线对称, 于是在三角形 ABC 中从 A 出发的高线所在的直线也就是过 A 和三角形 AEF 的外接圆圆心的直线. 此外, F 到 OB 的垂线显然与 AF 形成了一个等于 $\frac{\pi}{2} + \angle ABO = \pi - \angle C$ 的角. 由断言, 点 L 显然位于过 A 和三角形 AEF 的外接圆圆心的直线上, 因此位于在三角形 ABC 中从 A 出发的高线上, 并且由三角形 ABC 和 AEF 的相似关系,

$$AL = \frac{1}{\cos A} \cdot \frac{b\sin C}{\cos A} = \frac{AD}{\cos^2 A}.$$

这推出 $DL = AL - AD = AL\sin^2 A$, 题目得证.

85 设 $n \geq 2$ 是正整数. 证明

$$\prod_{k=1}^{n} \tan\left[\frac{\pi}{3}\left(1 + \frac{3^k}{3^n - 1}\right)\right] = \prod_{k=1}^{n} \cot\left[\frac{\pi}{3}\left(1 - \frac{3^k}{3^n - 1}\right)\right].$$

解 令

$$u_k = \tan\left[\frac{\pi}{3}\left(1 + \frac{3^k}{3^n - 1}\right)\right],$$

$$v_k = \tan\left[\frac{\pi}{3}\left(1 - \frac{3^k}{3^n - 1}\right)\right].$$

我们需要证明

$$\prod_{k=1}^{n}(u_k \cdot v_k) = 1.$$

再令

$$t_k = \tan\frac{3^{k-1}\pi}{3^n - 1}.$$

由三角函数的加法公式和减法公式, 我们得到

$$u_k = \tan\left(\frac{\pi}{3} + \frac{3^{k-1}\pi}{3^n - 1}\right) = \frac{\sqrt{3} + t_k}{1 - \sqrt{3} \cdot t_k}$$

和类似的

$$v_k = \frac{\sqrt{3} - t_k}{1 + \sqrt{3} \cdot t_k}.$$

此外, 由三倍角公式, 我们有

$$t_{k+1} = \frac{3t_k - t_k^3}{1 - 3t_k^2}.$$

这推出

$$\frac{t_{k+1}}{t_k} = \frac{3 - t_k^2}{1 - 3t_k^2} = \frac{\sqrt{3} + t_k}{1 - \sqrt{3} \cdot t_k} \cdot \frac{\sqrt{3} - t_k}{1 + \sqrt{3} \cdot t_k} = u_k \cdot v_k.$$

因此

$$\begin{aligned}
\prod_{k=1}^{n} (u_k \cdot v_k) &= \prod_{k=1}^{n} \frac{t_{k+1}}{t_k} \\
&= \frac{\tan\left(\pi + \dfrac{\pi}{3^n - 1}\right)}{\tan \dfrac{\pi}{3^n - 1}} \\
&= 1.
\end{aligned}$$

86　(MR O256) 设 $A_1 \cdots A_n$ 是正多边形, M 是其内部的一点. 证明

$$\sin \angle A_1 M A_2 + \sin \angle A_2 M A_3 + \cdots + \sin \angle A_n M A_1 > \sin \frac{2\pi}{n} + (n - 2) \sin \frac{\pi}{n}.$$

解　首先我们有

$$\angle A_i M A_{i+1} = \alpha_i > \frac{\overparen{A_i A_{i+1}}}{2} = \frac{\pi}{n}, \ i = 1, 2, \cdots, n,$$

其中 $A_{n+1} \equiv A_1$ 且 $\alpha_1 + \alpha_2 + \cdots + \alpha_n = 2\pi$.

我们将证明: 若 $\frac{\pi}{n} < \alpha_i < \pi, \ i = 1, 2, \cdots, n$ 且

$$\alpha_1 + \alpha_2 + \cdots + \alpha_n = 2\pi,$$

则

$$\sin \alpha_1 + \sin \alpha_2 + \cdots + \sin \alpha_n > \sin \frac{2\pi}{n} + (n - 2) \sin \frac{\pi}{n}.$$

注意到若 $\alpha > \frac{\pi}{n}, \beta > \frac{\pi}{n}$ 且 $\alpha + \beta < 2\pi$, 则由和化积公式,

$$\sin \alpha + \sin \beta > \sin \frac{\pi}{n} + \sin\left(\alpha + \beta - \frac{\pi}{n}\right).$$

令 $\alpha_n = \max\{\alpha_1, \alpha_2, \cdots, \alpha_n\}$. 我们有

$$\begin{aligned}
&\sin \alpha_1 + \sin \alpha_2 + \cdots + \sin \alpha_{n-1} \\
&> (n - 2) \sin \frac{\pi}{n} + \sin\left(\alpha_1 + \alpha_2 + \cdots + \alpha_{n-1} - (n - 2)\frac{\pi}{n}\right).
\end{aligned}$$

再用类似的方法, 我们得到

$$\sin\left(\alpha_1 + \alpha_2 + \cdots + \alpha_{n-1} - (n-2)\frac{\pi}{n}\right) + \sin\alpha_n > \sin\frac{2\pi}{n} + \sin\pi = \sin\frac{2\pi}{n},$$

这就完成了证明.

87 (Tuymaada 1994) 求使得

$$\sin\frac{1}{n+1956} < \frac{1}{2016}$$

成立的最小正整数 n.

解　解题的关键是注意到: 对于所有 $0 < x < 1$, 我们有

$$x\cos x < \sin x < x.$$

使用公式

$$\cos x = 1 - 2\sin^2\frac{x}{2},$$

我们进一步得到 (利用 $\sin\frac{x}{2} < \frac{x}{2}$)

$$x - \frac{x^3}{2} < \sin x < x.$$

现在注意到对于 $n = 59$, 我们有

$$\sin\frac{1}{n+1956} = \sin\frac{1}{2015} > \frac{1}{2015} - \frac{1}{2}\frac{1}{2015^3}.$$

此外, 由于

$$\frac{1}{2015} - \frac{1}{2016} = \frac{1}{2015 \cdot 2016} > \frac{1}{2}\frac{1}{2015^3},$$

我们有

$$\frac{1}{2015} - \frac{1}{2}\frac{1}{2015^3} > \frac{1}{2016}.$$

而对于 $n = 60$, 我们有

$$\sin\frac{1}{n+1956} < \sin\frac{1}{2016} < \frac{1}{2016}.$$

那么题目的答案即为 $n = 60$.

88 (MR O174) 考虑面积为 S 的凸四边形 $ABCD$ 内部的一点 O. 设 K, L, M, N 分别是边 AB, BC, CD, DA 上的点. 若 $OKBL$ 和 $OMDN$ 分别是面积为 S_1 和 S_2 的平行四边形, 证明:

(a) $\sqrt{S_1} + \sqrt{S_2} < 1.25\sqrt{S}.$

(b) $\sqrt{S_1} + \sqrt{S_2} \le C_0\sqrt{S},$ 其中

$$C_0 = \max_{0 \le \alpha \le \frac{\pi}{4}} \frac{\sin\left(2\alpha + \dfrac{\pi}{4}\right)}{\cos\alpha}.$$

解　不失一般性, 我们可以假设点 O 和 D 不在直线 AC 的不同侧. 令 $S_{ABC} = a$, $S_{ACD} = b$, $S_{OAC} = x$. 我们有 $S_{OKB} = S_{OBL} = S_{KLB} = \frac{S_1}{2}$ 和

$$\frac{S_{OKB}}{S_{OAB}} \cdot \frac{S_{OBL}}{S_{OBC}} = \frac{KB}{AB} \cdot \frac{BL}{BC} = \frac{S_{KBL}}{S_{ABC}},$$

由此得到

$$S_1 = \frac{2S_{OAB} \cdot S_{OBC}}{a}.$$

类似地, 我们得到

$$S_2 = \frac{2S_{OAD} \cdot S_{OCD}}{b}.$$

因此

$$\sqrt{S_1} + \sqrt{S_2} \le \frac{S_{OAB} + S_{OBC}}{\sqrt{2a}} + \frac{S_{OAD} + S_{OCD}}{\sqrt{2b}}$$
$$= \frac{a+x}{\sqrt{2a}} + \frac{b-x}{\sqrt{2b}} = \frac{\sqrt{a} + \sqrt{b}}{\sqrt{2}} - \frac{\sqrt{a} - \sqrt{b}}{\sqrt{2ab}}x.$$

若 $a \ge b$, 则 $\sqrt{S_1} + \sqrt{S_2} \le \frac{\sqrt{a}+\sqrt{b}}{\sqrt{2}} \le \sqrt{a+b} = \sqrt{S}$. 若 $a < b$, 则点 O 不会在平行四边形 $ABCE$ 的外面, 因此 $x \le a$, 那么

$$\sqrt{S_1} + \sqrt{S_2} \le \frac{\sqrt{a} + \sqrt{b}}{\sqrt{2}} - \frac{\sqrt{a} - \sqrt{b}}{\sqrt{2ab}}a = \frac{b + 2\sqrt{ab} - a}{\sqrt{2b}}.$$

令 $\frac{a}{b} = \tan^2\alpha$, 其中 $\alpha \in \left[0, \frac{\pi}{4}\right]$. 于是

$$\frac{\dfrac{b + 2\sqrt{ab} - a}{\sqrt{2b}}}{\sqrt{a+b}} = \frac{\sin\left(2\alpha + \dfrac{\pi}{4}\right)}{\cos\alpha} \le C_0.$$

从而

$$\sqrt{S_1} + \sqrt{S_2} \le \frac{b + 2\sqrt{ab} - a}{\sqrt{2b}} \le C_0\sqrt{S}.$$

当 $\alpha = \frac{\pi}{4}$ 时, $\frac{\sin(2\alpha + \pi/4)}{\cos\alpha} = 1$, 因此 $C_0 \ge 1$, 那么在所有的情形, 我们都有

$$\sqrt{S_1} + \sqrt{S_2} \le C_0\sqrt{S}.$$

若四边形满足以下条件:

$$AB = BC, \ AD = CD, \ S_{ABC} = S_{BCD} \tan^2 \alpha_0,$$

$C_0 = \frac{\sin(2\alpha_0 + \pi/4)}{\cos \alpha_0}$, 并且 $ABCO$ 是平行四边形, 则

$$\sqrt{S_1} + \sqrt{S_2} = C_0 \sqrt{S}.$$

这就证明了 (b).

现在来证明 (a) 中的不等式, 我们只需证明: 当 $0 \le \alpha \le \frac{\pi}{4}$ 时, $\sin\left(2\alpha + \frac{\pi}{4}\right) <$ $1.25 \cos \alpha$. 令 $\phi \in \left[0, \frac{\pi}{4}\right]$ 并且 $\cos \phi = \frac{4}{5}$. 若 $0 \le \alpha < \phi$, 则 $\sin(2\alpha + \frac{\pi}{4}) \le 1 = \frac{5}{4} \cos \phi < \frac{5}{4} \cos \alpha$. 若 $\phi \le \alpha \le \frac{\pi}{4}$, 由 $\tan \phi = \frac{3}{4} > \sqrt{2} - 1 = \tan \frac{\pi}{8}$, 我们得到 $\phi > \frac{\pi}{8}$, 则

$$\sin\left(2\alpha + \frac{\pi}{4}\right) \le \sin\left(2\phi + \frac{\pi}{4}\right) = \frac{\sqrt{2}}{2} \cdot \frac{31}{25} < \frac{\sqrt{2}}{2} \cdot \frac{5}{4} \le 1.25 \cos \alpha.$$

注 使用导数, 我们可以证明

$$\tan \alpha_0 = \sqrt[3]{\sqrt{2} + 1} - \sqrt[3]{\sqrt{2} - 1} = 0.59 \cdots, \quad 此时 \ C_0 = 1.11 \cdots.$$

89 (MR O183) 计算

$$\sum_{k=1}^{2010} \tan^4 \frac{k\pi}{2011}.$$

解 1 我们将证明: 若 n 是正奇数, 则

$$S_n := \sum_{k=1}^{n-1} \tan^4 \frac{k\pi}{n} = 2\binom{n}{2}^2 - 4\binom{n}{4},$$

那么对于 $n = 2011$, 它的值为 5451632830730. 容易验证

$$\prod_{k=0}^{n-1}(x - t_k) = \mathrm{Re}((x + \mathrm{i})^n) = \sum_{k=0}^{(n-1)/2} \binom{n}{2k} x^{n-2k} (-1)^k,$$

其中 $t_k = \tan \frac{k\pi}{n}$, 因为等式两边都是次数为 n 的首一多项式并且在 $x = t_k$ 处等于零. 因此, 令

$$\prod_{k=0}^{n-1}(x^4 - t_k^4) = -\prod_{k=0}^{n-1}(x - t_k)(-x - t_k)(\mathrm{i}x - t_k)(-\mathrm{i}x - t_k)$$

$$= \left(\sum_{k=0}^{(n-1)/2} \binom{n}{2k} x^{n-2k} (-1)^k \right)^2 \left(\sum_{k=0}^{(n-1)/2} \binom{n}{2k} x^{n-2k} \right)^2$$

$$= x^{4n} - \left(2\binom{n}{2}^2 - 4\binom{n}{4} \right) x^{4n-4} + R(x),$$

其中 $R(x)$ 是所有较低次项的和. 另一方面

$$\prod_{k=0}^{n-1}(x^4 - t_k^4) = x^{4n} - S_n x^{4n-4} + R(x),$$

这就完成了证明.

解 2　由 de Moivre 公式, 2011α 是 π 的整数倍当且仅当 $e^{2011i\alpha} = (\cos\alpha + i\sin\alpha)^{2011}$ 是纯实数, 这可以被转写为等式

$$0 = \sin\alpha \sum_{k=0}^{1005} \binom{2011}{2k+1}(-1)^k x^{1005-k}(1-x)^k = \sin\alpha P(x) = \sin\alpha \sum_{j=0}^{1005} c_j x^j,$$

这里我们定义 $x = \cos^2\alpha$. 此外注意到, 若 α 本身不是 π 的整数倍, 则 $\sin\alpha \neq 0$, 因此 $P(x) = 0$ 的 1005 个实根是 $\cos^2\alpha$ 的 1005 个不同的值, 满足 α 是 $\frac{\pi}{2011}$ 的整数倍, 即 $\cos^2\alpha$ 取 $\alpha = \frac{k\pi}{2011}$, $k = 1, 2, \cdots, 1005$ 为这 1005 个不同的值和 $\cos^2\alpha$ 取 $\alpha = \frac{k\pi}{2011}$, $k = 2010, 2009, \cdots, 1006$ 为这 1005 个不同的值是一样的, 这是因为显然 $\cos\frac{k\pi}{2011} = -\cos\frac{(2011-k)\pi}{2011}$. 记 $\cos^2\alpha$ 的这 1005 个不同的值为 $x_1, x_2, \cdots, x_{1005}$, 并且注意到, 由于 $(1-x)^k$ 的零次项、一次项和二次项系数分别为 $1, -k, \binom{k}{2}$, 我们有

$$c_0 = \binom{2011}{2011}(-1)^{1005} = -1,$$
$$c_1 = \binom{2011}{2011}(-1)^{1005}(-1005) + \binom{2011}{2009}(-1)^{1004} = \frac{2011^2 - 1}{2},$$
$$c_2 = -\binom{2011}{2011}\binom{1005}{2} + \binom{2011}{2009}(-1004) - \binom{2011}{2007}$$
$$= -\frac{2011^4 - 10\cdot2011^2 + 9}{24}.$$

下面注意到

$$\tan^4\alpha = \frac{(1-\cos^2\alpha)^2}{\cos^4\alpha} = 1 - \frac{2}{\cos^2\alpha} + \frac{1}{\cos^4\alpha},$$

因此

$$\sum_{k=1}^{2010}\tan^4\frac{k\pi}{2011} = 2010 - 4\sum_{k=1}^{1005}\frac{1}{x_k} + 2\sum_{k=1}^{1005}\frac{1}{x_k^2}.$$

使用 Vieta 定理,

$$\sum_{k=1}^{1005}\frac{1}{x_k} = -\frac{c_1}{c_0} = \frac{2011^2 - 1}{2},$$

$$\sum_{k=1}^{1005}\frac{1}{x_k^2} = \left(\sum_{k=1}^{1005}\frac{1}{x_k}\right)^2 - 2\frac{c_2}{c_0} = \frac{(2011^2-1)^2}{4} - \frac{2011^4 - 10\cdot2011^2 + 9}{12}$$

$$= \frac{2011^4 + 2 \cdot 2011^2 - 3}{6}.$$

将这些值代入前面的式子, 我们就得到

$$\sum_{k=1}^{2010} \tan^4 \frac{k\pi}{2011} = 2011 \cdot \frac{2011^3 - 4 \cdot 2011 + 3}{3}.$$

90 (MR O199) 证明: 若锐角三角形的 $\angle A = 20°$, 边长 a, b, c 满足

$$\sqrt[3]{a^3 + b^3 + c^3 - 3abc} = \min\{b, c\},$$

则它是等腰三角形.

解 首先注意到

$$\cos 20° \cos 40° \cos 80° = \frac{\sin 160°}{8 \sin 20°} = \frac{1}{8}.$$

令 $\alpha = \frac{\sin 80°}{\sin 20°}$. 则我们由上面的恒等式得到

$$\alpha = 4 \cos 20° \cos 40° = \frac{1}{2 \cos 80°}.$$

再联合

$$-\frac{1}{2} = \cos 240° = \cos(3 \cdot 80°) = 4 \cos^3 80° - 3 \cos 80°,$$

我们最终得到方程 $\alpha^3 - 3\alpha^2 + 1 = 0$. 现在, 我们不失一般性假设 $b \geq c$. 于是, 题目中的等式可以重写为 $a^3 - 3abc + b^3 = 0$, 将它的两边同时除以 a^3, 我们得到 $x^3 - 3xy + 1 = 0$, 其中 $x = \frac{b}{a}$, $y = \frac{c}{a}$. 由于 $b \geq c$, 我们推出 $x \geq y$ 且 $\angle B \geq \angle C$, 因此 $90° \geq \angle B \geq 80° \geq \angle C$ (由于 $\angle B$ 和 $\angle C$ 之和是 $160°$). 那么由正弦定理, $x \geq \frac{\sin 80°}{\sin 20°} = \alpha$. 另一方面, $\alpha > 2$ 并且 $x \mapsto x^3 - 3x^2 + 1$ 在 $(2, +\infty)$ 是严格增的. 因此 $0 = x^3 - 3xy + 1 \geq x^3 - 3x^2 + 1 \geq \alpha^3 - 3\alpha^2 + 1 = 0$, 于是 $x = y = \alpha$. 这就证明了三角形 ABC 是等腰三角形.

91 设 $n > 2$ 为正整数. 证明

$$\sin \frac{\pi}{n} > \frac{3}{\sqrt{9 + n^2}}.$$

解 由于 $n > 2$, 我们有 $0 < \frac{\pi}{n} < \frac{\pi}{2}$. 我们知道, 对于 $x \in (0, \frac{\pi}{2})$, $\tan x > x$. 那么

$$\tan \frac{\pi}{n} > \frac{\pi}{n} > \frac{3}{n}.$$

因此

$$\sin^2 \frac{\pi}{n} = \frac{\tan^2 \frac{\pi}{n}}{1 + \tan^2 \frac{\pi}{n}}$$

$$= 1 - \frac{1}{1 + \tan^2 \frac{\pi}{n}}$$

$$> 1 - \frac{1}{1 + \left(\frac{3}{n}\right)^2}$$

$$= \frac{9}{n^2 + 9}.$$

从而

$$\sin \frac{\pi}{n} > \frac{3}{\sqrt{9 + n^2}}.$$

92　设 a, b, c 为实数, 满足关系式

$$\frac{a^2}{1 + a^2} + \frac{b^2}{1 + b^2} + \frac{c^2}{1 + c^2} = 1.$$

证明: $|abc| \leq \frac{1}{2\sqrt{2}}$.

解　题目条件中的形如 $\frac{a^2}{1+a^2}$ 的项以及三角恒等式

$$\frac{\tan^2 \theta}{1 + \tan^2 \theta} = \sin^2 \theta$$

启发我们使用代换

$$a = \tan \alpha, \quad b = \tan \beta, \quad c = \tan \gamma,$$

其中 $\alpha, \beta, \gamma \in \left(-\frac{\pi}{2}, \frac{\pi}{2}\right)$. 那么由

$$\frac{a^2}{1 + a^2} + \frac{b^2}{1 + b^2} + \frac{c^2}{1 + c^2} = 1,$$

我们得到

$$\sin^2 \alpha + \sin^2 \beta + \sin^2 \gamma = 1,$$

这推出

$$\cos^2 \alpha = \sin^2 \beta + \sin^2 \gamma \geq 2|\sin \beta \sin \gamma|,$$

这里的不等式可由算术平均–几何平均不等式得出. 将这样的三个相应的不等式相乘, 我们就得到

$$\cos^2 \alpha \cos^2 \beta \cos^2 \gamma \geq 8 \sin^2 \alpha \sin^2 \beta \sin^2 \gamma,$$

这推出

$$|\tan\alpha \tan\beta \tan\gamma| \le \frac{1}{2\sqrt{2}},$$

即我们要证明的不等式. 当 $a^2 = b^2 = c^2 = \frac{1}{2}$ 时, 等号成立.

93 (保加利亚 2009) 设 a, b, c, d 为实数, 满足

$$a\sqrt{c^2 - b^2} + b\sqrt{d^2 - a^2} = c^2 d^2 - cd + 1.$$

求 $a^2 c^2 + b^2 d^2$ 的值.

解 由于 $c^2 \ge b^2$ 且 $d^2 \ge a^2$, 我们可以写

$$|b| = |c|\sin\alpha, \quad |a| = |d|\sin\beta,$$

其中 $\alpha, \beta \in [0, \frac{\pi}{2}]$. 因此

$$a\sqrt{c^2 - b^2} + b\sqrt{d^2 - a^2} = |cd|(\cos\alpha \sin\beta + \sin\alpha \cos\beta)$$
$$= |cd|\sin(\alpha + \beta).$$

另一方面, 我们可以从题目条件推出

$$a\sqrt{c^2 - b^2} + b\sqrt{d^2 - a^2} = c^2 d^2 - cd + 1 \ge |cd|.$$

容易验证, 对于所有实数 c 和 d,

$$c^2 d^2 - cd + 1 \ge |cd|.$$

从而 $\sin(\alpha + \beta) = 1$, 因此 $\alpha + \beta = \frac{\pi}{2}$ 且 $cd = 1$. 于是

$$a^2 c^2 + b^2 d^2 = d^2 c^2 (\sin^2\alpha + \sin^2\beta)$$
$$= d^2 c^2 (\sin^2\alpha + \cos^2\alpha)$$
$$= c^2 d^2 = 1.$$

94 (MR S149) 证明: 在任何锐角三角形 ABC 中,

$$\frac{1}{2}\left(1 + \frac{r}{R}\right)^2 - 1 \le \cos A \cos B \cos C \le \frac{r}{2R}\left(1 - \frac{r}{R}\right).$$

解 (a) 证明 $\frac{1}{2}\left(1 + \frac{r}{R}\right)^2 - 1 \le \cos A \cos B \cos C$.
由 $\cos A + \cos B + \cos C = 1 + \frac{r}{R}$, 这个不等式可以重写为

$$(\cos A + \cos B + \cos C)^2 \le 2 + 2\cos A \cos B \cos C.$$

由于非钝角三角形的三个角可以写成

$$A = \frac{\pi - A'}{2}, \quad B = \frac{\pi - B'}{2}, \quad C = \frac{\pi - C'}{2},$$

其中 A', B', C' 为某个三角形的三个角, 我们只需证明

$$\left(\sin \frac{A}{2} + \sin \frac{B}{2} + \sin \frac{C}{2} \right)^2 \le 2 + 2 \sin \frac{A}{2} \sin \frac{B}{2} \sin \frac{C}{2} \tag{1}$$

对任何三角形成立. 使用熟悉的记号, 我们将 (1) 变形为

$$\left(\sqrt{\frac{(s-b)(s-c)}{bc}} + \sqrt{\frac{(s-c)(s-a)}{ca}} + \sqrt{\frac{(s-a)(s-b)}{ab}} \right)^2 \le 2 + \frac{r}{2R},$$

或者, 观察到

$$\frac{(s-a)(s-b)(s-c)}{abc} = \frac{r}{4R},$$

我们还可以将其变形为

$$\left(\sqrt{\frac{a}{s-a}} + \sqrt{\frac{b}{s-b}} + \sqrt{\frac{c}{s-c}} \right)^2 \le 2 + \frac{8R}{r}. \tag{2}$$

现在,

$$\begin{aligned}
\frac{1}{s-a} + \frac{1}{s-b} + \frac{1}{s-c} &= \frac{s((s-b)(s-c) + (s-c)(s-a) + (s-a)(s-b))}{s(s-a)(s-b)(s-c)} \\
&= \frac{abc + (s-a)(s-b)(s-c)}{(rs)^2} \\
&= \frac{4srR + sr^2}{r^2 s^2} = \frac{4R+r}{rs},
\end{aligned}$$

因此 (2) 可以由 Cauchy–Schwarz 不等式得到:

$$\begin{aligned}
\left(\sqrt{\frac{a}{s-a}} + \sqrt{\frac{b}{s-b}} + \sqrt{\frac{c}{s-c}} \right)^2 &\le (a+b+c) \left(\frac{1}{s-a} + \frac{1}{s-b} + \frac{1}{s-c} \right) \\
&= 2s \cdot \frac{4R+r}{rs} = 2 + \frac{8R}{r}.
\end{aligned}$$

(b) 证明 $\cos A \cos B \cos C \le \frac{r}{2R} \left(1 - \frac{r}{R} \right)$.

我们将证明: 这个不等式实际上对任何三角形都成立. 由于 $2 \cos A \cos B \cos C = \sin^2 A + \sin^2 B + \sin^2 C - 2$, 我们有

$$\begin{aligned}
2 \cos A \cos B \cos C &= \frac{a^2 + b^2 + c^2 - 8R^2}{4R^2} = \frac{2s^2 - 2r^2 - 8rR - 8R^2}{4R^2} \\
&= \frac{s^2 - r^2 - 4rR - 4R^2}{2R^2},
\end{aligned}$$

于是要证的不等式等价于 $s^2 \leq 4R^2 + 6rR - r^2$. 现在, 若 I 和 H 分别为三角形的内心和垂心, 则我们有

$$IH^2 = 4R^2 + 4rR + 3r^2 - s^2,$$

因此 $s^2 \leq 4R^2 + 4rR + 3r^2$ (这被称为 Gerratsen 不等式). 于是, 我们只需证明

$$4R^2 + 4rR + 3r^2 \leq 4R^2 + 6rR - r^2 \quad \text{即} \quad 0 \leq 2r(R - 2r).$$

由于 $R \geq 2r$, 我们完成了证明.

95 (MR O171) 证明: 在任何凸四边形 $ABCD$ 中,

$$\sin\left(\frac{A}{3} + 60°\right) + \sin\left(\frac{B}{3} + 60°\right) + \sin\left(\frac{C}{3} + 60°\right) + \sin\left(\frac{D}{3} + 60°\right)$$
$$\geq \frac{1}{3}(8 + \sin A + \sin B + \sin C + \sin D).$$

解 令 $A = \frac{\pi}{2} + 3\alpha$. 那么 $|\alpha| \leq \frac{\pi}{6}$, 从而 $\frac{\sqrt{3}}{2} \leq \cos\alpha \leq 1$. 记 $x = \cos\alpha$, 我们计算得到

$$3\sin\left(\frac{A}{3} + 60°\right) - 2 - \sin A = 3\cos\alpha - 2 - \cos(3\alpha) = 6x - 2 - 4x^3$$
$$= 2(1 - x)(2x^2 + 2x - 1).$$

二次方程 $2x^2 + 2x - 1 = 0$ 的根为 $\frac{-1\pm\sqrt{3}}{2}$, 它们都小于 $\frac{\sqrt{3}}{2}$. 因此 $2x^2 + 2x - 1 > 0$ 并且

$$3\sin\left(\frac{A}{3} + 60°\right) \geq 2 + \sin A.$$

将这个不等式和其他三个对称的不等式加在一起, 我们就完成了证明.

96 设 x, y, z 为正实数, 满足

$$xy = 1 + z(x + y).$$

求表达式

$$\frac{2xy(1 + xy)}{(1 + x^2)(1 + y^2)} + \frac{z}{1 + z^2}$$

的最大值.

解 由于 x, y, z 是正的, 我们可以将题目中的条件重写为

$$\frac{1}{xy} + \frac{z}{x} + \frac{z}{y} = 1.$$

现在令 A, B, C 为正实数, 满足

$$\frac{1}{x} = \tan\frac{A}{2}, \quad \frac{1}{y} = \tan\frac{B}{2}, \quad z = \tan\frac{C}{2}.$$

那么我们有

$$\tan\frac{A}{2}\tan\frac{B}{2} + \tan\frac{B}{2}\tan\frac{C}{2} + \tan\frac{C}{2}\tan\frac{A}{2} = 1,$$

因此 $\angle A, \angle B, \angle C$ 是一个三角形的三个角 (即 $\angle A + \angle B + \angle C = \pi$). 现在注意到

$$2xy(1 + xy) = 2xy + 2x^2y^2 \leq 2x^2y^2 + x^2 + y^2,$$

那么

$$\frac{2xy(1 + y)}{(1 + x^2)(1 + y^2)} \leq \frac{2x^2y^2 + x^2 + y^2}{(1 + x^2)(1 + y^2)}$$

$$= \frac{1}{1 + \dfrac{1}{x^2}} + \frac{1}{1 + \dfrac{1}{y^2}}.$$

从而

$$\frac{2xy(1 + y)}{(1 + x^2)(1 + y^2)} + \frac{z}{1 + z^2} \leq \frac{1}{1 + \dfrac{1}{x^2}} + \frac{1}{1 + \dfrac{1}{y^2}} + \frac{z}{1 + z^2}$$

$$= \frac{1}{1 + \tan^2\dfrac{A}{2}} + \frac{1}{1 + \tan^2\dfrac{B}{2}} + \frac{\tan\dfrac{C}{2}}{1 + \tan^2\dfrac{C}{2}}$$

$$= \cos^2\frac{A}{2} + \cos^2\frac{B}{2} + \frac{1}{2}\sin C$$

$$= 1 + \frac{1}{2}\left(\cos A + \cos B + \sin C\right).$$

注意到

$$\cos A + \cos B = 2\cos\frac{A + B}{2}\cos\frac{A - B}{2} \leq 2\cos\frac{A + B}{2} = 2\sin\frac{C}{2}.$$

此外,

$$\sin C + \frac{\sqrt{3}}{2} = \sin C + \sin\frac{2\pi}{3}$$

$$= 2\sin\left(\frac{\pi}{3} + \frac{C}{2}\right)\cos\left(\frac{\pi}{3} - \frac{C}{2}\right)$$

$$\leq 2\sin\left(\frac{\pi}{3} + \frac{C}{2}\right).$$

因此

$$\cos A + \cos B + \sin C + \frac{\sqrt{3}}{2} \le 2\sin\frac{C}{2} + 2\sin\left(\frac{\pi}{3} + \frac{C}{2}\right)$$

$$= 4\sin\left(\frac{\pi}{6} + \frac{C}{2}\right)\cos\frac{\pi}{6}$$

$$= 2\sqrt{3}\sin\left(\frac{\pi}{6} + \frac{C}{2}\right)$$

$$\le 2\sqrt{3}.$$

从而

$$\cos A + \cos B + \sin C \le \frac{3\sqrt{3}}{2},$$

当 $A = B = \frac{\pi}{6}$ 且 $C = \frac{2\pi}{3}$ 时等号成立. 因此, 题目中的表达式的最大值为 $1 + \frac{3\sqrt{3}}{4}$.

97 (USAMO 1998) 设 $a_0, a_1, \cdots, a_n$ 为区间 $\left(0, \frac{\pi}{2}\right)$ 内的数, 满足

$$\tan\left(a_0 - \frac{\pi}{4}\right) + \tan\left(a_1 - \frac{\pi}{4}\right) + \cdots + \tan\left(a_n - \frac{\pi}{4}\right) \ge n - 1.$$

证明

$$\tan a_0 \cdot \tan a_1 \cdots \tan a_n \ge n^{n+1}.$$

解 令 $b_k = \tan\left(a_k - \frac{\pi}{4}\right)$, $k = 0, 1, \cdots, n$. 由题目中的条件, 对于每个 k, 我们有: $-1 < b_k < 1$ 且

$$1 + b_k \ge \sum_{0 \le l \ne k \le n} (1 - b_l).$$

应用算术平均–几何平均不等式于正实数 $1 - b_l$, 对于 $0 \le l \le n$ 和 $l \ne k$, 我们得到

$$\sum_{0 \le l \ne k \le n} (1 - b_l) \ge n\left(\prod_{0 \le l \ne k \le n} (1 - b_l)\right)^{1/n}.$$

联合这个不等式和前面得出的不等式, 我们得到

$$\prod_{k=0}^{n}(1 + b_k) \ge n^{n+1}\left(\prod_{l=0}^{n}(1 - b_l)^n\right)^{1/n},$$

这推出

$$\prod_{k=0}^{n}\frac{1 + b_k}{1 - b_k} \ge n^{n+1}.$$

最后, 注意到

$$\frac{1+b_k}{1-b_k} = \frac{1+\tan\left(a_k-\frac{\pi}{4}\right)}{1-\tan\left(a_k-\frac{\pi}{4}\right)}$$

$$= \tan\left[\left(a_k-\frac{\pi}{4}\right)+\frac{\pi}{4}\right]$$

$$= \tan a_k,$$

我们就完成了证明.

98 (日本) 化简表达式

$$\frac{\sum\limits_{k=1}^{n^2-1}\sqrt{n+\sqrt{k}}}{\sum\limits_{k=1}^{n^2-1}\sqrt{n-\sqrt{k}}}.$$

解　首先注意到, 对于 $x\in\left(0,\frac{\pi}{4}\right)$, 我们有以下恒等式:

$$\sqrt{1+\cos 2x} = \sqrt{2}\cos x,$$
$$\sqrt{1-\cos 2x} = \sqrt{2}\sin x,$$
$$\sqrt{1+\sin 2x} = \sin x+\cos x,$$
$$\sqrt{1-\sin 2x} = \cos x-\sin x.$$

现在注意到, 对于任何数 $k\in\{1,2,\cdots,n^2-1\}$, 存在 $0<t<\frac{\pi}{4}$ 满足

$$k = n^2\sin^2(2t).$$

因此

$$\frac{\sqrt{n+\sqrt{k}}+\sqrt{n+\sqrt{n^2-k}}}{\sqrt{n-\sqrt{k}}+\sqrt{n-\sqrt{n^2-k}}}$$

$$=\frac{\sqrt{n+\sqrt{n^2\sin^2(2t)}}+\sqrt{n+\sqrt{n^2-n^2\sin^2(2t)}}}{\sqrt{n-\sqrt{n^2\sin^2(2t)}}+\sqrt{n-\sqrt{n^2-n^2\sin^2(2t)}}}$$

$$=\frac{\sqrt{1+\sqrt{\sin^2(2t)}}+\sqrt{1+\sqrt{1-\sin^2(2t)}}}{\sqrt{1-\sqrt{\sin^2(2t)}}+\sqrt{1-\sqrt{1-\sin^2(2t)}}}$$

$$=\frac{\sin t+(\sqrt{2}+1)\cos t}{(\sqrt{2}-1)\sin t+\cos t}$$

$$=1+\sqrt{2}.$$

最后要用到的是

$$\frac{\sum\limits_{k=1}^{n^2-1}\sqrt{n+\sqrt{k}}}{\sum\limits_{k=1}^{n^2-1}\sqrt{n-\sqrt{k}}} = \frac{2\sum\limits_{k=1}^{n^2-1}\sqrt{n+\sqrt{k}}}{2\sum\limits_{k=1}^{n^2-1}\sqrt{n-\sqrt{k}}}$$

$$= \frac{\sum\limits_{k=1}^{n^2-1}\sqrt{n+\sqrt{k}} + \sum\limits_{j=1}^{n^2-1}\sqrt{n+\sqrt{n^2-j}}}{\sum\limits_{k=1}^{n^2-1}\sqrt{n-\sqrt{k}} + \sum\limits_{j=1}^{n^2-1}\sqrt{n-\sqrt{n^2-j}}}$$

$$= \frac{\sum\limits_{k=1}^{n^2-1}\left(\sqrt{n+\sqrt{k}} + \sqrt{n+\sqrt{n^2-k}}\right)}{\sum\limits_{k=1}^{n^2-1}\left(\sqrt{n-\sqrt{k}} + \sqrt{n-\sqrt{n^2-k}}\right)}.$$

使用若 $\frac{a}{b} = \frac{c}{d} = r$ 则 $\frac{a+c}{b+d} = r$ 这一事实, 根据前面的计算, 题目的答案即为 $1+\sqrt{2}$.

99 (MR S99) 设 ABC 为锐角三角形. 证明

$$\frac{1-\cos A}{1+\cos A} + \frac{1-\cos B}{1+\cos B} + \frac{1-\cos C}{1+\cos C} \le \left(\frac{1}{\cos A}-1\right)\left(\frac{1}{\cos B}-1\right)\left(\frac{1}{\cos C}-1\right).$$

解 由于

$$\frac{1-\cos A}{1+\cos A} = \tan^2\frac{A}{2}, \quad \frac{1}{\cos A}-1 = \frac{2\tan^2\frac{A}{2}}{1-\tan^2\frac{A}{2}}$$

且

$$\tan\frac{A}{2}\tan\frac{B}{2} + \tan\frac{B}{2}\tan\frac{C}{2} + \tan\frac{C}{2}\tan\frac{A}{2} = 1,$$

我们有

$$\sum_{cyc}\frac{1-\cos A}{1+\cos A} \le \prod_{cyc}\left(\frac{1}{\cos A}-1\right) \Leftrightarrow \sum_{cyc}\tan^2\frac{A}{2} \le \prod_{cyc}\frac{2\tan^2\frac{A}{2}}{1-\tan^2\frac{A}{2}}.$$

令 $x = \tan\frac{A}{2}, y = \tan\frac{B}{2}, z = \tan\frac{C}{2}$. 由题目条件, 三角形 ABC 是锐角三角形, 因此 $x, y, z \in (0,1)$ 且要证明的不等式可以重写为

$$x^2+y^2+z^2 \le \frac{8x^2y^2z^2}{(1-x^2)(1-y^2)(1-z^2)} \Leftrightarrow$$

$$(x^2+y^2+z^2)(1-x^2)(1-y^2)(1-z^2) \le 8x^2y^2z^2, \tag{1}$$

其中 $xy + yz + zx = 1$. 我们将证明不等式 (1) 对于任何满足 $xy + yz + zx = 1$ 的非负实数 x, y, z 成立. 不等式 (1) 的齐次形式为

$$(x^2 + y^2 + z^2) \prod_{cyc} (xy + yz + zx - x^2) \leq 8x^2 y^2 z^2 (xy + yz + zx). \qquad (2)$$

假设在这个不等式中我们有 $x + y + z = 1$ 并且令 $p = xy + yz + zx, q = xyz$, 则我们得到

$$x^2 + y^2 + z^2 = 1 - 2p, \quad x^2 y^2 + y^2 z^2 + z^2 x^2 = p^2 - 2q,$$

$$\prod_{cyc} (p - x^2) = 4p^3 - (p + q)^2$$

并且不等式 (2) 变为

$$(1 - 2p)(4p^3 - (p + q)^2) \leq 8pq^2 \Leftrightarrow$$

$$0 \leq 8pq^2 + (1 - 2p)(p + q)^2 - 4p^3(1 - 2p). \qquad (3)$$

由于 $p = xy + yz + zx \leq \frac{(x+y+z)^2}{3} = \frac{1}{3}$ 且

$$8pq^2 + (1 - 2p)(p + q)^2 - 4p^3(1 - 2p)$$

对于 $q \geq 0$ 是关于 q 的增函数, 我们只需证明不等式 (3) 对于 $0 \leq p \leq \frac{1}{3}$ 和 $q = q_*$ 成立, 其中 q_* 是 q 的一个下界. 由于从 Schür 不等式

$$\sum_{cyc} x(x - y)(x - z) \geq 0$$

$$\Leftrightarrow 9xyz \geq 4(x + y + z)(xy + yz + zx) - (x + y + z)^3$$

$$\Leftrightarrow \frac{4p - 1}{9} \leq q$$

得到的 q 的下界 $\frac{4p-1}{9}$ 不够好, 我们将找出另一个更好的 q 的下界. 令 $L = \sum_{cyc} x^2 y$, $R = \sum_{cyc} xy^2$, 则 $L + R = \sum_{cyc} xy(x + y) = p - 3q$, 并且

$$L \cdot R = \sum_{cyc} x^2 y \cdot \sum_{cyc} xy^2 = \sum_{cyc} x^3 y^3 + 3x^2 y^2 z^2 + xyz \sum_{cyc} x^3.$$

由于 $\sum_{cyc} x^3 = 1 + 3q - 3p$ 且 $\sum_{cyc} x^3 y^3 = p^3 + 3q^2 - 3pq$, 我们有

$$L \cdot R = p^3 + 3q^2 - 3pq + 3q^2 + q(1 + 3q - 3p) = p^3 + 9q^2 - 6pq + q,$$

因此

$$0 \leq (L - R)^2 = (p - 3q)^2 - 4(p^3 + 9q^2 - 6pq + q)$$

$$= p^2 - 6pq + 9q^2 - 4p^3 - 36q^2 + 24pq - 4q$$

$$= p^2 - 4p^3 - 27q^2 - 4q + 18pq,$$

它等价于

$$\left(q - \frac{9p - 2}{27}\right)^2 - \frac{(1 - 3p)^3}{27} \leq 0 \Rightarrow q_* \leq q,$$

其中

$$q_* = \frac{9p - 2 - 2(1 - 3p)\sqrt{1 - 3p}}{27}.$$

令 $t = \sqrt{1 - 3p}$, 那么 $p = \frac{1 - t^2}{3}$ 且

$$q_* = \frac{(1 + t)^2(1 - 2t)}{27}.$$

注意到由于 $p \in \left[0, \frac{1}{3}\right]$, 我们有 $t \in [0, 1]$. (练习. 证明: 使用上面的代换, 我们将要证的不等式简化为证明不等式 (2) 在 $x = \frac{1 - 2t}{3}$ 和 $y = z = \frac{1 \pm t}{3}$ 时的情形.) 从而

$$1 - 2p = \frac{1 + 2t^2}{3}, \quad p + q_* = \frac{2(1 + t)(5 - 5t - t^2)}{27},$$

我们经过一些计算得到

$$8pq_*^2 + (1 - 2p)(p + q_*)^2 - 4p^3(1 - 2p) = \frac{4t^2(1 + t)^2(1 - 2t)^2}{27^2} \geq 0,$$

这就完成了证明.

100 (MR U111) 设 n 为一个已知的正整数, 并且设 $a_k = 2\cos\frac{\pi}{2^{n-k}}$, $k = 0, 1, \cdots, n-1$. 证明

$$\prod_{k=0}^{n-1}(1 - a_k) = \frac{(-1)^{n-1}}{1 + a_0}.$$

解 我们先证明两个引理.

引理 1 对于每个 $t \in \mathbf{R}$, 我们有

$$(2\cos t - 1)(2\cos t + 1) = 2\cos(2t) + 1.$$

证明 我们有

$$(2\cos t - 1)(2\cos t + 1) = 4\cos^2 t - 1 = 2\underbrace{(2\cos^2 t - 1)}_{=\cos(2t)} + 1 = 2\cos(2t) + 1,$$

引理 1 得证.

引理 2 对于每个 $k \in \{0, 1, \cdots, n-1\}$, 我们有

$$a_k - 1 = \frac{a_{k+1} + 1}{a_k + 1},$$

这里我们置 $a_n = -2$ (因此 $a_k = 2\cos\frac{\pi}{2^{n-k}}$ 对于所有 $k \in \{0, 1, \cdots, n\}$ 成立).

证明 我们有 $a_k + 1 \neq 0$ (因为 $a_k = 2\cos\underbrace{\frac{\pi}{2^{n-k}}}_{\in[0,\pi/2]} \geq 0$) 并且

$$
\begin{aligned}
(a_k - 1)(a_k + 1) &= \left(2\cos\frac{\pi}{2^{n-k}} - 1\right)\left(2\cos\frac{\pi}{2^{n-k}} + 1\right) \\
&= 2\cos\left(2\frac{\pi}{2^{n-k}}\right) + 1 \quad \text{(由引理 1)} \\
&= 2\cos\frac{\pi}{2^{n-(k+1)}} + 1 = a_{k+1} + 1,
\end{aligned}
$$

因此 $a_k - 1 = \frac{a_{k+1}+1}{a_k+1}$. 引理 2 得证.

现在, 我们使用引理 2 得到

$$
\begin{aligned}
\prod_{k=0}^{n-1}(1 - a_k) &= \prod_{k=0}^{n-1}(-(a_k - 1)) = (-1)^n \prod_{k=0}^{n-1}(a_k - 1) \\
&= (-1)^n \prod_{k=0}^{n-1}\frac{a_{k+1}+1}{a_k+1} = (-1)^n \frac{\displaystyle\prod_{k=1}^{n}(a_k+1)}{\displaystyle\prod_{k=0}^{n-1}(a_k+1)} \\
&= (-1)^n \frac{a_n + 1}{a_0 + 1} = (-1)^n \frac{-2+1}{a_0+1} = \frac{(-1)^{n-1}}{1+a_0}.
\end{aligned}
$$

101 是否存在平面上的点的无穷集, 满足: 集合中的任何三个点都不共线并且集合中的任何两个点之间的距离都是有理数?

解 答案是存在这样的集合. 我们将给出构造满足题目条件的集合的显式算法.

令 $\alpha \in [0, \frac{\pi}{2}]$ 满足 $\cos\alpha = \frac{4}{5}$ 和 $\sin\alpha = \frac{3}{5}$. 对于每个 $n \geq 1$, 我们考虑具有 Descartes 坐标 $(\cos(2n\alpha), \sin(2n\alpha))$ 的点 P_n.

首先注意到对于 $m \neq n$, 若 $P_m = P_n$, 则

$$2(n-m)\alpha = 2k\pi,$$

其中 k 是某个整数. 特别地, α 的形式为 $\frac{a}{b}2\pi$, 其中 a, b 是正整数并且 $\gcd(a, b) = 1$. 我们将证明这不可能发生. α 的形式特别地推出, 定义为 $a_j = 2^{j-1}\alpha$ 的序列 $\{a_j\}_{j\geq 1}$ 一定是模 2π 的周期序列, 因此定义为 $b_j = \cos 2^{j-1}\alpha$ 的序列 $\{b_j\}_{j\geq 1}$ 也是周期性的. 然而由 α 的定义, 序列 $\{b_j\}_{j\geq 1}$ 满足 $b_1 = \frac{4}{5}$ 和 $b_{j+1} = 2b_j^2 - 1$. 我们可以通过简单的归纳推导得出 b_j 的形式为 $b_j = \frac{c_j}{5^{2^{j-1}}}$, 其中 c_j 是不能被 5 整除的某个整数. 由于这个序列显然不是周期性的, 我们得到了矛盾, 因此对于 $m \neq n$, $P_m \neq P_n$.

容易看出, 所有点 $\{P_n\}_{n\geq 1}$ 都位于单位圆上, 因此任何三个点都不共线. 最后, P_m 和 P_n $(m \neq n)$ 之间的距离为

$$\sqrt{(\cos(2n\alpha) - \cos(2m\alpha))^2 + (\sin(2n\alpha) - \sin(2m\alpha))^2}$$
$$= \sqrt{2 - 2\cos(2(m-n)\alpha)} = |2\sin(m-n)\alpha|.$$

由恒等式

$$\sin(n\alpha) + \sin((n-2)\alpha) = 2\sin((n-1)\alpha)\cos\alpha$$

和

$$\cos(n\alpha) + \cos((n-2)\alpha) = 2\cos((n-1)\alpha)\cos\alpha,$$

我们可以通过简单的归纳推导得出 $\sin(n\alpha)$ 和 $\cos(n\alpha)$ 对于所有 n 都是有理数, 因此上面的距离也是有理数.

102 (土耳其 2007) 证明: 不存在满足以下条件的三角形: 它的边长、面积和各角的度数 (以角度制记) 都是有理数.

解   如果存在这样的三角形, 那么由正弦定理和余弦定理, 它的各角的正弦值和余弦值也都是有理数. 我们将证明: 若 α 是三角形的一个角, 它的角度制的度数是有理数, 并且不是 90° 的整数倍, 则 $\sin\alpha$ 和 $\cos\alpha$ 不可能同时是有理数. 我们注意到, 这显然就推出了题目的结论.

我们使用反证法. 假设存在两两互素的整数 r, t, s, 满足 $\sin\alpha = \frac{r}{t}$ 和 $\cos\alpha = \frac{s}{t}$ (即使两个分数具有相同的分母, 由于 $\sin^2\alpha + \cos^2\alpha = 1$, 互素条件仍能得到保证). 容易看出 t 不能是偶数, 因为不然的话, 我们将得到

$$r^2 + s^2 = t^2 \equiv 0 \pmod 4,$$

这会推出 r 和 s 也都是偶数. 我们现在证明以下辅助结果:

引理   使用上面的记号, 对于每个 $n \geq 1$, 存在整数 a_n 使得

$$t^n \cos n\alpha = 2^{n-1} s^n + a_n t^2.$$

证明   我们容易看出 $a_1 = 0$. 对于 $n = 2$, 我们有

$$t^2 \cos(2\alpha) = t^2(2\cos^2\alpha - 1) = 2s^2 - t^2,$$

因此 $a_2 = -1$. 对于 $n > 1$, 我们观察到

$$t^n \cos(n\alpha) = t^n(2\cos\alpha\cos((n-1)\alpha) - \cos((n-2)\alpha))$$
$$= 2s(2^{n-2}s^{n-1} + a_{n-1}t^2) - t^2(2^{n-3}s^{n-2} + a_{n-2}t^2),$$

那么取 $a_n = 2sa_{n-1} - (2^{n-3}s^{n-2} + a_{n-2}t^2)$，我们由简单的归纳便完成了证明.

回到原始的问题，由于 α 是有理数，存在整数 n 使得 $n\alpha$ 是 $360°$ 的整数倍. 但是上面的引理推出

$$t^n = 2^{n-1}s^n + a_n t^2,$$

这与 $\gcd(t, 2s) = 1$ 且 $t > 1$ 矛盾. 这就完成了证明.

103 (MR O25) 证明: 在三角形 ABC 中，

$$\cos \frac{A}{2} \cot \frac{A}{2} + \cos \frac{B}{2} \cot \frac{B}{2} + \cos \frac{C}{2} \cot \frac{C}{2} \geq \frac{\sqrt{3}}{2} \left(\cot \frac{A}{2} + \cot \frac{B}{2} + \cot \frac{C}{2} \right).$$

解　令 a, b, c 为三角形的三边边长并且令

$$a = y + z, \quad b = z + x, \quad c = x + y.$$

我们有

$$r = \sqrt{\frac{xyz}{x+y+z}},$$

$$\cos \frac{A}{2} = \frac{x}{\sqrt{x^2 + r^2}}, \quad \cos \frac{B}{2} = \frac{y}{\sqrt{y^2 + r^2}}, \quad \cos \frac{C}{2} = \frac{z}{\sqrt{z^2 + r^2}}.$$

此外，

$$\cot \frac{A}{2} = \frac{x}{r}, \quad \cot \frac{B}{2} = \frac{y}{r}, \quad \cot \frac{C}{2} = \frac{z}{r},$$

于是，

$$\cot \frac{A}{2} + \cot \frac{B}{2} + \cot \frac{C}{2} = \frac{x+y+z}{r} = \frac{(x+y+z)\sqrt{x+y+z}}{\sqrt{xyz}}.$$

因此，要证明的不等式等价于

$$\frac{x^2}{\sqrt{4x(x+y+z) \cdot 3(x+y)(x+z)}}$$

$$+ \frac{y^2}{\sqrt{4y(x+y+z) \cdot 3(y+x)(y+z)}}$$

$$+ \frac{z^2}{\sqrt{4z(x+y+z) \cdot 3(z+x)(z+y)}}$$

$$\geq \frac{1}{4}.$$

然而我们有

$$2\sqrt{4x(x+y+z) \cdot 3(x+y)(x+z)} \leq 4x(x+y+z) + 3(x+y)(x+z)$$

$$= 7x(x+y+z) + 3yz$$

以及对于 y, z 的类似结论. 那么我们只需证明

$$\frac{x^2}{7x(x+y+z)+3yz} + \frac{y^2}{7y(x+y+z)+3zx} + \frac{z^2}{7z(x+y+z)+3xy} \geq \frac{1}{8}.$$

由 Cauchy–Schwarz 不等式,

$$\frac{x^2}{7x(x+y+z)+3yz} + \frac{y^2}{7y(x+y+z)+3zx} + \frac{z^2}{7z(x+y+z)+3xy}$$
$$\geq \frac{(x+y+z)^2}{7(x+y+z)^2 + 3(xy+yz+zx)} \geq \frac{1}{8},$$

因为 $3(xy + yz + zx) \leq (x+y+z)^2$, 我们便完成了证明.

104 (MR J144) 设 ABC 为三角形, 其中 $a > b > c$. 用 O 和 H 分别表示它的外心和垂心. 证明

$$\sin\angle AHO + \sin\angle BHO + \sin\angle CHO \leq \frac{(a-c)(a+c)^3}{4abc \cdot OH}.$$

解   我们将证明这个不等式总是严格成立. 在三角形 AHO 中使用正弦定理, 我们得到

$$OH \sin\angle AHO = AO \sin\angle OAH = R\sin(B-C)$$

以及另外两个类似的等式, 因此严格的不等式等价于

$$4abcR(\sin(A-B) + \sin(A-C) + \sin(B-C)) < (a-c)(a+c)^3.$$

由余弦定理,

$$(a-c)(a+c) = a^2 - c^2 = b^2 - 2bc\cos A = b(a\cos C - c\cos A)$$
$$= 2bR\sin(A-C),$$

而 $\sin(A-B) + \sin(B-C) = 2\sin\frac{A-C}{2}\sin\frac{3B}{2}$, 因此不等式等价于

$$2ac\sin\frac{3B}{2} < \cos\frac{A-C}{2}(a^2 + c^2).$$

现在,

$$2\sin\frac{3B}{2}\cos\frac{B}{2} = \sin(2B) + \sin B,$$

而 $2\cos\frac{A-C}{2}\cos\frac{B}{2} = \sin A + \sin C$, 那么我们只需证明

$$(a+c)(a^2 + c^2) > 2ac(b + 2b\cos B),$$

整理得到

$$a^3 + 2b^3 + c^3 + a^2c + ac^2 > 2b(a^2 + ac + c^2).$$

记 $2b = \rho(a+c)$, 其中由三角不等式 $\rho < 2$. 要证明的不等式最终变形为

$$(\rho^3 - 3\rho + 2)(a+c)^2 + (a-c)^2(2-\rho) > 0.$$

上式的第二项是严格正的, 而 $\rho^3 - 3\rho + 2 = (\rho-1)^2(\rho+2) \geq 0$, 等号成立当且仅当 $\rho = 1$. 这就完成了证明.

105 (Kvant 2177) 是否存在实数 α 满足: 对于所有整数 n, $\cos(n\alpha)$ 是有理数, 而 $\sin(n\alpha)$ 是无理数?

解 答案是肯定的. 例如取 $\alpha = \arccos \frac{1}{3}$, 则 $\sin\alpha = \frac{2\sqrt{2}}{3}$. 在理论部分, 我们证明了: 对于每个 $n \geq 1$, 存在整系数多项式 T_n 使得 $\cos(n\alpha) = T_n(\cos\alpha)$. 因此对于所有 n, $\cos(n\alpha)$ 是有理数. 现在使用恒等式

$$\sin((k+1)\alpha) + \sin((k-1)\alpha) = 2\sin(k\alpha)\cos\alpha,$$

我们通过简单的归纳推导得出 $\sin(n\alpha)$ 或者是 0 或者是无理数. 现在证明我们不能有 $\sin(n\alpha) = 0$.

对于 $n \geq 1$, 我们令 $\cos(n\alpha) = \frac{p_n}{3^n}$. 我们通过简单的归纳推导得出 $p_0 = p_1 = 1$, 那么由恒等式

$$\cos((k+1)\alpha) + \cos((k-1)\alpha) = 2\cos(k\alpha)\cos\alpha,$$

我们得到

$$\cos((k+1)\alpha) = \frac{2p_k}{3^{k+1}} - \frac{p_{k-1}}{3^{k-1}} = \frac{2p_k - 9p_{k-1}}{3^{k+1}},$$

这推出 $p_{k+1} = 2p_k - 9p_{k-1}$, 因此对于任何 $n \geq 1$, p_n 不能被 3 整除. 特别地, 对于任何 n, $\cos(n\alpha)$ 不是整数, 从而 $\sin(n\alpha) \neq 0$. 这就完成了证明.

106 (MR S56) 设 G 是三角形 ABC 的重心. 证明

$$\sin\angle GBC + \sin\angle GCA + \sin\angle GAB \leq \frac{3}{2}.$$

解 令 D 为从 G 到 BC 的垂线的垂足. 因为 $S_{\triangle AGB} = S_{\triangle BGC} = S_{\triangle CGA}$, 我们得到 $GD = \frac{h_a}{3}$, 其中 h_a 是从 A 到 BC 的高线. 由于 $BG = \frac{2m_b}{3}$, 其中 m_b 是从 B 出发的中线的长度, 我们有 $\sin\angle GBC = \frac{h_a}{2m_b}$. 联合另外两个类似的等式, 我们就得到了要证明的不等式的等价不等式

$$\frac{h_a}{m_b} + \frac{h_b}{m_c} + \frac{h_c}{m_a} \leq 3.$$

我们断言

$$(h_a^2 + h_b^2 + h_c^2)\left(\frac{1}{m_a^2} + \frac{1}{m_b^2} + \frac{1}{m_c^2}\right) \le 9.$$

令 $(x, y, z) = (a^2, b^2, c^2)$ 并且令 S 为三角形 ABC 的面积. 注意到

$$h_a^2 + h_b^2 + h_c^2 = 4S^2 \cdot \frac{xy + yz + zx}{xyz}$$
$$= \frac{(2(xy + yz + zx) - x^2 - y^2 - z^2)(xy + yz + zx)}{4xyz},$$

$$\frac{1}{m_a^2} + \frac{1}{m_b^2} + \frac{1}{m_c^2} = \frac{36(xy + yz + zx)}{(2x + 2y - z)(2y + 2z - x)(2z + 2x - y)}.$$

那么断言中的不等式就等价于

$$xyz(2x + 2y - z)(2y + 2z - x)(2z + 2x - y) + (x^2 + y^2 + z^2)(xy + yz + zx)^2$$
$$\ge 2(xy + yz + zx)^3.$$

展开后, 我们得到

$$(x - y)^2(y - z)^2(z - x)^2 \ge 0.$$

最后一步就是应用 Cauchy–Schwarz 不等式得到

$$\left(\frac{h_a}{m_b} + \frac{h_b}{m_c} + \frac{h_c}{m_a}\right)^2 \le (h_a^2 + h_b^2 + h_c^2)\left(\frac{1}{m_a^2} + \frac{1}{m_b^2} + \frac{1}{m_c^2}\right) \le 9.$$

107 (MR S67) 设 ABC 为三角形. 证明

$$\cos^3 A + \cos^3 B + \cos^3 C + 5\cos A \cos B \cos C \le 1.$$

解 使用恒等式

$$\cos^2 A + \cos^2 B + \cos^2 C + 2\cos A \cos B \cos C = 1,$$

我们将要证明的不等式变为等价的不等式

$$\sum_{cyc} \cos^3 A + 3\prod_{cyc} \cos A \le \sum_{cyc} \cos^2 A$$

或

$$3\prod_{cyc} \cos A \le \sum_{cyc} \cos^2 A(1 - \cos A).$$

由算术平均–几何平均不等式, 我们有

$$\sum_{cyc} \cos^2 A(1 - \cos A) \ge 3\sqrt[3]{\prod_{cyc} \cos^2 A \cdot \prod_{cyc}(1 - \cos A)}.$$

因此, 我们只需证明

$$\prod_{cyc} \cos A \le \prod_{cyc}(1 - \cos A).$$

若三角形 ABC 是钝角三角形或直角三角形, 则上式的左边为负或为 0, 从而不等式成立. 现在假设三角形 ABC 是锐角三角形. 我们逐步地将不等式重写为以下的不等式形式:

$$\prod_{cyc} \cos A \le \prod_{cyc}(1 - \cos A)$$

$$\Leftrightarrow \prod_{cyc} \cos A(1 + \cos A) \le \prod_{cyc}(1 - \cos^2 A)$$

$$\Leftrightarrow 8\prod_{cyc} \cos A \cdot \prod_{cyc} \cos^2 \frac{A}{2} \le \prod_{cyc} \sin^2 A$$

$$\Leftrightarrow \cot \frac{A}{2} \cot \frac{B}{2} \cot \frac{C}{2} \le \tan A \tan B \tan C.$$

因为在任何三角形中, $\tan A + \tan B + \tan C = \tan A \tan B \tan C$, 所以我们只需证明

$$\tan \frac{A+B}{2} + \tan \frac{B+C}{2} + \tan \frac{C+A}{2} \le \tan A + \tan B + \tan C,$$

而由于当 $x \in \left(0, \frac{\pi}{2}\right)$ 时, $f(x) = \tan x$ 是凸函数, 上式成立.

108 (Kvant M1920) 是否存在实数 x 使得 $\cot x$ 和 $\cot(2004x)$ 都是整数?

解　我们先证明一个辅助结果:

引理 1　假设 $x \in \mathbf{R}$ 使得 $\cot x$ 是有理数. 若 n 是正整数, 则或者 $nx = k\pi$, 其中 k 是整数, 或者 $\cot(nx)$ 是有理数.

证明　注意到若 x 的形式为 $x = \frac{\pi}{2}l$, 其中 l 是整数, 则结论成立, 因此不失一般性, 我们假设 $x \ne \frac{\pi}{2}l$. 那么由恒等式

$$\cot(2x) = \frac{\cot^2 x - 1}{2\cot x},$$

我们得到 $\cot(2x)$ 也是有理数. 此外, 对于任何正整数 n, 我们容易看出,

$$\cot(nx) \quad \text{和} \quad \cot((n+1)x)$$

中至少有一个是有定义的, 这是因为否则的话 $(n+1)x - nx$ 将是 π 的倍数, 与假设矛盾.

我们将对 n 归纳证明引理的结论. $n = 3$ 的情形可以直接证明, 我们将它留给读者作为练习.

现在假设引理的结论对于小于某个 $n \geq 4$ 的所有整数成立. 那么由前面的观察, $\cot((n-2)x)$ 和 $\cot((n-1)x)$ 中至少有一个是有定义的, 由归纳假设, 它也是有理数. 现在我们将恒等式

$$\cot(y + z) = \frac{\cot y \cot z - 1}{\cot y + \cot z}$$

应用于或者 $y = (n-2)x, z = 2x$ 或者 $y = (n-1)x, z = x$, 则或者 $\cot(nx)$ 是有理数, 或者 $nx = k\pi$, 其中 k 是整数. 这就完成了引理的证明.

我们要证明的第二个辅助结果如下.

引理 2 若 $\cot x$ 是有理数且 $\cot(2x)$ 是整数, 则 $\cot(2x) = 0$.

证明 令 $r = \cot x \in \mathbf{Q}, c = \cot(2x) \in \mathbf{Z}$. 那么

$$c = \frac{r^2 - 1}{2r},$$

因此

$$r = c \pm \sqrt{1 + c^2}$$

一定是有理数. 这就推出 $1 + c^2 = d^2$, 其中 d 是某个整数, 从而 $d = 1, c = 0$, 这就完成了引理的证明.

回到原始的问题, 假设 $\cot(2004x)$ 是有定义的并且是整数, 那么 $\cot(1002x)$ 和 $\cot(501x)$ 也是有定义的. 此外, 由引理 1, 它们一定是有理数. 然后我们由引理 2 得到 $\cot(2004x) = 0$, 因此 $2004x = k\pi + \frac{\pi}{2}$. 于是 $\cot(1002x) = \pm 1$, 但这与 $\cot(501x)$ 是有理数矛盾. 因此本题的答案是否定的.

109 证明: 若 a, b, c 是位于区间 $\left(0, \frac{1}{\sqrt{3}}\right)$ 内的实数, 则

$$\frac{a + b}{1 - ab} + \frac{b + c}{1 - bc} + \frac{c + a}{1 - ac} \leq 2 \frac{a + b + c - abc}{1 - ab - ac - bc}.$$

解 题目中对于 a, b, c 的假设条件以及形如 $\frac{a+b}{1-ab}$ 的表达式提示我们使用代换

$$a = \tan \alpha, \quad b = \tan \beta, \quad c = \tan \gamma,$$

其中 $0 < \alpha, \beta, \gamma < \frac{\pi}{6}$. 那么我们要证明的不等式等价于

$$\tan(\alpha + \beta) + \tan(\beta + \gamma) + \tan(\gamma + \alpha) \leq 2\tan(\alpha + \beta + \gamma).$$

由正切函数的凸性, 我们有

$$\tan(\alpha + \beta + \gamma) - \tan(\alpha + \beta) \geq \tan(\beta + \gamma) - \tan\beta$$

和

$$\tan(\alpha + \beta + \gamma) - \tan(\alpha + \gamma) \geq \tan\beta.$$

将最后这两个不等式加在一起, 我们就完成了证明.

110 (MR S1) 证明: 三角形 ABC 是直角三角形当且仅当

$$\cos\frac{A}{2}\cos\frac{B}{2}\cos\frac{C}{2} - \sin\frac{A}{2}\sin\frac{B}{2}\sin\frac{C}{2} = \frac{1}{2}.$$

解 让我们先来证明

$$2\cos\frac{A}{2}\cos\frac{B}{2}\cos\frac{C}{2} - 2\sin\frac{A}{2}\sin\frac{B}{2}\sin\frac{C}{2} - 1$$
$$= \left(\cos\frac{A}{2} - \sin\frac{A}{2}\right)\left(\cos\frac{B}{2} - \sin\frac{B}{2}\right)\left(\cos\frac{C}{2} - \sin\frac{C}{2}\right).$$

注意到使用三角函数的加法公式将下式展开, 我们得到

$$\cos(x + y + z) + \sin(x + y + z)$$
$$= \cos x \cos y \cos z - \cos x \sin y \sin z - \sin x \cos y \sin z - \sin x \sin y \cos z$$
$$\quad + \sin x \cos y \cos z + \cos x \sin y \cos z + \cos x \cos y \sin z - \sin x \sin y \sin z$$
$$= 2\cos x \cos y \cos z - 2\sin x \sin y \sin z - (\cos x - \sin x)(\cos y - \sin y)(\cos z - \sin z).$$

将 $x = \frac{\angle A}{2}, y = \frac{\angle B}{2}, z = \frac{\angle C}{2}$ 代入上式并注意到这时

$$\cos(x + y + z) = \cos\frac{\pi}{2} = 0, \quad \sin(x + y + z) = \sin\frac{\pi}{2} = 1,$$

我们就完成了恒等式的证明.

现在, 一方面若 $\angle A = 90°$, 则

$$2\cos\frac{A}{2}\cos\frac{B}{2}\cos\frac{C}{2} - 2\sin\frac{A}{2}\sin\frac{B}{2}\sin\frac{C}{2} - 1 = 0,$$

题目中的等式得证. 另一方面, 若

$$\cos\frac{A}{2}\cos\frac{B}{2}\cos\frac{C}{2} - \sin\frac{A}{2}\sin\frac{B}{2}\sin\frac{C}{2} = \frac{1}{2},$$

则

$$\left(\cos\frac{A}{2} - \sin\frac{A}{2}\right)\left(\cos\frac{B}{2} - \sin\frac{B}{2}\right)\left(\cos\frac{C}{2} - \sin\frac{C}{2}\right) = 0,$$

从而 $\frac{\angle A}{2}, \frac{\angle B}{2}, \frac{\angle C}{2}$ 中有一个等于 $\frac{\pi}{4}$, 即三角形为直角三角形. 这就完成了证明.

111 (MR S25) 证明: 在任何锐角三角形 ABC 中,

$$\cos^3 A + \cos^3 B + \cos^3 C + \cos A \cos B \cos C \geq \frac{1}{2}.$$

解 令 $x = \cos A$, $y = \cos B$, $z = \cos C$. 我们由熟知的等式

$$\cos^2 A + \cos^2 B + \cos^2 C + 2\cos A \cos B \cos C = 1$$

得到 $x^2 + y^2 + z^2 + 2xyz = 1$. 联合 Jensen 不等式和算术平均–几何平均不等式, 我们不难推出

$$\cos A \cos B \cos C \leq \frac{1}{8}.$$

从而 $xyz \leq \frac{1}{8}$, 于是 $x^2 + y^2 + z^2 \geq \frac{3}{4}$. 由幂平均不等式, 我们有

$$(x^3 + y^3 + z^3)^2 \geq \frac{1}{3}(x^2 + y^2 + z^2)^3 \geq \frac{1}{4}(x^2 + y^2 + z^2)^2,$$

即

$$2(x^3 + y^3 + z^3) \geq x^2 + y^2 + z^2.$$

因此

$$2(x^3 + y^3 + z^3) + 2xyz \geq x^2 + y^2 + z^2 + 2xyz = 1,$$

这就完成了证明.

112 设 k 为正整数. 证明: $\sqrt{k+1} - \sqrt{k}$ 不是满足 $z^n = 1$ (其中 n 为某个正整数) 的复数 z 的实部.

解 我们使用反证法, 假设 $\alpha = \sqrt{k+1} - \sqrt{k}$ 是满足 $z^n = 1$ (其中 n 为某个正整数) 的某个复数 z 的实部. 由于 z 是 n 次单位根, 我们有

$$z = \cos \frac{2\pi j}{n} + i \sin \frac{2\pi j}{n}, \quad 0 \leq j \leq n-1.$$

因此在假设下我们将有

$$\alpha = \cos \frac{2\pi j}{n}.$$

令 $T_n(X)$ 为 n 次 Chebyshev 多项式. 那么由于 $T_n(\cos \theta) = \cos(n\theta)$, 我们得到

$$T_n(\alpha) = \cos(2\pi j) = 1.$$

现在考虑 $\beta = \sqrt{k+1} + \sqrt{k}$. 容易看出 $\alpha\beta = 1$ 且 $\alpha + \beta = 2\sqrt{k+1}$, 于是

$$\alpha^2 + \beta^2 = (\alpha + \beta)^2 - 2\alpha\beta = 4k + 2.$$

从而 $\pm\alpha, \pm\beta$ 是多项式

$$P(X) = X^4 - (4k+2)X^2 + 1$$

的根. 令 $Q(X)$ 为整系数首一多项式, 以 α 为其一个根, 并且 $Q(X)$ 是满足这个性质的次数最小的多项式 (由多项式 $P(X)$ 的存在性, 这样的多项式一定存在). 若 β 和 $-\beta$ 都不是 $Q(X)$ 的根, 则 $Q(X)$ 一定整除

$$(X-\alpha)(X+\alpha) = X^2 - (2k+1-2\sqrt{k(k+1)}),$$

那么 $k(k+1)$ 一定是完全平方数, 而这是不可能的. 因此或者 β 或者 $-\beta$ 是 $Q(X)$ 的根. 我们有 α 是 $T_n(X) - 1$ 的根, 那么由 $Q(X)$ 的构造, 我们一定有 $Q(X)$ 整除 $T_n(X) - 1$. 因此或者 β 或者 $-\beta$ 是 $T_n(X) - 1$ 的根. 然而我们知道, $T_n(X) - 1$ 的所有根都位于区间 $[-1,1]$ 内并且 $|\pm\beta| > 1$, 这就得出了矛盾. 从而我们完成了证明.

113 (MR J35) 证明: 在任何四个大于或等于 1 的实数中, 有两个数, 记为 a 和 b, 满足

$$\frac{\sqrt{(a^2-1)(b^2-1)}+1}{ab} \geq \frac{\sqrt{3}}{2}.$$

解　令 $a,b,c,d \geq 1$ 为满足题目条件的四个数. 由于它们都大于或等于 1, 存在 $\alpha, \beta, \gamma, \delta \in (0, \frac{\pi}{2}]$, 满足

$$\left(\frac{1}{a}, \frac{1}{b}, \frac{1}{c}, \frac{1}{d}\right) = (\sin\alpha, \sin\beta, \sin\gamma, \sin\delta).$$

那么

$$N_{a,b} = \frac{\sqrt{(a^2-1)(b^2-1)}+1}{ab} = \sqrt{\left(1-\frac{1}{a^2}\right)\left(1-\frac{1}{b^2}\right)} + \frac{1}{ab}$$

$$= \cos\alpha\cos\beta + \sin\alpha\sin\beta = \cos(\alpha-\beta).$$

由鸽笼原理, 集合 $\{\alpha, \beta, \gamma, \delta\}$ 中至少有两个元素位于区间 $(0, \frac{\pi}{6}], (\frac{\pi}{6}, \frac{\pi}{3}], (\frac{\pi}{3}, \frac{\pi}{2}]$ 中的一个里, 这推出它们中有两个, 记为 α 和 β, 满足 $0 \leq \alpha - \beta < \frac{\pi}{6}$. 由于函数 $\cos x$ 在 $[0, \frac{\pi}{2}]$ 上是严格增函数, 我们得到

$$N_{a,b} = \cos(\alpha-\beta) \geq \cos\frac{\pi}{6} = \frac{\sqrt{3}}{2}.$$

114 (MR J41) 设 a,b,c 为正实数, 满足 $a+b+c+1 = 4abc$. 证明

$$\frac{1}{a} + \frac{1}{b} + \frac{1}{c} \geq 3 \geq \frac{1}{\sqrt{ab}} + \frac{1}{\sqrt{bc}} + \frac{1}{\sqrt{ca}}.$$

解 由算术平均–几何平均不等式,

$$4\sqrt[4]{abc} \le a + b + c + 1 = 4abc.$$

因此 $abc \ge 1$. 从而 $a + b + c + abc \ge a + b + c + 1 = 4abc$, 即 $a + b + c \ge 3abc$. 由算术平均–几何平均不等式,

$$(ab + bc + ca)^2 \ge 3abc(a + b + c) \Rightarrow (ab + bc + ca)^2 \ge (3abc)^2.$$

从而

$$ab + bc + ca \ge 3abc \Rightarrow \frac{1}{a} + \frac{1}{b} + \frac{1}{c} \ge 3.$$

对于要证明的不等式的右半部分, 注意到 $a(4bc - 1) = b + c + 1$. 因此 $\frac{1}{4bc} < 1$. 我们用同样的方式得到 $\frac{1}{4ab}, \frac{1}{4ca} < 1$. 令

$$\frac{1}{4ab} = \cos^2 x, \ 0 < x < \frac{\pi}{2},$$

$$\frac{1}{4bc} = \cos^2 y, \ 0 < y < \frac{\pi}{2},$$

$$\frac{1}{4ca} = \cos^2 z, \ 0 < z < \frac{\pi}{2}.$$

注意到

$$\frac{1}{4ab} + \frac{1}{4bc} + \frac{1}{4ca} + \frac{1}{4abc} = 1,$$

我们做代换后得到

$$\cos^2 x + \cos^2 y + \cos^2 z + 2\cos x \cos y \cos z = 1,$$

这推出 x, y, z 是一个锐角三角形的三个角. 我们需要证明 $3 \ge 2\cos x + 2\cos y + 2\cos z$. 由 Carnot 恒等式

$$\cos x + \cos y + \cos z = 1 + \frac{r}{R},$$

我们只需证明 $3 \ge 2\left(1 + \frac{r}{R}\right)$, 而这等价于 Euler 不等式 $R \ge 2r$.

115 求满足以下条件的所有整数 k: 存在多项式 $P \in \mathbf{R}[X, Y, Z]$ 使得对于所有实数 x, y, 我们有

$$\cos(20x + 13y) = P(\cos x, \cos y, \cos(x + ky)).$$

解　我们来证明更一般的结果: 若 a 和 b 是非零整数, 则表达式 $\cos(ax + by)$ 不能表示成

$$\cos(ax + by) = P(\cos x, \cos y, \cos(x + ky)),$$

除非 k 整除 b.

若 $k = 0$, 则

$$\cos(ax - by) = P(\cos x, \cos(-y), \cos x) = P(\cos x, \cos y, \cos x)$$
$$= \cos(ax + by).$$

令 $x = \frac{\pi}{2a}, y = \frac{\pi}{2b}$, 我们得到 $1 = -1$, 显然矛盾.

当 $k \neq 0$ 时, 我们令 $y = \pm\frac{\pi}{k}$, 得到

$$\cos\left(ax - \frac{\pi b}{k}\right) = P(\cos x, \cos(-y), \cos(\pi - x))$$
$$= P(\cos x, \cos y, \cos(x + ky))$$
$$= \cos\left(ax + \frac{\pi b}{k}\right).$$

令 $x = \frac{\pi b}{ak}$, 我们得到 $1 = \cos\frac{2\pi b}{k}$, 当 b 不能被 k 整除时, 我们得到矛盾.

我们现在证明: 若 b 能被 k 整除, 则我们可以将 $\cos(ax + by)$ 表示成所需要的形式. 回忆起 Chebyshev 多项式满足递归关系式

$$T_{n+2}(x) = 2x T_{n+1}(x) - T_n(x), \quad 对于 \ n \geq 0.$$

我们也可以通过令 $T_n(x) = T_{-n}(x)$ 将它们的定义扩展到 $n < 0$ 的情形.

我们首先证明: 对于每个整数 a, $\cos(ax + ky)$ 可以表示成

$$\cos(ax + ky) = P(\cos x, \cos y, \cos(x + ky)).$$

事实上, 对于 $a = 0, 1$, 我们有 $\cos(ky) = T_k(\cos y)$ 以及

$$\cos(x + ky) = \cos(x + ky).$$

现在由恒等式

$$\cos(nx + ky) = 2\cos x \cos((n-1)x + ky) - \cos((n-2)x + ky),$$

我们通过归纳证明得到结论对于所有 $a \geq 0$ 成立. 结论可以由向下归纳立即扩展到 $a < 0$ 的情形.

我们最后证明: 对于任意整数 c, 表达式 $\cos(ax + cky)$ $(a, k \in \mathbf{Z})$ 也可以被表示成所需的形式. 对于 $c = 0$ 和 $c = 1$ 的情形, 结论显然成立, 这在前面已经证明. 由恒等式

$$\cos(ax + nky) = 2\cos(ky)\cos\left(ax + (n-1)ky\right) - \cos\left(ax + (n-2)ky\right),$$

我们通过归纳证明得到结论对于所有非负整数 c 成立. 我们可以直接将结论扩展到负整数.

从而本题的解为 $k = \pm 1$ 和 $k = \pm 13$.

参考文献

[1] ANDREESCU T, FENG Z. 103 Trigonometry Problems from the Training of the USA IMO Team [M]. Boston: Birkäuser, 2005.

[2] RUDIN W. Principles of Mathematical Analysis [M]. 3rd ed. New York: McGraw-Hill International Editions, 1964.

[3] www.maa.org/press/periodicals/american-mathematical-monthly

[4] www.artofproblemsolving.com

[5] www.awesomemath.org/mathematical-reflections

[6] www.kvant.mccme.ru

刘培杰数学工作室
已出版(即将出版)图书目录——初等数学

书　　名	出版时间	定　价	编号
新编中学数学解题方法全书(高中版)上卷(第2版)	2018－08	58.00	951
新编中学数学解题方法全书(高中版)中卷(第2版)	2018－08	68.00	952
新编中学数学解题方法全书(高中版)下卷(一)(第2版)	2018－08	58.00	953
新编中学数学解题方法全书(高中版)下卷(二)(第2版)	2018－08	58.00	954
新编中学数学解题方法全书(高中版)下卷(三)(第2版)	2018－08	68.00	955
新编中学数学解题方法全书(初中版)上卷	2008－01	28.00	29
新编中学数学解题方法全书(初中版)中卷	2010－07	38.00	75
新编中学数学解题方法全书(高考复习卷)	2010－01	48.00	67
新编中学数学解题方法全书(高考真题卷)	2010－01	38.00	62
新编中学数学解题方法全书(高考精华卷)	2011－03	68.00	118
新编平面解析几何解题方法全书(专题讲座卷)	2010－01	18.00	61
新编中学数学解题方法全书(自主招生卷)	2013－08	88.00	261
数学奥林匹克与数学文化(第一辑)	2006－05	48.00	4
数学奥林匹克与数学文化(第二辑)(竞赛卷)	2008－01	48.00	19
数学奥林匹克与数学文化(第二辑)(文化卷)	2008－07	58.00	36′
数学奥林匹克与数学文化(第三辑)(竞赛卷)	2010－01	48.00	59
数学奥林匹克与数学文化(第四辑)(竞赛卷)	2011－08	58.00	87
数学奥林匹克与数学文化(第五辑)	2015－06	98.00	370
世界著名平面几何经典著作钩沉——几何作图专题卷(共3卷)	2022－01	198.00	1460
世界著名平面几何经典著作钩沉(民国平面几何老课本)	2011－03	38.00	113
世界著名平面几何经典著作钩沉(建国初期平面三角老课本)	2015－08	38.00	507
世界著名解析几何经典著作钩沉——平面解析几何卷	2014－01	38.00	264
世界著名数论经典著作钩沉(算术卷)	2012－01	28.00	125
世界著名数学经典著作钩沉——立体几何卷	2011－02	28.00	88
世界著名三角学经典著作钩沉(平面三角卷Ⅰ)	2010－06	28.00	69
世界著名三角学经典著作钩沉(平面三角卷Ⅱ)	2011－01	38.00	78
世界著名初等数论经典著作钩沉(理论和实用算术卷)	2011－07	38.00	126
世界著名几何经典著作钩沉(解析几何卷)	2022－10	68.00	1564
发展你的空间想象力(第3版)	2021－01	98.00	1464
空间想象力进阶	2019－05	68.00	1062
走向国际数学奥林匹克的平面几何试题诠释.第1卷	2019－07	88.00	1043
走向国际数学奥林匹克的平面几何试题诠释.第2卷	2019－09	78.00	1044
走向国际数学奥林匹克的平面几何试题诠释.第3卷	2019－03	78.00	1045
走向国际数学奥林匹克的平面几何试题诠释.第4卷	2019－09	98.00	1046
平面几何证明方法全书	2007－08	35.00	1
平面几何证明方法全书习题解答(第2版)	2006－12	18.00	10
平面几何天天练上卷·基础篇(直线型)	2013－01	58.00	208
平面几何天天练中卷·基础篇(涉及圆)	2013－01	28.00	234
平面几何天天练下卷·提高篇	2013－01	58.00	237
平面几何专题研究	2013－07	98.00	258
平面几何解题之道.第1卷	2022－05	38.00	1494
几何学习题集	2020－10	48.00	1217
通过解题学习代数几何	2021－04	88.00	1301
圆锥曲线的奥秘	2022－06	88.00	1541

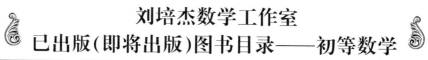

刘培杰数学工作室
已出版(即将出版)图书目录——初等数学

书　名	出版时间	定价	编号
最新世界各国数学奥林匹克中的平面几何试题	2007－09	38.00	14
数学竞赛平面几何典型题及新颖解	2010－07	48.00	74
初等数学复习及研究(平面几何)	2008－09	68.00	38
初等数学复习及研究(立体几何)	2010－06	38.00	71
初等数学复习及研究(平面几何)习题解答	2009－01	58.00	42
几何学教程(平面几何卷)	2011－03	68.00	90
几何学教程(立体几何卷)	2011－07	68.00	130
几何变换与几何证题	2010－06	88.00	70
计算方法与几何证题	2011－06	28.00	129
立体几何技巧与方法(第2版)	2022－10	168.00	1572
几何瑰宝——平面几何500名题暨1500条定理(上、下)	2021－07	168.00	1358
三角形的解法与应用	2012－07	18.00	183
近代的三角形几何学	2012－07	48.00	184
一般折线几何学	2015－08	48.00	503
三角形的五心	2009－06	28.00	51
三角形的六心及其应用	2015－10	68.00	542
三角形趣谈	2012－08	28.00	212
解三角形	2014－01	28.00	265
探秘三角形:一次数学旅行	2021－10	68.00	1387
三角学专门教程	2014－09	28.00	387
图天下几何新题试卷·初中(第2版)	2017－11	58.00	855
圆锥曲线习题集(上册)	2013－06	68.00	255
圆锥曲线习题集(中册)	2015－01	78.00	434
圆锥曲线习题集(下册·第1卷)	2016－10	78.00	683
圆锥曲线习题集(下册·第2卷)	2018－01	98.00	853
圆锥曲线习题集(下册·第3卷)	2019－10	128.00	1113
圆锥曲线的思想方法	2021－08	48.00	1379
圆锥曲线的八个主要问题	2021－10	48.00	1415
论九点圆	2015－05	88.00	645
近代欧氏几何学	2012－03	48.00	162
罗巴切夫斯基几何学及几何基础概要	2012－07	28.00	188
罗巴切夫斯基几何学初步	2015－06	28.00	474
用三角、解析几何、复数、向量计算解数学竞赛几何题	2015－03	48.00	455
用解析法研究圆锥曲线的几何理论	2022－05	48.00	1495
美国中学几何教程	2015－04	88.00	458
三线坐标与三角形特征点	2015－04	98.00	460
坐标几何学基础.第1卷,笛卡儿坐标	2021－08	48.00	1398
坐标几何学基础.第2卷,三线坐标	2021－09	28.00	1399
平面解析几何方法与研究(第1卷)	2015－05	18.00	471
平面解析几何方法与研究(第2卷)	2015－06	18.00	472
平面解析几何方法与研究(第3卷)	2015－07	18.00	473
解析几何研究	2015－01	38.00	425
解析几何学教程.上	2016－01	38.00	574
解析几何学教程.下	2016－01	38.00	575
几何学基础	2016－01	58.00	581
初等几何研究	2015－02	58.00	444
十九和二十世纪欧氏几何学中的片段	2017－01	58.00	696
平面几何中考.高考.奥数一本通	2017－07	28.00	820
几何学简史	2017－08	28.00	833
四面体	2018－01	48.00	880
平面几何证明方法思路	2018－12	68.00	913
折纸中的几何练习	2022－09	48.00	1559
中学新几何学(英文)	2022－10	98.00	1562
线性代数与几何	2023－04	68.00	1633
四面体几何学引论	2023－06	68.00	1648

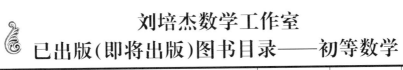

刘培杰数学工作室
已出版(即将出版)图书目录——初等数学

书　名	出版时间	定　价	编号
平面几何图形特性新析.上篇	2019—01	68.00	911
平面几何图形特性新析.下篇	2018—06	88.00	912
平面几何范例多解探究.上篇	2018—04	48.00	910
平面几何范例多解探究.下篇	2018—12	68.00	914
从分析解题过程学解题:竞赛中的几何问题研究	2018—07	68.00	946
从分析解题过程学解题:竞赛中的向量几何与不等式研究(全2册)	2019—06	138.00	1090
从分析解题过程学解题:竞赛中的不等式问题	2021—01	48.00	1249
二维、三维欧氏几何的对偶原理	2018—12	38.00	990
星形大观及闭折线论	2019—03	68.00	1020
立体几何的问题和方法	2019—11	58.00	1127
三角代换论	2021—05	58.00	1313
俄罗斯平面几何问题集	2009—08	88.00	55
俄罗斯立体几何问题集	2014—03	58.00	283
俄罗斯几何大师——沙雷金论数学及其他	2014—01	48.00	271
来自俄罗斯的5000道几何习题及解答	2011—03	58.00	89
俄罗斯初等数学问题集	2012—05	38.00	177
俄罗斯函数问题集	2011—03	38.00	103
俄罗斯组合分析问题集	2011—01	48.00	79
俄罗斯初等数学万题选——三角卷	2012—11	38.00	222
俄罗斯初等数学万题选——代数卷	2013—08	68.00	225
俄罗斯初等数学万题选——几何卷	2014—01	68.00	226
俄罗斯《量子》杂志数学征解问题100题选	2018—08	48.00	969
俄罗斯《量子》杂志数学征解问题又100题选	2018—08	48.00	970
俄罗斯《量子》杂志数学征解问题	2020—05	48.00	1138
463个俄罗斯几何老问题	2012—01	28.00	152
《量子》数学短文精粹	2018—09	38.00	972
用三角、解析几何等计算解来自俄罗斯的几何题	2019—11	88.00	1119
基谢廖夫平面几何	2022—01	48.00	1461
基谢廖夫立体几何	2023—04	48.00	1599
数学:代数、数学分析和几何(10—11年级)	2021—01	48.00	1250
直观几何学:5—6年级	2022—04	58.00	1508
几何学:第2版.7—9年级	2023—08	68.00	1684
平面几何:9—11年级	2022—10	48.00	1571
立体几何.10—11年级	2022—01	58.00	1472

谈谈素数	2011—03	18.00	91
平方和	2011—03	18.00	92
整数论	2011—05	38.00	120
从整数谈起	2015—10	28.00	538
数与多项式	2016—01	38.00	558
谈谈不定方程	2011—05	28.00	119
质数漫谈	2022—07	68.00	1529

解析不等式新论	2009—06	68.00	48
建立不等式的方法	2011—03	98.00	104
数学奥林匹克不等式研究(第2版)	2020—07	68.00	1181
不等式研究(第三辑)	2023—08	198.00	1673
不等式的秘密(第一卷)(第2版)	2014—02	38.00	286
不等式的秘密(第二卷)	2014—01	38.00	268
初等不等式的证明方法	2010—06	38.00	123
初等不等式的证明方法(第二版)	2014—11	38.00	407
不等式·理论·方法(基础卷)	2015—07	38.00	496
不等式·理论·方法(经典不等式卷)	2015—07	38.00	497
不等式·理论·方法(特殊类型不等式卷)	2015—07	48.00	498
不等式探究	2016—03	38.00	582
不等式探秘	2017—01	88.00	689
四面体不等式	2017—01	68.00	715
数学奥林匹克中常见重要不等式	2017—09	38.00	845

刘培杰数学工作室
已出版(即将出版)图书目录——初等数学

书　名	出版时间	定　价	编号
三正弦不等式	2018－09	98.00	974
函数方程与不等式:解法与稳定性结果	2019－04	68.00	1058
数学不等式.第1卷,对称多项式不等式	2022－05	78.00	1455
数学不等式.第2卷,对称有理不等式与对称无理不等式	2022－05	88.00	1456
数学不等式.第3卷,循环不等式与非循环不等式	2022－05	88.00	1457
数学不等式.第4卷,Jensen不等式的扩展与加细	2022－05	88.00	1458
数学不等式.第5卷,创建不等式与解不等式的其他方法	2022－05	88.00	1459
同余理论	2012－05	38.00	163
[x]与{x}	2015－04	48.00	476
极值与最值.上卷	2015－06	28.00	486
极值与最值.中卷	2015－06	38.00	487
极值与最值.下卷	2015－06	28.00	488
整数的性质	2012－11	38.00	192
完全平方数及其应用	2015－08	78.00	506
多项式理论	2015－10	88.00	541
奇数、偶数、奇偶分析法	2018－01	98.00	876
不定方程及其应用.上	2018－12	58.00	992
不定方程及其应用.中	2019－01	78.00	993
不定方程及其应用.下	2019－02	98.00	994
Nesbitt不等式加强式的研究	2022－06	128.00	1527
最值定理与分析不等式	2023－02	78.00	1567
一类积分不等式	2023－02	88.00	1579
邦费罗尼不等式及概率应用	2023－05	58.00	1637
历届美国中学生数学竞赛试题及解答(第一卷)1950—1954	2014－07	18.00	277
历届美国中学生数学竞赛试题及解答(第二卷)1955—1959	2014－04	18.00	278
历届美国中学生数学竞赛试题及解答(第三卷)1960—1964	2014－06	18.00	279
历届美国中学生数学竞赛试题及解答(第四卷)1965—1969	2014－04	28.00	280
历届美国中学生数学竞赛试题及解答(第五卷)1970—1972	2014－06	18.00	281
历届美国中学生数学竞赛试题及解答(第六卷)1973—1980	2017－07	18.00	768
历届美国中学生数学竞赛试题及解答(第七卷)1981—1986	2015－01	18.00	424
历届美国中学生数学竞赛试题及解答(第八卷)1987—1990	2017－05	18.00	769
历届中国数学奥林匹克试题集(第3版)	2021－10	58.00	1440
历届加拿大数学奥林匹克试题集	2012－08	38.00	215
历届美国数学奥林匹克试题集	2023－08	98.00	1681
历届波兰数学竞赛试题集.第1卷,1949~1963	2015－03	18.00	453
历届波兰数学竞赛试题集.第2卷,1964~1976	2015－03	18.00	454
历届巴尔干数学奥林匹克试题集	2015－05	38.00	466
保加利亚数学奥林匹克	2014－10	38.00	393
圣彼得堡数学奥林匹克试题集	2015－01	38.00	429
匈牙利奥林匹克数学竞赛题解.第1卷	2016－05	28.00	593
匈牙利奥林匹克数学竞赛题解.第2卷	2016－05	28.00	594
历届美国数学邀请赛试题集(第2版)	2017－10	78.00	851
普林斯顿大学数学竞赛	2016－06	38.00	669
亚太地区数学奥林匹克竞赛题	2015－07	18.00	492
日本历届(初级)广中杯数学竞赛试题及解答.第1卷(2000~2007)	2016－05	28.00	641
日本历届(初级)广中杯数学竞赛试题及解答.第2卷(2008~2015)	2016－05	38.00	642
越南数学奥林匹克题选:1962—2009	2021－07	48.00	1370
360个数学竞赛问题	2016－08	58.00	677
奥数最佳实战题.上卷	2017－06	38.00	760
奥数最佳实战题.下卷	2017－05	58.00	761
哈尔滨市早期中学数学竞赛试题汇编	2016－07	28.00	672
全国高中数学联赛试题及解答:1981—2019(第4版)	2020－07	138.00	1176
2022年全国高中数学联合竞赛模拟题集	2022－06	30.00	1521

刘培杰数学工作室
已出版(即将出版)图书目录——初等数学

书　名	出版时间	定　价	编号
20 世纪 50 年代全国部分城市数学竞赛试题汇编	2017－07	28.00	797
国内外数学竞赛题及精解:2018～2019	2020－08	45.00	1192
国内外数学竞赛题及精解:2019～2020	2021－11	58.00	1439
许康华竞赛优学精选集.第一辑	2018－08	68.00	949
天问叶班数学问题征解 100 题.Ⅰ,2016－2018	2019－05	88.00	1075
天问叶班数学问题征解 100 题.Ⅱ,2017－2019	2020－07	98.00	1177
美国初中数学竞赛:AMC8 准备(共 6 卷)	2019－07	138.00	1089
美国高中数学竞赛:AMC10 准备(共 6 卷)	2019－08	158.00	1105
王连笑教你怎样学数学:高考选择题解题策略与客观题实用训练	2014－01	48.00	262
王连笑教你怎样学数学:高考数学高层次讲座	2015－02	48.00	432
高考数学的理论与实践	2009－08	38.00	53
高考数学核心题型解题方法与技巧	2010－01	28.00	86
高考思维新平台	2014－03	38.00	259
高考数学压轴题解题诀窍(上)(第 2 版)	2018－01	58.00	874
高考数学压轴题解题诀窍(下)(第 2 版)	2018－01	48.00	875
北京市五区文科数学三年高考模拟题详解:2013～2015	2015－08	48.00	500
北京市五区理科数学三年高考模拟题详解:2013～2015	2015－09	68.00	505
向量法巧解数学高考题	2009－08	28.00	54
高中数学课堂教学的实践与反思	2021－11	48.00	791
数学高考参考	2016－01	78.00	589
新课程标准高考数学解答题各种题型解法指导	2020－08	78.00	1196
全国及各省市高考数学试题审题要津与解法研究	2015－02	48.00	450
高中数学章节起始课的教学研究与案例设计	2019－05	28.00	1064
新课标高考数学——五年试题分章详解(2007～2011)(上、下)	2011－10	78.00	140,141
全国中考数学压轴题审题要津与解法研究	2013－04	78.00	248
新编全国及各省市中考数学压轴题审题要津与解法研究	2014－05	58.00	342
全国及各省市 5 年中考数学压轴题审题要津与解法研究(2015 版)	2015－04	58.00	462
中考数学专题总复习	2007－04	28.00	6
中考数学较难题常考题型解题方法与技巧	2016－09	48.00	681
中考数学难题常考题型解题方法与技巧	2016－09	48.00	682
中考数学中档题常考题型解题方法与技巧	2017－08	68.00	835
中考数学选择填空压轴好题妙解 365	2017－05	38.00	759
中考数学:三类重点考题的解法例析与习题	2020－04	48.00	1140
中小学数学的历史文化	2019－11	48.00	1124
初中平面几何百题多思创新解	2020－01	58.00	1125
初中数学中考备考	2020－01	58.00	1126
高考数学之九章演义	2019－08	68.00	1044
高考数学之难题谈笑间	2022－06	68.00	1519
化学可以这样学:高中化学知识方法智慧感悟疑难辨析	2019－07	58.00	1103
如何成为学习高手	2019－09	58.00	1107
高考数学:经典真题分类解析	2020－04	78.00	1134
高考数学解答题破解策略	2020－11	58.00	1221
从分析解题过程学解题:高考压轴题与竞赛题之关系探究	2020－08	88.00	1179
教学新思考:单元整体视角下的初中数学教学设计	2021－03	58.00	1278
思维再拓展:2020 年经典几何题的多解探究与思考	即将出版		1279
中考数学小压轴汇编初讲	2017－07	48.00	788
中考数学大压轴专题微言	2017－09	48.00	846
怎么解中考平面几何探索题	2019－06	48.00	1093
北京中考数学压轴题解题方法突破(第 8 版)	2022－11	78.00	1577
助你高考成功的数学解题智慧:知识是智慧的基础	2016－01	58.00	596
助你高考成功的数学解题智慧:错误是智慧的试金石	2016－04	58.00	643
助你高考成功的数学解题智慧:方法是智慧的推手	2016－04	68.00	657
高考数学奇思妙解	2016－04	38.00	610
高考数学解题策略	2016－05	48.00	670
数学解题泄天机(第 2 版)	2017－10	48.00	850

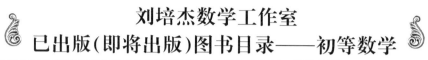

刘培杰数学工作室
已出版(即将出版)图书目录——初等数学

书　　名	出版时间	定　价	编号
高中物理教学讲义	2018—01	48.00	871
高中物理教学讲义:全模块	2022—03	98.00	1492
高中物理答疑解惑65篇	2021—11	48.00	1462
中学物理基础问题解析	2020—08	48.00	1183
初中数学、高中数学脱节知识补缺教材	2017—06	48.00	766
高考数学客观题解题方法和技巧	2017—10	38.00	847
十年高考数学精品试题审题要津与解法研究	2021—10	98.00	1427
中国历届高考数学试题及解答.1949—1979	2018—01	38.00	877
历届中国高考数学试题及解答.第二卷,1980—1989	2018—10	28.00	975
历届中国高考数学试题及解答.第三卷,1990—1999	2018—10	48.00	976
跟我学解高中数学题	2018—07	58.00	926
中学数学研究的方法及案例	2018—05	58.00	869
高考数学抢分技能	2018—07	68.00	934
高一新生常用数学方法和重要数学思想提升教材	2018—06	38.00	921
高考数学全国卷六道解答题常考题型解题诀窍:理科(全2册)	2019—07	78.00	1101
高考数学全国卷16道选择、填空题常考题型解题诀窍.理科	2018—09	88.00	971
高考数学全国卷16道选择、填空题常考题型解题诀窍.文科	2020—01	88.00	1123
高中数学一题多解	2019—06	58.00	1087
历届中国高考数学试题及解答:1917—1999	2021—08	98.00	1371
2000~2003年全国及各省市高考数学试题及解答	2022—05	88.00	1499
2004年全国及各省市高考数学试题及解答	2023—08	78.00	1500
2005年全国及各省市高考数学试题及解答	2023—08	78.00	1501
2006年全国及各省市高考数学试题及解答	2023—08	88.00	1502
2007年全国及各省市高考数学试题及解答	2023—08	98.00	1503
2008年全国及各省市高考数学试题及解答	2023—08	88.00	1504
2009年全国及各省市高考数学试题及解答	2023—08	88.00	1505
2010年全国及各省市高考数学试题及解答	2023—08	98.00	1506
突破高原:高中数学解题思维探究	2021—08	48.00	1375
高考数学中的"取值范围"	2021—10	48.00	1429
新课程标准高中数学各种题型解法大全.必修一分册	2021—06	58.00	1315
新课程标准高中数学各种题型解法大全.必修二分册	2022—01	68.00	1471
高中数学各种题型解法大全.选择性必修一分册	2022—06	68.00	1525
高中数学各种题型解法大全.选择性必修二分册	2023—01	58.00	1600
高中数学各种题型解法大全.选择性必修三分册	2023—04	48.00	1643
历届全国初中数学竞赛经典试题详解	2023—04	88.00	1624
孟祥礼高考数学精刷精解	2023—06	98.00	1663

新编640个世界著名数学智力趣题	2014—01	88.00	242
500个最新世界著名数学智力趣题	2008—06	48.00	3
400个最新世界著名数学最值问题	2008—09	48.00	36
500个世界著名数学征解问题	2009—06	48.00	52
400个中国最佳初等数学征解老问题	2010—01	48.00	60
500个俄罗斯数学经典老题	2011—01	28.00	81
1000个国外中学物理好题	2012—04	48.00	174
300个日本高考数学题	2012—05	38.00	142
700个早期日本高考数学试题	2017—02	88.00	752
500个前苏联早期高考数学试题及解答	2012—05	28.00	185
546个早期俄罗斯大学生数学竞赛题	2014—03	38.00	285
548个来自美苏的数学好问题	2014—11	28.00	396
20所苏联著名大学早期入学试题	2015—02	18.00	452
161道德国工科大学生必做的微分方程习题	2015—05	28.00	469
500个德国工科大学生必做的高数习题	2015—06	28.00	478
360个数学竞赛问题	2016—08	58.00	677
200个趣味数学故事	2018—02	48.00	857
470个数学奥林匹克中的最值问题	2018—10	88.00	985
德国讲义日本考题.微积分卷	2015—04	48.00	456
德国讲义日本考题.微分方程卷	2015—04	38.00	457
二十世纪中叶中、英、美、日、法、俄高考数学试题精选	2017—06	38.00	783

刘培杰数学工作室
已出版(即将出版)图书目录——初等数学

书　　名	出版时间	定　价	编号
中国初等数学研究　2009卷(第1辑)	2009—05	20.00	45
中国初等数学研究　2010卷(第2辑)	2010—05	30.00	68
中国初等数学研究　2011卷(第3辑)	2011—07	60.00	127
中国初等数学研究　2012卷(第4辑)	2012—07	48.00	190
中国初等数学研究　2014卷(第5辑)	2014—02	48.00	288
中国初等数学研究　2015卷(第6辑)	2015—06	68.00	493
中国初等数学研究　2016卷(第7辑)	2016—04	68.00	609
中国初等数学研究　2017卷(第8辑)	2017—01	98.00	712
初等数学研究在中国.第1辑	2019—03	158.00	1024
初等数学研究在中国.第2辑	2019—10	158.00	1116
初等数学研究在中国.第3辑	2021—05	158.00	1306
初等数学研究在中国.第4辑	2022—06	158.00	1520
初等数学研究在中国.第5辑	2023—07	158.00	1635
几何变换(Ⅰ)	2014—07	28.00	353
几何变换(Ⅱ)	2015—06	28.00	354
几何变换(Ⅲ)	2015—01	38.00	355
几何变换(Ⅳ)	2015—12	38.00	356
初等数论难题集(第一卷)	2009—05	68.00	44
初等数论难题集(第二卷)(上、下)	2011—02	128.00	82,83
数论概貌	2011—03	18.00	93
代数数论(第二版)	2013—08	58.00	94
代数多项式	2014—06	38.00	289
初等数论的知识与问题	2011—02	28.00	95
超越数论基础	2011—03	28.00	96
数论初等教程	2011—03	28.00	97
数论基础	2011—03	18.00	98
数论基础与维诺格拉多夫	2014—03	18.00	292
解析数论基础	2012—08	28.00	216
解析数论基础(第二版)	2014—01	48.00	287
解析数论问题集(第二版)(原版引进)	2014—05	88.00	343
解析数论问题集(第二版)(中译本)	2016—04	88.00	607
解析数论基础(潘承洞,潘承彪著)	2016—07	98.00	673
解析数论导引	2016—07	58.00	674
数论入门	2011—03	38.00	99
代数数论入门	2015—03	38.00	448
数论开篇	2012—07	28.00	194
解析数论引论	2011—03	48.00	100
Barban Davenport Halberstam 均值和	2009—01	40.00	33
基础数论	2011—03	28.00	101
初等数论 100 例	2011—05	18.00	122
初等数论经典例题	2012—07	18.00	204
最新世界各国数学奥林匹克中的初等数论试题(上、下)	2012—01	138.00	144,145
初等数论(Ⅰ)	2012—01	18.00	156
初等数论(Ⅱ)	2012—01	18.00	157
初等数论(Ⅲ)	2012—01	28.00	158

刘培杰数学工作室
已出版(即将出版)图书目录——初等数学

书　名	出版时间	定　价	编号
平面几何与数论中未解决的新老问题	2013—01	68.00	229
代数数论简史	2014—11	28.00	408
代数数论	2015—09	88.00	532
代数、数论及分析习题集	2016—11	98.00	695
数论导引提要及习题解答	2016—01	48.00	559
素数定理的初等证明.第2版	2016—09	48.00	686
数论中的模函数与狄利克雷级数(第二版)	2017—11	78.00	837
数论:数学导引	2018—01	68.00	849
范氏大代数	2019—02	98.00	1016
解析数学讲义.第一卷,导来式及微分、积分、级数	2019—04	88.00	1021
解析数学讲义.第二卷,关于几何的应用	2019—04	68.00	1022
解析数学讲义.第三卷,解析函数论	2019—04	78.00	1023
分析·组合·数论纵横谈	2019—04	58.00	1039
Hall代数:民国时期的中学数学课本:英文	2019—08	88.00	1106
基谢廖夫初等代数	2022—07	38.00	1531
数学精神巡礼	2019—01	58.00	731
数学眼光透视(第2版)	2017—06	78.00	732
数学思想领悟(第2版)	2018—01	68.00	733
数学方法溯源(第2版)	2018—08	68.00	734
数学解题引论	2017—05	58.00	735
数学史话览胜(第2版)	2017—01	48.00	736
数学应用展观(第2版)	2017—08	68.00	737
数学建模尝试	2018—04	48.00	738
数学竞赛采风	2018—01	68.00	739
数学测评探营	2019—05	58.00	740
数学技能操握	2018—03	48.00	741
数学欣赏拾趣	2018—02	48.00	742
从毕达哥拉斯到怀尔斯	2007—10	48.00	9
从迪利克雷到维斯卡尔迪	2008—01	48.00	21
从哥德巴赫到陈景润	2008—05	98.00	35
从庞加莱到佩雷尔曼	2011—08	138.00	136
博弈论精粹	2008—03	58.00	30
博弈论精粹.第二版(精装)	2015—01	88.00	461
数学 我爱你	2008—01	28.00	20
精神的圣徒 别样的人生——60位中国数学家成长的历程	2008—09	48.00	39
数学史概论	2009—06	78.00	50
数学史概论(精装)	2013—03	158.00	272
数学史选讲	2016—01	48.00	544
斐波那契数列	2010—02	28.00	65
数学拼盘和斐波那契魔方	2010—07	38.00	72
斐波那契数列欣赏(第2版)	2018—08	58.00	948
Fibonacci数列中的明珠	2018—06	58.00	928
数学的创造	2011—02	48.00	85
数学美与创造力	2016—01	48.00	595
数海拾贝	2016—01	48.00	590
数学中的美(第2版)	2019—04	68.00	1057
数论中的美学	2014—12	38.00	351

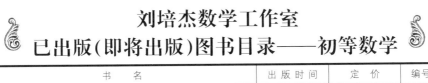

书　名	出版时间	定　价	编号
数学王者　科学巨人——高斯	2015－01	28.00	428
振兴祖国数学的圆梦之旅:中国初等数学研究史话	2015－06	98.00	490
二十世纪中国数学史料研究	2015－10	48.00	536
数字谜、数阵图与棋盘覆盖	2016－01	58.00	298
时间的形状	2016－01	38.00	556
数学发现的艺术:数学探索中的合情推理	2016－07	58.00	671
活跃在数学中的参数	2016－07	48.00	675
数海趣史	2021－05	98.00	1314
玩转幻中之幻	2023－08	88.00	1682
数学解题——靠数学思想给力(上)	2011－07	38.00	131
数学解题——靠数学思想给力(中)	2011－07	48.00	132
数学解题——靠数学思想给力(下)	2011－07	38.00	133
我怎样解题	2013－01	48.00	227
数学解题中的物理方法	2011－06	28.00	114
数学解题的特殊方法	2011－06	48.00	115
中学数学计算技巧(第2版)	2020－10	48.00	1220
中学数学证明方法	2012－01	58.00	117
数学趣题巧解	2012－03	28.00	128
高中数学教学通鉴	2015－05	58.00	479
和高中生漫谈:数学与哲学的故事	2014－08	28.00	369
算术问题集	2017－03	38.00	789
张教授讲数学	2018－07	38.00	933
陈永明实话实说数学教学	2020－04	68.00	1132
中学数学学科知识与教学能力	2020－06	58.00	1155
怎样把课讲好:大罕数学教学随笔	2022－03	58.00	1484
中国高考评价体系下高考数学探秘	2022－03	48.00	1487
自主招生考试中的参数方程问题	2015－01	28.00	435
自主招生考试中的极坐标问题	2015－04	28.00	463
近年全国重点大学自主招生数学试题全解及研究.华约卷	2015－02	38.00	441
近年全国重点大学自主招生数学试题全解及研究.北约卷	2016－05	38.00	619
自主招生数学解证宝典	2015－09	48.00	535
中国科学技术大学创新班数学真题解析	2022－03	48.00	1488
中国科学技术大学创新班物理真题解析	2022－03	58.00	1489
格点和面积	2012－07	18.00	191
射影几何趣谈	2012－04	28.00	175
斯潘纳尔引理——从一道加拿大数学奥林匹克试题谈起	2014－01	28.00	228
李普希兹条件——从几道近年高考数学试题谈起	2012－10	18.00	221
拉格朗日中值定理——从一道北京高考试题的解法谈起	2015－10	18.00	197
闵科夫斯基定理——从一道清华大学自主招生试题谈起	2014－01	28.00	198
哈尔测度——从一道冬令营试题的背景谈起	2012－08	28.00	202
切比雪夫逼近问题——从一道中国台北数学奥林匹克试题谈起	2013－04	38.00	238
伯恩斯坦多项式与贝齐尔曲面——从一道全国高中数学联赛试题谈起	2013－03	38.00	236
卡塔兰猜想——从一道普特南竞赛试题谈起	2013－06	18.00	256
麦卡锡函数和阿克曼函数——从一道前南斯拉夫数学奥林匹克试题谈起	2012－08	18.00	201
贝蒂定理与拉姆贝克莫斯尔定理——从一个拣石子游戏谈起	2012－08	18.00	217
皮亚诺曲线和豪斯道夫分球定理——从无限集谈起	2012－08	18.00	211
平面凸图形与凸多面体	2012－10	28.00	218
斯坦因豪斯问题——从一道二十五省市自治区中学数学竞赛试题谈起	2012－07	18.00	196

刘培杰数学工作室
已出版(即将出版)图书目录——初等数学

书　名	出版时间	定　价	编号
纽结理论中的亚历山大多项式与琼斯多项式——从一道北京市高一数学竞赛试题谈起	2012—07	28.00	195
原则与策略——从波利亚"解题表"谈起	2013—04	38.00	244
转化与化归——从三大尺规作图不能问题谈起	2012—08	28.00	214
代数几何中的贝祖定理(第一版)——从一道IMO试题的解法谈起	2013—08	18.00	193
成功连贯理论与约当块理论——从一道比利时数学竞赛试题谈起	2012—04	18.00	180
素数判定与大数分解	2014—08	18.00	199
置换多项式及其应用	2012—10	18.00	220
椭圆函数与模函数——从一道美国加州大学洛杉矶分校(UCLA)博士资格考题谈起	2012—10	28.00	219
差分方程的拉格朗日方法——从一道2011年全国高考理科试题的解法谈起	2012—08	28.00	200
力学在几何中的一些应用	2013—01	38.00	240
从根式解到伽罗华理论	2020—01	48.00	1121
康托洛维奇不等式——从一道全国高中联赛试题谈起	2013—03	28.00	337
西格尔引理——从一道第18届IMO试题的解法谈起	即将出版		
罗斯定理——从一道前苏联数学竞赛试题谈起	即将出版		
拉克斯定理和阿廷定理——从一道IMO试题的解法谈起	2014—01	58.00	246
毕卡大定理——从一道美国大学数学竞赛试题谈起	2014—07	18.00	350
贝齐尔曲线——从一道全国高中联赛试题谈起	即将出版		
拉格朗日乘子定理——从一道2005年全国高中联赛试题的高等数学解法谈起	2015—05	28.00	480
雅可比定理——从一道日本数学奥林匹克试题谈起	2013—04	48.00	249
李天岩—约克定理——从一道波兰数学竞赛试题谈起	2014—06	28.00	349
受控理论与初等不等式:从一道IMO试题的解法谈起	2023—03	48.00	1601
布劳维不动点定理——从一道前苏联数学奥林匹克试题谈起	2014—01	38.00	273
伯恩赛德定理——从一道英国数学奥林匹克试题谈起	即将出版		
布查特—莫斯特定理——从一道上海市初中竞赛试题谈起	即将出版		
数论中的同余数问题——从一道普特南竞赛试题谈起	即将出版		
范·德蒙行列式——从一道美国数学奥林匹克试题谈起	即将出版		
中国剩余定理:总数法构建中国历史年表	2015—01	28.00	430
牛顿程序与方程求根——从一道全国高考试题解法谈起	即将出版		
库默尔定理——从一道IMO预选试题谈起	即将出版		
卢丁定理——从一道冬令营试题的解法谈起	即将出版		
沃斯滕霍姆定理——从一道IMO预选试题谈起	即将出版		
卡尔松不等式——从一道莫斯科数学奥林匹克试题谈起	即将出版		
信息论中的香农熵——从一道近年高考压轴题谈起	即将出版		
约当不等式——从一道希望杯竞赛试题谈起	即将出版		
拉比诺维奇定理	即将出版		
刘维尔定理——从一道《美国数学月刊》征解问题的解法谈起	即将出版		
卡塔兰恒等式与级数求和——从一道IMO试题的解法谈起	即将出版		
勒让德猜想与素数分布——从一道爱尔兰竞赛试题谈起	即将出版		
天平称重与信息论——从一道基辅市数学奥林匹克试题谈起	即将出版		
哈密尔顿—凯莱定理:从一道高中数学联赛试题的解法谈起	2014—09	18.00	376
艾思特曼定理——从一道CMO试题的解法谈起	即将出版		

刘培杰数学工作室
已出版（即将出版）图书目录——初等数学

书　名	出版时间	定　价	编号
阿贝尔恒等式与经典不等式及应用	2018－06	98.00	923
迪利克雷除数问题	2018－07	48.00	930
幻方、幻立方与拉丁方	2019－08	48.00	1092
帕斯卡三角形	2014－03	18.00	294
蒲丰投针问题——从2009年清华大学的一道自主招生试题谈起	2014－01	38.00	295
斯图姆定理——从一道"华约"自主招生试题的解法谈起	2014－01	18.00	296
许瓦兹引理——从一道加利福尼亚大学伯克利分校数学系博士生试题谈起	2014－08	18.00	297
拉姆塞定理——从王诗宬院士的一个问题谈起	2016－04	48.00	299
坐标法	2013－12	28.00	332
数论三角形	2014－04	38.00	341
毕克定理	2014－07	18.00	352
数林掠影	2014－09	48.00	389
我们周围的概率	2014－10	38.00	390
凸函数最值定理：从一道华约自主招生题的解法谈起	2014－10	28.00	391
易学与数学奥林匹克	2014－10	38.00	392
生物数学趣谈	2015－01	18.00	409
反演	2015－01	28.00	420
因式分解与圆锥曲线	2015－01	18.00	426
轨迹	2015－01	28.00	427
面积原理：从常庚哲命的一道CMO试题的积分解法谈起	2015－01	48.00	431
形形色色的不动点定理：从一道28届IMO试题谈起	2015－01	38.00	439
柯西函数方程：从一道上海交大自主招生的试题谈起	2015－02	28.00	440
三角恒等式	2015－02	28.00	442
无理性判定：从一道2014年"北约"自主招生试题谈起	2015－01	38.00	443
数学归纳法	2015－03	18.00	451
极端原理与解题	2015－04	28.00	464
法雷级数	2014－08	18.00	367
摆线族	2015－01	38.00	438
函数方程及其解法	2015－05	38.00	470
含参数的方程和不等式	2012－09	28.00	213
希尔伯特第十问题	2016－01	38.00	543
无穷小量的求和	2016－01	28.00	545
切比雪夫多项式：从一道清华大学金秋营试题谈起	2016－01	38.00	583
泽肯多夫定理	2016－03	38.00	599
代数等式证题法	2016－01	28.00	600
三角等式证题法	2016－01	28.00	601
吴大任教授藏书中的一个因式分解公式：从一道美国数学邀请赛试题的解法谈起	2016－06	28.00	656
易卦——类万物的数学模型	2017－08	68.00	838
"不可思议"的数与数系可持续发展	2018－01	38.00	878
最短线	2018－01	38.00	879
数学在天文、地理、光学、机械力学中的一些应用	2023－03	88.00	1576
从阿基米德三角形谈起	2023－01	28.00	1578
幻方和魔方（第一卷）	2012－05	68.00	173
尘封的经典——初等数学经典文献选读（第一卷）	2012－07	48.00	205
尘封的经典——初等数学经典文献选读（第二卷）	2012－07	38.00	206
初级方程式论	2011－03	28.00	106
初等数学研究（Ⅰ）	2008－09	68.00	37
初等数学研究（Ⅱ）（上、下）	2009－05	118.00	46,47
初等数学专题研究	2022－10	68.00	1568

刘培杰数学工作室
已出版(即将出版)图书目录——初等数学

书　名	出版时间	定　价	编号
趣味初等方程妙题集锦	2014—09	48.00	388
趣味初等数论选美与欣赏	2015—02	48.00	445
耕读笔记(上卷):一位农民数学爱好者的初数探索	2015—04	28.00	459
耕读笔记(中卷):一位农民数学爱好者的初数探索	2015—05	28.00	483
耕读笔记(下卷):一位农民数学爱好者的初数探索	2015—05	28.00	484
几何不等式研究与欣赏.上卷	2016—01	88.00	547
几何不等式研究与欣赏.下卷	2016—01	48.00	552
初等数列研究与欣赏·上	2016—01	48.00	570
初等数列研究与欣赏·下	2016—01	48.00	571
趣味初等函数研究与欣赏.上	2016—09	48.00	684
趣味初等函数研究与欣赏.下	2018—09	48.00	685
三角不等式研究与欣赏	2020—10	68.00	1197
新编平面解析几何解题方法研究与欣赏	2021—10	78.00	1426
火柴游戏(第2版)	2022—05	38.00	1493
智力解谜.第1卷	2017—07	38.00	613
智力解谜.第2卷	2017—07	38.00	614
故事智力	2016—07	48.00	615
名人们喜欢的智力问题	2020—01	48.00	616
数学大师的发现、创造与失误	2018—01	48.00	617
异曲同工	2018—09	48.00	618
数学的味道(第2版)	2023—10	68.00	1686
数学千字文	2018—10	68.00	977
数贝偶拾——高考数学题研究	2014—04	28.00	274
数贝偶拾——初等数学研究	2014—04	38.00	275
数贝偶拾——奥数题研究	2014—04	48.00	276
钱昌本教你快乐学数学(上)	2011—12	48.00	155
钱昌本教你快乐学数学(下)	2012—03	58.00	171
集合、函数与方程	2014—01	28.00	300
数列与不等式	2014—01	38.00	301
三角与平面向量	2014—01	28.00	302
平面解析几何	2014—01	38.00	303
立体几何与组合	2014—01	28.00	304
极限与导数、数学归纳法	2014—01	38.00	305
趣味数学	2014—03	28.00	306
教材教法	2014—04	68.00	307
自主招生	2014—05	58.00	308
高考压轴题(上)	2015—01	48.00	309
高考压轴题(下)	2014—10	68.00	310
从费马到怀尔斯——费马大定理的历史	2013—10	198.00	I
从庞加莱到佩雷尔曼——庞加莱猜想的历史	2013—10	298.00	II
从切比雪夫到爱尔特希(上)——素数定理的初等证明	2013—07	48.00	III
从切比雪夫到爱尔特希(下)——素数定理100年	2012—12	98.00	III
从高斯到盖尔方特——二次域的高斯猜想	2013—10	198.00	IV
从库默尔到朗兰兹——朗兰兹猜想的历史	2014—01	98.00	V
从比勃巴赫到德布朗斯——比勃巴赫猜想的历史	2014—02	298.00	VI
从麦比乌斯到陈省身——麦比乌斯变换与麦比乌斯带	2014—02	298.00	VII
从布尔到豪斯道夫——布尔方程与格论漫谈	2013—10	198.00	VIII
从开普勒到阿诺德——三体问题的历史	2014—05	298.00	IX
从华林到华罗庚——华林问题的历史	2013—10	298.00	X

刘培杰数学工作室
已出版(即将出版)图书目录——初等数学

书　　名	出版时间	定　价	编号
美国高中数学竞赛五十讲.第1卷(英文)	2014—08	28.00	357
美国高中数学竞赛五十讲.第2卷(英文)	2014—08	28.00	358
美国高中数学竞赛五十讲.第3卷(英文)	2014—09	28.00	359
美国高中数学竞赛五十讲.第4卷(英文)	2014—09	28.00	360
美国高中数学竞赛五十讲.第5卷(英文)	2014—10	28.00	361
美国高中数学竞赛五十讲.第6卷(英文)	2014—11	28.00	362
美国高中数学竞赛五十讲.第7卷(英文)	2014—12	28.00	363
美国高中数学竞赛五十讲.第8卷(英文)	2015—01	28.00	364
美国高中数学竞赛五十讲.第9卷(英文)	2015—01	28.00	365
美国高中数学竞赛五十讲.第10卷(英文)	2015—02	38.00	366
三角函数(第2版)	2017—04	38.00	626
不等式	2014—01	38.00	312
数列	2014—01	38.00	313
方程(第2版)	2017—04	38.00	624
排列和组合	2014—01	28.00	315
极限与导数(第2版)	2016—04	38.00	635
向量(第2版)	2018—08	58.00	627
复数及其应用	2014—08	28.00	318
函数	2014—01	38.00	319
集合	2020—01	48.00	320
直线与平面	2014—01	28.00	321
立体几何(第2版)	2016—04	38.00	629
解三角形	即将出版		323
直线与圆(第2版)	2016—11	38.00	631
圆锥曲线(第2版)	2016—09	48.00	632
解题通法(一)	2014—07	38.00	326
解题通法(二)	2014—07	38.00	327
解题通法(三)	2014—05	38.00	328
概率与统计	2014—01	28.00	329
信息迁移与算法	即将出版		330
IMO 50年.第1卷(1959—1963)	2014—11	28.00	377
IMO 50年.第2卷(1964—1968)	2014—11	28.00	378
IMO 50年.第3卷(1969—1973)	2014—09	28.00	379
IMO 50年.第4卷(1974—1978)	2016—04	38.00	380
IMO 50年.第5卷(1979—1984)	2015—04	38.00	381
IMO 50年.第6卷(1985—1989)	2015—04	58.00	382
IMO 50年.第7卷(1990—1994)	2016—01	48.00	383
IMO 50年.第8卷(1995—1999)	2016—06	38.00	384
IMO 50年.第9卷(2000—2004)	2015—04	58.00	385
IMO 50年.第10卷(2005—2009)	2016—01	48.00	386
IMO 50年.第11卷(2010—2015)	2017—03	48.00	646

刘培杰数学工作室
已出版(即将出版)图书目录——初等数学

书　名	出版时间	定　价	编号
数学反思(2006—2007)	2020—09	88.00	915
数学反思(2008—2009)	2019—01	68.00	917
数学反思(2010—2011)	2018—05	58.00	916
数学反思(2012—2013)	2019—01	58.00	918
数学反思(2014—2015)	2019—03	78.00	919
数学反思(2016—2017)	2021—03	58.00	1286
数学反思(2018—2019)	2023—01	88.00	1593
历届美国大学生数学竞赛试题集.第一卷(1938—1949)	2015—01	28.00	397
历届美国大学生数学竞赛试题集.第二卷(1950—1959)	2015—01	28.00	398
历届美国大学生数学竞赛试题集.第三卷(1960—1969)	2015—01	28.00	399
历届美国大学生数学竞赛试题集.第四卷(1970—1979)	2015—01	18.00	400
历届美国大学生数学竞赛试题集.第五卷(1980—1989)	2015—01	28.00	401
历届美国大学生数学竞赛试题集.第六卷(1990—1999)	2015—01	28.00	402
历届美国大学生数学竞赛试题集.第七卷(2000—2009)	2015—08	18.00	403
历届美国大学生数学竞赛试题集.第八卷(2010—2012)	2015—01	18.00	404
新课标高考数学创新题解题诀窍:总论	2014—09	28.00	372
新课标高考数学创新题解题诀窍:必修1~5分册	2014—08	38.00	373
新课标高考数学创新题解题诀窍:选修2—1,2—2,1—1,1—2分册	2014—09	38.00	374
新课标高考数学创新题解题诀窍:选修2—3,4—4,4—5分册	2014—09	18.00	375
全国重点大学自主招生英文数学试题全攻略:词汇卷	2015—07	48.00	410
全国重点大学自主招生英文数学试题全攻略:概念卷	2015—01	28.00	411
全国重点大学自主招生英文数学试题全攻略:文章选读卷(上)	2016—09	38.00	412
全国重点大学自主招生英文数学试题全攻略:文章选读卷(下)	2017—01	58.00	413
全国重点大学自主招生英文数学试题全攻略:试题卷	2015—07	38.00	414
全国重点大学自主招生英文数学试题全攻略:名著欣赏卷	2017—03	48.00	415
劳埃德数学趣题大全.题目卷.1:英文	2016—01	18.00	516
劳埃德数学趣题大全.题目卷.2:英文	2016—01	18.00	517
劳埃德数学趣题大全.题目卷.3:英文	2016—01	18.00	518
劳埃德数学趣题大全.题目卷.4:英文	2016—01	18.00	519
劳埃德数学趣题大全.题目卷.5:英文	2016—01	18.00	520
劳埃德数学趣题大全.答案卷:英文	2016—01	18.00	521
李成章教练奥数笔记.第1卷	2016—01	48.00	522
李成章教练奥数笔记.第2卷	2016—01	48.00	523
李成章教练奥数笔记.第3卷	2016—01	38.00	524
李成章教练奥数笔记.第4卷	2016—01	38.00	525
李成章教练奥数笔记.第5卷	2016—01	38.00	526
李成章教练奥数笔记.第6卷	2016—01	38.00	527
李成章教练奥数笔记.第7卷	2016—01	38.00	528
李成章教练奥数笔记.第8卷	2016—01	48.00	529
李成章教练奥数笔记.第9卷	2016—01	28.00	530

刘培杰数学工作室
已出版(即将出版)图书目录——初等数学

书　　名	出版时间	定　价	编号
第19～23届"希望杯"全国数学邀请赛试题审题要津详细评注(初一版)	2014—03	28.00	333
第19～23届"希望杯"全国数学邀请赛试题审题要津详细评注(初二、初三版)	2014—03	38.00	334
第19～23届"希望杯"全国数学邀请赛试题审题要津详细评注(高一版)	2014—03	28.00	335
第19～23届"希望杯"全国数学邀请赛试题审题要津详细评注(高二版)	2014—03	38.00	336
第19～25届"希望杯"全国数学邀请赛试题审题要津详细评注(初一版)	2015—01	38.00	416
第19～25届"希望杯"全国数学邀请赛试题审题要津详细评注(初二、初三版)	2015—01	58.00	417
第19～25届"希望杯"全国数学邀请赛试题审题要津详细评注(高一版)	2015—01	48.00	418
第19～25届"希望杯"全国数学邀请赛试题审题要津详细评注(高二版)	2015—01	48.00	419
物理奥林匹克竞赛大题典——力学卷	2014—11	48.00	405
物理奥林匹克竞赛大题典——热学卷	2014—04	28.00	339
物理奥林匹克竞赛大题典——电磁学卷	2015—07	48.00	406
物理奥林匹克竞赛大题典——光学与近代物理卷	2014—06	28.00	345
历届中国东南地区数学奥林匹克试题集(2004～2012)	2014—06	18.00	346
历届中国西部地区数学奥林匹克试题集(2001～2012)	2014—07	18.00	347
历届中国女子数学奥林匹克试题集(2002～2012)	2014—08	18.00	348
数学奥林匹克在中国	2014—06	98.00	344
数学奥林匹克问题集	2014—01	38.00	267
数学奥林匹克不等式散论	2010—06	38.00	124
数学奥林匹克不等式欣赏	2011—09	38.00	138
数学奥林匹克超级题库(初中卷上)	2010—01	58.00	66
数学奥林匹克不等式证明方法和技巧(上、下)	2011—08	158.00	134,135
他们学什么:原民主德国中学数学课本	2016—09	38.00	658
他们学什么:英国中学数学课本	2016—09	38.00	659
他们学什么:法国中学数学课本.1	2016—09	38.00	660
他们学什么:法国中学数学课本.2	2016—09	28.00	661
他们学什么:法国中学数学课本.3	2016—09	38.00	662
他们学什么:苏联中学数学课本	2016—09	28.00	679
高中数学题典——集合与简易逻辑·函数	2016—07	48.00	647
高中数学题典——导数	2016—07	48.00	648
高中数学题典——三角函数·平面向量	2016—07	48.00	649
高中数学题典——数列	2016—07	58.00	650
高中数学题典——不等式·推理与证明	2016—07	38.00	651
高中数学题典——立体几何	2016—07	48.00	652
高中数学题典——平面解析几何	2016—07	78.00	653
高中数学题典——计数原理·统计·概率·复数	2016—07	48.00	654
高中数学题典——算法·平面几何·初等数论·组合数学·其他	2016—07	68.00	655

刘培杰数学工作室
已出版(即将出版)图书目录——初等数学

书　　名	出版时间	定　价	编号
台湾地区奥林匹克数学竞赛试题.小学一年级	2017－03	38.00	722
台湾地区奥林匹克数学竞赛试题.小学二年级	2017－03	38.00	723
台湾地区奥林匹克数学竞赛试题.小学三年级	2017－03	38.00	724
台湾地区奥林匹克数学竞赛试题.小学四年级	2017－03	38.00	725
台湾地区奥林匹克数学竞赛试题.小学五年级	2017－03	38.00	726
台湾地区奥林匹克数学竞赛试题.小学六年级	2017－03	38.00	727
台湾地区奥林匹克数学竞赛试题.初中一年级	2017－03	38.00	728
台湾地区奥林匹克数学竞赛试题.初中二年级	2017－03	38.00	729
台湾地区奥林匹克数学竞赛试题.初中三年级	2017－03	28.00	730
不等式证题法	2017－04	28.00	747
平面几何培优教程	2019－08	88.00	748
奥数鼎级培优教程.高一分册	2018－09	88.00	749
奥数鼎级培优教程.高二分册.上	2018－04	68.00	750
奥数鼎级培优教程.高二分册.下	2018－04	68.00	751
高中数学竞赛冲刺宝典	2019－04	68.00	883
初中尖子生数学超级题典.实数	2017－07	58.00	792
初中尖子生数学超级题典.式、方程与不等式	2017－08	58.00	793
初中尖子生数学超级题典.圆、面积	2017－08	38.00	794
初中尖子生数学超级题典.函数、逻辑推理	2017－08	48.00	795
初中尖子生数学超级题典.角、线段、三角形与多边形	2017－07	58.00	796
数学王子——高斯	2018－01	48.00	858
坎坷奇星——阿贝尔	2018－01	48.00	859
闪烁奇星——伽罗瓦	2018－01	58.00	860
无穷统帅——康托尔	2018－01	48.00	861
科学公主——柯瓦列夫斯卡娅	2018－01	48.00	862
抽象代数之母——埃米·诺特	2018－01	48.00	863
电脑先驱——图灵	2018－01	58.00	864
昔日神童——维纳	2018－01	48.00	865
数坛怪侠——爱尔特希	2018－01	68.00	866
传奇数学家徐利治	2019－09	88.00	1110
当代世界中的数学.数学思想与数学基础	2019－01	38.00	892
当代世界中的数学.数学问题	2019－01	38.00	893
当代世界中的数学.应用数学与数学应用	2019－01	38.00	894
当代世界中的数学.数学王国的新疆域(一)	2019－01	38.00	895
当代世界中的数学.数学王国的新疆域(二)	2019－01	38.00	896
当代世界中的数学.数林撷英(一)	2019－01	38.00	897
当代世界中的数学.数林撷英(二)	2019－01	48.00	898
当代世界中的数学.数学之路	2019－01	38.00	899

刘培杰数学工作室
已出版(即将出版)图书目录——初等数学

书 名	出版时间	定 价	编号
105 个代数问题:来自 AwesomeMath 夏季课程	2019—02	58.00	956
106 个几何问题:来自 AwesomeMath 夏季课程	2020—07	58.00	957
107 个几何问题:来自 AwesomeMath 全年课程	2020—07	58.00	958
108 个代数问题:来自 AwesomeMath 全年课程	2019—01	68.00	959
109 个不等式:来自 AwesomeMath 夏季课程	2019—04	58.00	960
国际数学奥林匹克中的 110 个几何问题	即将出版		961
111 个代数和数论问题	2019—05	58.00	962
112 个组合问题:来自 AwesomeMath 夏季课程	2019—05	58.00	963
113 个几何不等式:来自 AwesomeMath 夏季课程	2020—08	58.00	964
114 个指数和对数问题:来自 AwesomeMath 夏季课程	2019—09	48.00	965
115 个三角问题:来自 AwesomeMath 夏季课程	2019—09	58.00	966
116 个代数不等式:来自 AwesomeMath 全年课程	2019—04	58.00	967
117 个多项式问题:来自 AwesomeMath 夏季课程	2021—09	58.00	1409
118 个数学竞赛不等式	2022—08	78.00	1526
紫色彗星国际数学竞赛试题	2019—02	58.00	999
数学竞赛中的数学:为数学爱好者、父母、教师和教练准备的丰富资源.第一部	2020—04	58.00	1141
数学竞赛中的数学:为数学爱好者、父母、教师和教练准备的丰富资源.第二部	2020—07	48.00	1142
和与积	2020—10	38.00	1219
数论:概念和问题	2020—12	68.00	1257
初等数学问题研究	2021—03	48.00	1270
数学奥林匹克的欧几里得几何	2021—10	68.00	1413
数学奥林匹克题解新编	2022—01	58.00	1430
图论入门	2022—09	58.00	1554
新的、更新的、最新的不等式	2023—07	58.00	1650
澳大利亚中学数学竞赛试题及解答(初级卷)1978~1984	2019—02	28.00	1002
澳大利亚中学数学竞赛试题及解答(初级卷)1985~1991	2019—02	28.00	1003
澳大利亚中学数学竞赛试题及解答(初级卷)1992~1998	2019—02	28.00	1004
澳大利亚中学数学竞赛试题及解答(初级卷)1999~2005	2019—02	28.00	1005
澳大利亚中学数学竞赛试题及解答(中级卷)1978~1984	2019—03	28.00	1006
澳大利亚中学数学竞赛试题及解答(中级卷)1985~1991	2019—03	28.00	1007
澳大利亚中学数学竞赛试题及解答(中级卷)1992~1998	2019—03	28.00	1008
澳大利亚中学数学竞赛试题及解答(中级卷)1999~2005	2019—03	28.00	1009
澳大利亚中学数学竞赛试题及解答(高级卷)1978~1984	2019—05	28.00	1010
澳大利亚中学数学竞赛试题及解答(高级卷)1985~1991	2019—05	28.00	1011
澳大利亚中学数学竞赛试题及解答(高级卷)1992~1998	2019—05	28.00	1012
澳大利亚中学数学竞赛试题及解答(高级卷)1999~2005	2019—05	28.00	1013
天才中小学生智力测验题.第一卷	2019—03	38.00	1026
天才中小学生智力测验题.第二卷	2019—03	38.00	1027
天才中小学生智力测验题.第三卷	2019—03	38.00	1028
天才中小学生智力测验题.第四卷	2019—03	38.00	1029
天才中小学生智力测验题.第五卷	2019—03	38.00	1030
天才中小学生智力测验题.第六卷	2019—03	38.00	1031
天才中小学生智力测验题.第七卷	2019—03	38.00	1032
天才中小学生智力测验题.第八卷	2019—03	38.00	1033
天才中小学生智力测验题.第九卷	2019—03	38.00	1034
天才中小学生智力测验题.第十卷	2019—03	38.00	1035
天才中小学生智力测验题.第十一卷	2019—03	38.00	1036
天才中小学生智力测验题.第十二卷	2019—03	38.00	1037
天才中小学生智力测验题.第十三卷	2019—03	38.00	1038

刘培杰数学工作室

已出版(即将出版)图书目录——初等数学

书　　名	出版时间	定　价	编号
重点大学自主招生数学备考全书:函数	2020—05	48.00	1047
重点大学自主招生数学备考全书:导数	2020—08	48.00	1048
重点大学自主招生数学备考全书:数列与不等式	2019—10	78.00	1049
重点大学自主招生数学备考全书:三角函数与平面向量	2020—08	68.00	1050
重点大学自主招生数学备考全书:平面解析几何	2020—07	58.00	1051
重点大学自主招生数学备考全书:立体几何与平面几何	2019—08	48.00	1052
重点大学自主招生数学备考全书:排列组合·概率统计·复数	2019—09	48.00	1053
重点大学自主招生数学备考全书:初等数论与组合数学	2019—08	48.00	1054
重点大学自主招生数学备考全书:重点大学自主招生真题.上	2019—04	68.00	1055
重点大学自主招生数学备考全书:重点大学自主招生真题.下	2019—04	58.00	1056
高中数学竞赛培训教程:平面几何问题的求解方法与策略.上	2018—05	68.00	906
高中数学竞赛培训教程:平面几何问题的求解方法与策略.下	2018—06	78.00	907
高中数学竞赛培训教程:整除与同余以及不定方程	2018—01	88.00	908
高中数学竞赛培训教程:组合计数与组合极值	2018—04	48.00	909
高中数学竞赛培训教程:初等代数	2019—04	78.00	1042
高中数学讲座:数学竞赛基础教程(第一册)	2019—06	48.00	1094
高中数学讲座:数学竞赛基础教程(第二册)	即将出版		1095
高中数学讲座:数学竞赛基础教程(第三册)	即将出版		1096
高中数学讲座:数学竞赛基础教程(第四册)	即将出版		1097
新编中学数学解题方法1000招丛书.实数(初中版)	2022—05	58.00	1291
新编中学数学解题方法1000招丛书.式(初中版)	2022—05	48.00	1292
新编中学数学解题方法1000招丛书.方程与不等式(初中版)	2021—04	58.00	1293
新编中学数学解题方法1000招丛书.函数(初中版)	2022—05	38.00	1294
新编中学数学解题方法1000招丛书.角(初中版)	2022—05	48.00	1295
新编中学数学解题方法1000招丛书.线段(初中版)	2022—05	48.00	1296
新编中学数学解题方法1000招丛书.三角形与多边形(初中版)	2021—04	48.00	1297
新编中学数学解题方法1000招丛书.圆(初中版)	2022—05	48.00	1298
新编中学数学解题方法1000招丛书.面积(初中版)	2021—07	28.00	1299
新编中学数学解题方法1000招丛书.逻辑推理(初中版)	2022—06	48.00	1300
高中数学题典精编.第一辑.函数	2022—01	58.00	1444
高中数学题典精编.第一辑.导数	2022—01	68.00	1445
高中数学题典精编.第一辑.三角函数·平面向量	2022—01	68.00	1446
高中数学题典精编.第一辑.数列	2022—01	58.00	1447
高中数学题典精编.第一辑.不等式·推理与证明	2022—01	58.00	1448
高中数学题典精编.第一辑.立体几何	2022—01	58.00	1449
高中数学题典精编.第一辑.平面解析几何	2022—01	68.00	1450
高中数学题典精编.第一辑.统计·概率·平面几何	2022—01	58.00	1451
高中数学题典精编.第一辑.初等数论·组合数学·数学文化·解题方法	2022—01	58.00	1452
历届全国初中数学竞赛试题分类解析.初等代数	2022—09	98.00	1555
历届全国初中数学竞赛试题分类解析.初等数论	2022—09	48.00	1556
历届全国初中数学竞赛试题分类解析.平面几何	2022—09	38.00	1557
历届全国初中数学竞赛试题分类解析.组合	2022—09	38.00	1558

刘培杰数学工作室
已出版（即将出版）图书目录——初等数学

书　　名	出版时间	定　价	编号
从三道高三数学模拟题的背景谈起:兼谈傅里叶三角级数	2023—03	48.00	1651
从一道日本东京大学的入学试题谈起:兼谈 π 的方方面面	即将出版		1652
从两道 2021 年福建高三数学测试题谈起:兼谈球面几何学与球面三角学	即将出版		1653
从一道湖南高考数学试题谈起:兼谈有界变差数列	即将出版		1654
从一道高校自主招生试题谈起:兼谈詹森函数方程	即将出版		1655
从一道上海高考数学试题谈起:兼谈有界变差函数	即将出版		1656
从一道北京大学金秋营数学试题的解法谈起:兼谈伽罗瓦理论	即将出版		1657
从一道北京高考数学试题的解法谈起:兼谈毕克定理	即将出版		1658
从一道北京大学金秋营数学试题的解法谈起:兼谈帕塞瓦尔恒等式	即将出版		1659
从一道高三数学模拟测试题的背景谈起:兼谈等周问题与等周不等式	即将出版		1660
从一道 2020 年全国高考数学试题的解法谈起:兼谈斐波那契数列和纳卡穆拉定理及奥斯图达定理	即将出版		1661
从一道高考数学附加题谈起:兼谈广义斐波那契数列	即将出版		1662
代数学教程.第一卷,集合论	2023—08	58.00	1664
代数学教程.第二卷,集合论	2023—08	68.00	1665
代数学教程.第三卷,集合论	2023—08	58.00	1666
代数学教程.第四卷,集合论	2023—08	48.00	1667
代数学教程.第五卷,集合论	2023—08	58.00	1668

联系地址:哈尔滨市南岗区复华四道街 10 号　哈尔滨工业大学出版社刘培杰数学工作室
网　　址:http://lpj.hit.edu.cn/
邮　　编:150006
联系电话:0451—86281378　　13904613167
E-mail:lpj1378@163.com